DIE KUNST DER MATHEMATIK
Wie aus Formeln Bilder werden

MARIO MARKUS

DIE KUNST DER MATHEMATIK

WIE AUS FORMELN BILDER WERDEN

Zweitausendeins

Originalausgabe.
1. Auflage, Juli 2009.
2., verbesserte Auflage, Juni 2010.

Copyright © 2009 by Zweitausendeins, Postfach, 60381 Frankfurt am Main.
www.Zweitausendeins.de
Umschlagfoto und alle Bilder (soweit nicht anders nachgewiesen)
Copyright © Mario Markus.
CD-Programm Copyright © 2009 Mario Markus.

Lektorat und Register: Ekkehard Kunze (Büro Z, Wiesbaden).
Umschlaggestaltung: Sabine Kauf, PubliContor, Hamburg,
unter Verwendung eines Bildes von M. Markus.
Satz und Herstellung: Dieter Kohler GmbH, Wallerstein.
Druck und Bindung: Offizin Anderson Nexö Leipzig.
Printed in Germany.

Dieses Buch gibt es nur bei Zweitausendeins im Versand, Postfach,
D-60381 Frankfurt am Main, Telefon 069-420 8000, Fax 069-415 003.
Internet www.Zweitausendeins.de. E-Mail Service@Zweitausendeins.de.
Oder in den Zweitausendeins-Läden 2 × in Berlin, Düsseldorf, Frankfurt am Main,
Freiburg, 2 × in Hamburg, Hannover, Köln, Leipzig, Mannheim, München,
Nürnberg und Stuttgart.
Oder in den Zweitausendeins-Shops in Aachen, Augsburg, Bamberg,
Bochum, Bonn, Braunschweig, Bremen, Darmstadt, Dortmund, Dresden,
Duisburg, Erfurt, Essen, Gelsenkirchen, Göttingen, Gütersloh, Herford, Karlsruhe,
Kiel, Koblenz, Konstanz, Ludwigsburg, Marburg, Mönchengladbach, Münster,
Neustadt an der Weinstraße, Oldenburg, Osnabrück, Speyer, Trier, Tübingen,
Ulm, Wuppertal und Würzburg.

In der Schweiz über buch 2000, Postfach 89, CH-8910 Affoltern a. A.

ISBN 978-3-86150-767-3

Inhalt

Vorwort:
Wissenschaft und Kunst

Schon immer hat es Versuche gegeben, die scheinbar unüberwind-
lichen Grenzmauern zwischen Wissenschaft und Kunst niederzu-
reißen und die Protagonisten beider Metiers einander näherzubrin-
gen. Schließlich hat jeder Mensch zwei Hirnhälften, von denen die
rechte mehr für das Intuitive, Poetische zuständig ist, die linke für
das Logische. Bloß werden diese Hirnhälften, je nach Profession,
unterschiedlich stark beansprucht. Viele Dichter schämen sich,
wissenschaftlich zu denken, viele Forscher sich künstlerisch auszu-
drücken.

Ich habe diese Scham mit Vierzig abgelegt und strebe seitdem
nach einer Verbindung meiner Hirnhälften. Neben den Naturwissenschaften liebe ich auch Lyrik, übersetze und rezitiere Gedichte,
schreibe sogar eigene Verse. Daraus ergaben sich für mich Aufent-
halte in verschiedenartigen menschlichen Gefilden, und ich kann
deshalb versprechen, dass sich dieses Buch sowohl an den Laien als
auch an den Wissenschaftler wendet, an den Mathematiker wie an
den Künstler, an jeden interessierten Leser.

Als Physiker habe ich lange Zeit Phänomene untersucht, die
dem sogenannten deterministischen Chaos zuzuordnen sind. Damit
meint man Vorgänge, die sich wiederholen, aber jedes Mal in einer
etwas anderen und unvorhersehbaren Weise: zum Beispiel das Wo-
gen der Wellen im Meer oder das Lodern der Flammen im Kamin …
Die einfachsten dieser Phänomene – gleichviel, ob es sich dabei um
physikalische, chemische, ökologische oder wirtschaftliche handelt –
werden lediglich von zwei Parametern (äußeren Bedingungen) bestimmt. Sie lassen sich mit mathematischen Formeln beschreiben,
in denen man die Parameter verändern kann. Die Ergebnisse wiederum lassen sich grafisch am Monitor visualisieren, was bisweilen
überraschend schöne Bilder ergibt.

Und das ist das Geheimnis dieses Buches: Den Parametern der
mathematischen Gleichungen entsprechen die Koordinaten der computergenerierten Bilder auf den folgenden Seiten. Die Grauwerte
oder die Farben in den Bildern geben an, ob das untersuchte Phäno-

men voraussagbar ist, etwa wie die Phasen des Mondes, oder ob die Voraussagbarkeit begrenzt ist, wie zum Beispiel beim Wetter.

Natürlich kann man solche Bilder auch aus rein ästhetischen Gründen von seinem PC »malen« lassen. Die Methode des bildgebenden Verfahrens ist mit Kenntnissen der Oberstufenmathematik zu verstehen und mit etwas Programmierkenntnissen nicht schwer zu variieren. Man kann aber auch ohne jegliche Mathematikkenntnisse einfach die beigefügte CD-ROM zum Bildermalen benutzen.

Ich selbst »male« Bilder wie diese seit einem Vierteljahrhundert. Daraus ergaben sich Ausstellungen in der halben Welt, in Houston, Cambridge, Berlin, Dortmund und Lissabon, und ich gewann sogar einen Preis und die Aufmerksamkeit des Nobelpreisträgers Ilya Prigogine, der für die Einleitung eines Ausstellungskataloges[1] schrieb:

> »Es ist eine interessante Frage, warum diese Bilder aus Dortmund soviel Aufmerksamkeit und Freude erregen. Das Spiel mit Darstellungen und Formen geht bis zu den Anfängen der Menschheit zurück. Es ist eines der großen Zeugnisse der geschichtlichen Entwicklung im Laufe der Jahrtausende, dass die vom Menschen hervorgebrachten Gegenstände in zunehmendem Maße sowohl funktioneller als auch ästhetisch anregender wurden. Kunst und Wissenschaft waren nie entzweit.
>
> In den Felsmalereien Spaniens finden wir zahlreiche Darstellungen mit konzentrischen Kreisen und Spiralen. Erstaunlicherweise finden wir auch auf vielen Bi-Scheiben (rituellen Himmelsdarstellungen auf Jade aus der chinesischen Jungsteinzeit) eingravierte Hexagone und Spiralen – gerade die häufigsten ›dissipativen‹ Nichtgleichgewichtsstrukturen, die wir heute in der Physik und der Chemie beobachten.
>
> Diese Bilder markieren ein Ereignis: Die Wissenschaft hat die Träume des Menschen wiederentdeckt, und die Kunst, so wie sie von Kandinsky, Klee und Rothko aufgefasst wurde, beschreibt eine in Entwicklung begriffene Kosmologie, eine Kosmologie, in welcher die Zeit in der Materie eingefangen ist.«[1]

Jetzt, zu meinem 65. Geburtstag, habe ich beschlossen, alle meine »kleinen Geheimnisse« zur Bildgenerierung hier preiszugeben: eine Formel – ein Bild. Und die Leser sind eingeladen zu staunen, wieviel Ästhetik in der Visualisierung einer mathematischen Gleichung stecken kann, sowie zu einer Reise in die Chaosforschung, zum kreativen Bildermalen, zu einem intellektuellen Abenteuer, zum Flanieren zwischen Wissenschaft und Kunst.

Mario Markus
www.mariomarkus.com

Kapitel 1

Das Nützliche und das Schöne

Zunächst etwas nützliches Rüstzeug für den anfangs oft beschwerlich erscheinenden Weg in die mathematischen Begriffe, damit sich dem Leser das ästhetisch Schöne hinter den auf den ersten Blick vielleicht nichts sagenden, vielleicht abschreckend wirkenden mathematischen Gleichungen umso spielerischer erschließt. Und vielleicht wird es am Ende eine Liebe zur Mathematik auf den zweiten Blick.

Alle am Computer generierten Bilder in diesem Buch sind mathematischen Ursprungs; jedem dieser Bilder entspricht eine Gleichung. Einige Formeln sind von rein mathematischem Interesse; ihre Eigenschaften haben ganz allgemeine Bedeutung und die Formeln sind deshalb nicht auf eine bestimmte Anwendung beschränkt (wie in Kapitel 7 gezeigt). Andere Formeln sind wissenschaftlich anwendbar, zum Beispiel in der Physik, Chemie, Biologie und in den Sozialwissenschaften (vgl. Kapitel 8).

Den Koordinaten (x- und y-Achsen) in einem Gleichungssystem entsprechen bestimmte Parameter, die dieses System charakterisieren. Beispiele für solche Parameter können sein: die Amplitude und die Periode von elektrischen Pulsen (vgl. Abschnitt 8.1), die Phasenverschiebung des Lichts und die Absorption durch einen Spiegel (Abschnitt 8.9), die Vermehrungsrate von Insekten und die Sucheffizienz ihrer Parasiten (Abschnitt 8.11). Wir können aber auch auf völlig abstrakte Parameter in Gleichungen ohne praktische Anwendung (Kapitel 7) zurückgreifen, deren Wahl zunächst nur ästhetisch motiviert ist.

Der Zustand eines Systems zu einem bestimmten Zeitpunkt $n = 0$, 1, 2, 3 … wird durch die Variablen x_n und y_n beschrieben, deren zeitlicher Verlauf von der jeweils angegebenen Formel berechnet werden kann. Beim Wirt-Parasiten-Modell (Abschnitt 8.11) zum Beispiel sind die Variablen die jeweiligen Anteile von Parasiten bzw. von ihren Wirten, den Insekten. Für einen bestimmten Bildpunkt (d. h. für ein bestimmtes Parameterpaar) stehen diese Parameter fest, während die Variablen sich mit der Zeit ändern. Der Grauwert (in

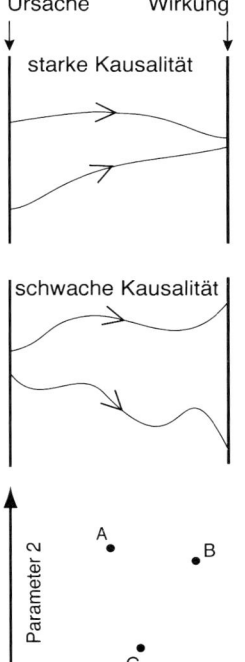

Oben: Bei VORHERSAGBARKEIT werden Störungen gedämpft. Mitte: Bei CHAOS wachsen Störungen an; das System ist beschränkt vorhersagbar. Unten: Die computergenerierten Bilder in diesem Buch werden nach folgendem Verfahren dargestellt: Die Punkte A, B und C entsprechen verschiedenen festen Parametern. Sie werden unterschiedlich gefärbt, je nachdem wie stark die Dämpfung (bei Vorhersagbarkeit) ist bzw. wie schnell Störungen anwachsen (bei Chaos).

MAROKKANISCHE FLIESEN
(Foto: Maghreb Art, www.casa-moro.de)

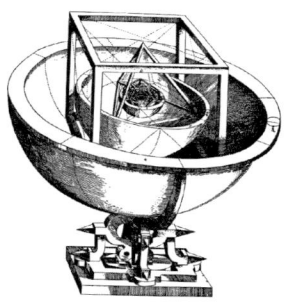

PLATONISCHE POLYEDER nach
der Anordnung Johannes Keplers
in seinem Buch *Mysterium Cosmo-graphicum* (1596). Diese setzte er
in Beziehung zu den Bahnen der
damals bekannten Planeten.

Schwarz-Weiß-Bildern) oder die Farbe (in Buntbildern) in einem
Bildpunkt gibt an, wie sich die Variablen mit der Zeit ändern, ob die
Veränderung vorhersagbar ist oder chaotisch, das heißt nur bedingt
voraussagbar wie etwa das Wetter. Grauwerte bzw. Farben geben
auch an, wie schnell sich das System von einer Störung erholt
(im Falle von Vorhersagbarkeit) bzw. inwieweit kurzfristige Voraussagen möglich sind (im Falle von chaotischem Verhalten).

Man kann – um es anschaulicher zu sagen – die computergenerierten Bilder mit Landkarten vergleichen. Für einen bestimmten
Punkt auf einer solchen Karte sagen uns die Farben, wo und wie tief
das Meer ist bzw. wo und wie hoch das Land ist. Den Längen- und
Breitengraden auf einer Landkarte entsprechen also in unseren Bildern die Größen, die ein bestimmtes System beschreiben und die
sich zeitlich nicht ändern (etwa der Zinssatz für Festgeld in einer
Bank). Betrachtet man die zeitlich veränderlichen Größen (etwa das
angesammelte Vermögen einer festverzinslichen Kapitalanlage),
dann geben die Farben oder Grautöne an, in welchem Grade Unvorhersagbarkeit herrscht oder, sofern Vorhersagbarkeit gegeben ist,
wie stabil das System gegen Störungen ist.

Abgesehen von ihren wissenschaftlichen Aussagen habe ich die
hier versammelten computergenerierten Bilder nach ästhetischen
Kriterien ausgesucht. Die Schönheit in mathematischen oder wissenschaftlichen Objekten ist allerdings keine neue Entdeckung. Man
denke an Labyrinthe, orientalische Gitter-, Kachel- und Fliesen-
Strukturen, an Keplers Anordnung der platonischen Polyeder, das
Kaleidoskop[2], die Zeichnungen von Escher oder Fraktale[3].

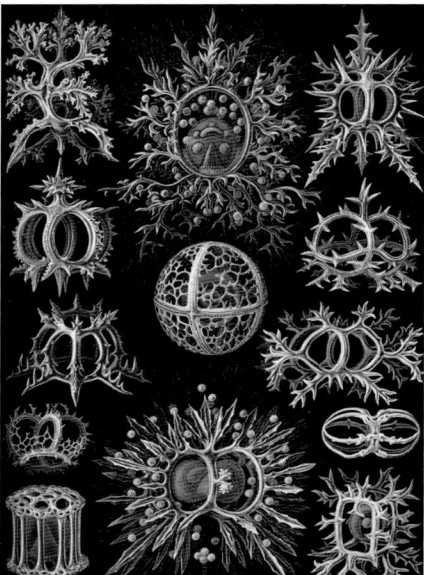

Man denke aber auch an
Lebewesen, zum Beispiel die
einzelligen Radiolarien (Strah-
lentierchen) und Foraminife-
ren, wie sie von Ernst Haeckel[4]
gezeichnet wurden, oder astro-
nomische Nebel, deren Anblick
für viele Menschen ein visuel-
ler Genuss ist.

Auch wenn viele der Bilder
in diesem Buch aus ästhetischen Gründen am Computer
entstanden sind, so beruhen
sie doch alle auf Regeln der
Mathematik.

RADIOLARIEN
gezeichnet von Ernst Haeckel,
aus seinem Werk
Kunstformen der Natur, 1899.

Kapitel 2

Das »Objet trouvé« in der Mathematik

Der Maler und Objektkünstler Marcel Duchamp (1887–1968) wurde im Jahre 1917 von einem serienmäßig hergestellten Urinal derart beeindruckt, dass er es mitnahm, auf einen Sockel stellte und als sein Kunstobjekt »Fountain« für die Jahresausstellung der New Yorker Society of Independent Artists einreichte. Mit diesem sogenannten Readymade wurde er als Initiator der Kunst der »Objets trouvés« berühmt und berüchtigt.

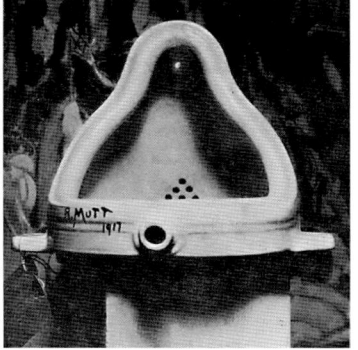

FOUNTAIN von Marcel Duchamp, Pissoirbecken, 1917 als Kunstobjekt präsentiert
(Foto: Alfred Stieglitz, 1917)

Wie ist nun dieses Phänomen, einem Alltagsgegenstand oder eben auch der Darstellung einer mathematischen Formel eine ästhetische Qualität abzugewinnen, zu verstehen? Die Philosophin Juliette Kennedy schrieb: »Es könnte sich am Ende herausstellen, dass dies ein Spezialfall der ›Resonanztheorie‹ der Schönheit ist … Ein Objekt wird als schön bezeichnet, weil Eigenschaften von ihm in Resonanz mit inneren Strukturen des Betrachters treten.«[5] Und diese Behauptung hat insofern etwas mit unserem Buch zu tun, als es Gleichungen gibt, die eine unerwartete Vielfalt unterschiedlicher Bilder liefern, von denen viele den Betrachter faszinieren können. Ein Beispiel ist die Formel in Abschnitt 7.11. Durch Veränderung der Parameter in solchen Gleichungen oder durch aufeinanderfolgende Vergrößerungen von immer kleineren Ausschnitten der am PC errechneten Grafiken erhält man eine Vielzahl verschiedener Bilder. Ich wurde geradezu süchtig danach, vielversprechende Parameter und Blow-ups zu suchen, immer Ausschau haltend nach neuen, ästhetisch anregenden Formen in einem unendlichen Dschungel von Bildern. Mit Gleichungen dieser Art war der Suchvorgang wesentlich effektiver als mit der vielfach dargestellten Mandelbrot-Menge, auch als »Apfelmännchen« bekannt, bei der sich aber die Formen stets nur wiederholen. Im Übrigen ist die Mandelbrot-Menge lediglich ein Spezialfall der in diesem Buch vorgestellten Methodik; in Abschnitt 7.9 wird darauf näher eingegangen.

Ich bin der Meinung, dass die gezielte Auswahl aus unendlich vielen Möglichkeiten sich von jener »Augenwischerei« unterscheidet,

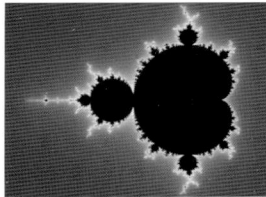

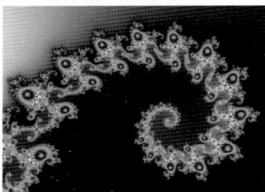
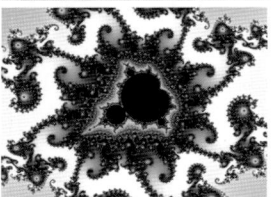

MANDELBROT-MENGE oder
»Apfelmännchen«
Vergrößerungen von Ausschnitten
in den Bildern (von oben nach
unten wird die Auflösung größer)
ergeben Gebiete, in denen man
wieder Apfelmännchen findet,
das heißt, die Menge ist »selbstähnlich« oder »fraktal«.

die Richard Wright[6] der »durch Computer-automatisierten Kunst« vorwarf. Auch wenn ich kein Künstler bin, der die Objekte in den computergenerierten Bildern dieses Buches erschaffen hätte, so hat man es doch mit einer Art »Objets trouvés« oder etwa mit der wunderbaren Welt von Juliette Kennedys Resonanztheorie der Schönheit zu tun. Ich denke, die Situation ist vergleichbar mit jener eines Kunstfotografen, der einen Preis für das Porträt einer alten Frau aus Ouagadougou gewinnt. Der Fotograf hat die Frau genauso wenig erschaffen, wie ich die den Grafiken zugrunde liegenden Formeln erschaffen habe. Der Fotograf hat unter unendlich vielen Möglichkeiten einen ganz bestimmten Moment eingefangen: Er wählte genau diesen Ort, diese Frau, den richtigen Augenblick, einen bestimmten Winkel und all die Einstellungen seiner Kamera, weil ihn etwas dazu bewegte, etwas, das mit seiner subjektiven Sicht der Welt zusammenhing – und erstaunlicherweise auch mit den Empfindungen vieler Betrachter seiner preisgekrönten Fotografie.

Wie im Falle des Fotografen, der mit seinem Frauenporträt wirklichkeitsgetreu blieb (in dem Sinne, dass er keine Bildelemente hinzufügte bzw. das Bild manipulierte), so sind alle am PC gewonnenen Bilder in diesem Buch den mathematischen Formeln treu. Gleichwohl wurden die als Bild dargestellten Formeln als Kunst gesehen und erhielten entsprechende Anerkennung: Bilder meiner frühen Arbeit[1,7] gewannen 1988 den Preis »Ausstellung des Jahres«, verliehen durch die Gesellschaft der Kunstkritiker in meiner Heimat Chile. Auch haben einige Schriftsteller, unter ihnen Hans Magnus Enzensberger und Günter Kunert, inspiriert von meinen Bildern, lyrische Texte dazu verfasst (vgl. S. 133, 135, 140 f., 144). Dies geschah in einem Projekt des Birkhäuser-Verlages, der als Ergebnis dieses Experiments das Buch *Verknüpfungen*[8] herausbrachte, in dem mathematische Bilder und lyrische Texte eindrucksvoll Seite an Seite stehen.

Kapitel 3

Experimente mit Bildern
von Mondrian

Michael Noll, ein Elektroingenieur der Firma Bell Telephone, publizierte 1966 einen Artikel, der oft im Zusammenhang mit Computergrafik zitiert wird: »Mensch oder Maschine: Ein subjektiver Vergleich zwischen ›Kompositionen mit Linien‹ von Piet Mondrian und computergenerierten Bildern«.[9]

Der niederländische Maler Piet Mondrian (1872–1944) war um 1914 dazu übergegangen, seine Bilder nur aus vertikalen und horizontalen Linien zu komponieren. Und Michael Noll schrieb einen Algorithmus, der Mondrians Linien auf statistischer Basis nachahmte; die Computerbilder nannte er »Mondrian-ähnliche Bilder«. Außerdem generierte Noll am Computer Bilder, bei denen die Abstände der Linien in zufälliger Weise von der Liniengebung Mondrians abwichen – sogenannte »abweichend verteilte Bilder«. Dann legte er die unterschiedlichen Bilder Angestellten der Bell Telephone sowie auch Personen vor, die eine formelle künstlerische Ausbildung hatten, und wertete deren Reaktionen aus. Später vervollständigten Noll und andere Wissenschaftler[10–14] die Untersuchungen über Mondrian-Originale im Vergleich mit computergenerierten Bildern und gelangten zu folgenden Ergebnissen:

1) Zeigte man ein »Mondrian-ähnliches Bild« und fragte, ob es ein »Original« oder ein »computergeneriertes« Bild sei, so meinten 72 Prozent der Befragten, es sei ein Original.[9]

2) Zeigte man ein Original und ein »abweichend verteiltes Bild«, so wurde von 59 Prozent der Befragten das letztere ästhetisch bevorzugt.[9]

3) Die Ergebnisse (1) und (2) für Befragte mit künstlerischer Ausbildung waren ähnlich wie für jene ohne eine solche Ausbildung.[10]

4) 57 Prozent der Befragten mochten lieber »Mondrian-ähnliche Bilder« als »abweichend verteilte Bilder«.[13,14] Diese Ergebnisse waren unabhängig von Persönlichkeitsvariablen und der vorherigen Vertrautheit mit Mondrians Werk.[13]

5) Aber mehr als die Hälfte der Befragten zog ein »Mondrian-ähnliches Bild« dann nicht einem »abweichend verteilten Bild« vor,

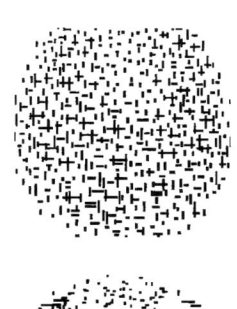

DIE MONDRIAN-EXPERIMENTE
Oben: »Composition with lines«
(1917) von Piet Mondrian.
Mitte: Dasselbe Bild mit dem
Computer nachempfunden von
Michael Noll – ein »Mondrian-
ähnliches Bild«.
Unten: Computergeneriertes Bild
mit statistischen Variationen der
Abstände von Mondrians Linien-
führung – ein »abweichend verteil-
tes Bild«
(Fotos: oben © Rijksmuseum
Kröller-Müller; Mitte und unten
© A. Michael Noll, 1965)

wenn dieses »abweichend verteilte Bild« von anderen als ästhetisch ansprechender ausgewählt wurde.[14]

Daraus kann man wohl schließen, dass die Grenze zwischen der von Menschen geschaffenen und computergenerierten Kunst im Auge der Betrachter – zumindest im vorliegenden Fall – fließend ist. Offenbar sind Annahmen über den Ursprung der Bilder sowie die Vorlieben für die eine oder die andere Bilderzeugung subjektiv. Man sollte aber bedenken, dass die oben aufgeführten Ergebnisse mit Imitationen von Mondrians Bildern gewonnen wurden. Im Unterschied dazu sind die computergenerierten Bilder in diesem Buch anders zu betrachten: Es ist nicht der Computer, der die Inspiration eines Künstlers imitiert, wie in Nolls Arbeit, sondern es ist der »Künstler« im Betrachter bzw. im Autor (als dem »Gegenstandsfinder«), der von diesen computergenerierten Bildern angesprochen wird und sie als Kunst erwählt.

Kapitel 4
Ein Spaziergang durch
die Chaosforschung

4.1 Postmoderne in den Naturwissenschaften

Vor mehr als zwanzig Jahren, zu Beginn meiner Tätigkeit am Max-Planck-Institut in Dortmund, begann ich mich für Biorhythmen zu interessieren. Dabei geht es um die endogenen, physiologischen Uhren von Organismen. Mich faszinierten Experimente, die in den 60er Jahren mit Menschen in Isolation durchgeführt wurden. Diese Versuche zeigten, dass sich der Zeittakt unserer inneren biologischen Uhr nicht immer genau auf 24 Stunden beläuft, sondern dass er zwischen 21 und 27 Stunden schwanken kann (in bestimmten Situationen sogar bis zu 48 Stunden) und dass uns der 24-Stunden-Rhythmus von Tageslicht und Gesellschaft vorgegeben wird.[15]

Zu jener Zeit fragte ich mich, was geschehen würde, wenn man eine 21-Stunden-Person auf einen 30-Stunden-Planeten brächte. Würde sich dieser Mensch auch anpassen? Und falls nicht: Was würde passieren? Ich beschloss, das Experiment durchzuführen – natürlich nicht mit einem Menschen, sondern mit einem anderen Lebewesen: der Bierhefe. Diese hat ebenfalls einen Biorhythmus, dessen Periode etwa eine Minute beträgt. Und statt eines Planeten mit einem anderen Tag-und-Nacht-Rhythmus benutzte ich eine von einem Motor gesteuerte Spritze, welche die Hefe periodisch mit Nährlösung fütterte.

Die Hefe lebt schon seit Jahrtausenden mit dem Menschen in Koexistenz, produziert sie doch Alkohol für uns, während wir sie mit lebenswichtigem Zucker versorgen. Weniger bekannt ist die Tatsache, dass die Alkoholproduktion durch die Hefe in rhythmischen Zyklen geschieht. In Abhängigkeit von der Amplitude und der Frequenz, mit der ich die Hefe fütterte, ergab das Experiment drei unterschiedliche Ergebnisse:

(a) Die Alkoholerzeugung oszillierte mit einem Vielfachen der Frequenz der endogenen Schwingungen der Hefe.

(b) Die entstehenden Schwingungen ergaben sich einfach aus der Summe der endogenen Hefeschwingung und der Schwingung der Fütterung.

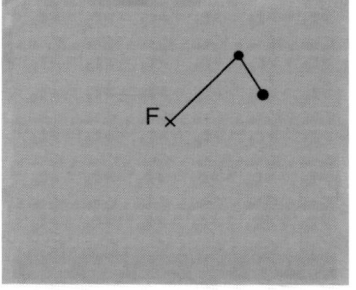

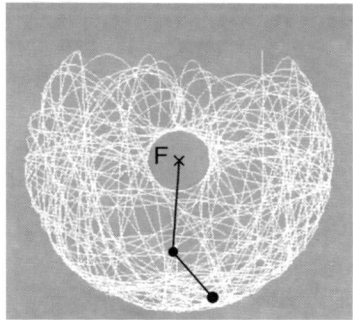

DOPPELPENDEL
Der Punkt F ist fest. Die zwei Pendel können nur auf der Ebene rotieren. Stößt man die Pendel in der oben angegebenen Position stark an, so kann die Bahn chaotisch werden, wie unten durch die weiß gezeichneten Bahnen gezeigt.

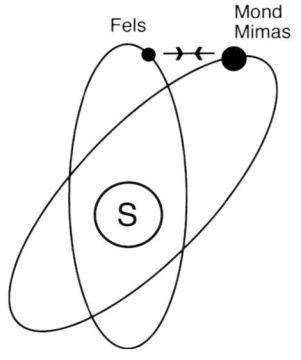

»DOPPELPENDEL« IM ALL
Die hellen Ringe des Saturns (S)
bestehen aus Felsbrocken, die sich
wie der Saturn-Mond Mimas um
den Saturn drehen. Wie beim Doppelpendel gibt es hier zwei Schwinger, die über die Gravitation
(Pfeile) miteinander gekoppelt
sind. Je nach Abstand zwischen
Fels und Saturn, also je nach Um-
laufperiode des Gesteinsbrockens,
gibt es geordnete Bahnen, die als
die hellen Ringe um den Saturn zu
erkennen sind, oder Chaos.

SATURN UND SEINE RINGE
direkt vor der Sonne.
(Foto: Cassini-Mission, 15. 9. 2006)

(c) Es gab Chaos, d. h. die Alkoholerzeugung oszillierte in unvorhersagbarer Weise.

Ich wettete mit meinen Kollegen um eine Mark, ob innerhalb der
nächsten fünf Minuten die Alkoholproduktion der Hefe über- oder
unterdurchschnittlich ausfallen würde. Manchmal gewann ich und
manchmal verlor ich.

Zu jener Zeit war das der erste Labornachweis von Chaos in
einem lebenden System.[16] Der Philosoph und Chemie-Nobelpreisträger Ilya Prigogine (1917–2003) war so fasziniert von unseren Experimenten, dass er sie der US-amerikanischen *National Academy
of Sciences* zur Publikation empfahl.[17] Und auf der Grundlage dieser
Arbeit habilitierte ich mich 1988 an der Universität Dortmund.

Einige Jahre später jedoch wurde mir klar, dass das Experiment
mit der Bierhefe den Gipfel der Banalität darstellte: Ich hatte gemäß
neuerer Forschungsergebnisse ein elementares Phänomen in einem
unnötig komplizierten und speziellen System nachgewiesen. Denn
es hatte sich mittlerweile herausgestellt, dass Chaos ganz allgemein
bei wechselwirkenden Oszillatoren auftritt, vorausgesetzt die Gleichungen dahinter sind hinreichend »nichtlinear«. In jenen Jahren
wurden viele Beobachtungen von Chaos in den Systemen solcher
gekoppelter Oszillatoren publiziert, darunter das Doppelpendel[18]
und die Saturnringe. Die helleren Bereiche dieser Ringe bestehen
aus Felsbrocken, deren Bewegungsbahnen einerseits von der Gravitation des Saturns (die Periode einer solchen Bewegung hängt vom
Abstand ab) und andererseits von der Schwerkraft des periodisch
den Saturn umkreisenden Mondes Mimas bestimmt werden. Wie bei
der Hefe die Alkoholproduktion können im Saturnring die Bewegungen der Felsbrocken chaotisch werden. Daher sieht man zwischen
den hellen Ringen schwarze Streifen, die ebenfalls mit Gesteins-
brocken ausgefüllt wären, wenn es Mimas nicht gäbe.

4.2 Vertikaler Pluralismus

Im Jahr 1990 – mein Fiasko hatte sich noch nicht an der Universität
herumgesprochen – rief mich der Philosophieprofessor Friedrich
Rapp an und bat mich um einen Vortrag über meine Chaosarbeiten
im Studium generale der Universität Dortmund. Da nur vier Redner
pro Semester zu dieser Veranstaltung eingeladen wurden, fühlte ich
mich geehrt und sagte ohne zu zögern zu.

Zwei Wochen später hingen schon die Plakate mit der Ankündi-
gung meines Vortrages in der Mensa, und da packte mich plötzlich

die Angst. Denn auf den Plakaten stand »Thema: Postmoderne« – und ich hatte nur eine ziemlich verworrene Ahnung, was das ist. Ich rief Herrn Rapp an, doch er meinte, es wäre doch klar, dass ich jahrelang postmodern gearbeitet hätte. Als ich weiterhin meine Unsicherheit bekundete, sagte er: »Betrachten Sie es als Anregung, um die Parallelen zwischen Ihrer Arbeit und der Postmoderne herauszufinden.«

Irgendwie wurde ich den Gedanken nicht los, dass er selber diese Parallelen nicht kannte und nur einer Eingebung folgte. Verwirrt ging ich zur Unibibliothek und schaute in einem mehrbändigen Lexikon der Philosophie nach (es gab damals noch kein Internet). Unter dem Stichwort »Postmoderne« ging es für mich unlesbar hin und her zwischen Hegel, Lyotard, Heidegger und Achille Bonito Oliva, aber zum Glück wurde dort ein Artikel erwähnt, welcher versprach, sowohl grundlegend wie auch für einen philosophischen Laien wie mich verständlich zu sein. Es war Leslie Fiedlers »Cross the Border – Close the Gap«, erschienen im Dezember 1969 in der Zeitschrift *Playboy*.[19] Das nächste Problem war dann: Wie komme ich an einen *Playboy* von 1969 ran? Nach alter Berufsroutine ging ich zu unserer Bibliothekarin im Max-Planck-Institut, die dann, auch nach alter Berufsroutine, feststellte (es war mir zuerst etwas peinlich, aber sie hat dann, ohne mit einer wertenden Wimper zu zucken, in ihren Mikrofiches nachgesehen), dass es nur eine Bibliothek in Deutschland gibt, in der der *Playboy* als Pflichtexemplar gehalten wird, und dies ist die Staatsbibliothek Preußischer Kulturbesitz in Berlin. Allerdings, so meinte sie, könnte es ein, dass die gewünschte Zeitschrift erst nach meinem geplanten Vortrag in Dortmund ankäme. Nächster Gedanke: Wen kenne ich in Berlin? Natürlich meine damals 77-jährige Mutter. Ich rief sie an, sie bestellte sich ein Taxi, holte den *Playboy* aus der Preußenbibliothek und faxte mir den Artikel.

Ich war überrascht von der Courage und der intellektuellen Solidität des dort erschienenen Artikels von Leslie Fiedler. Der Artikel ist unter anderem ein Abschied von elitären Schriftstellern wie Marcel Proust und Thomas Mann und eine Anerkennung von Liedermachern wie Leonard Cohen, Frank Zappa und Bob Dylan. Man mag jetzt schmunzeln, aber wer diese Liedermacher wirklich kennt, wird auch bemerkt haben, dass einige ihrer Lieder doppelt kodiert sind – ein typisches postmodernes Merkmal, so erfuhr ich –, denn sie erreichten die Elite und die Masse zugleich. Die alte Kluft zwischen einer Kunst der »Gebildeten« und einer Subkunst der »Ungebildeten« wurde bei ihnen überbrückt. Frank Zappa, auf einem bekannten Poster nackt auf dem Klo sitzend, wurde als Dichter anerkannt, und zugleich zog die Popkunst in die feinen Museen und Universitätsbibliotheken ein.

Nach weiteren Recherchen erfuhr ich, dass es neben postmoderner Literatur und Architektur auch postmodernes Kochen, postmoderne Zweierbeziehungen und postmodernes Reisen gibt. Aber nirgendwo fand ich etwas über mein Vortragsthema: postmoderne Naturwissenschaft. Dann fiel mir eines Tages ein, dass Fiedlers »Cross the Border – Close the Gap« genau das meint, was ich in einer der Chaosforschung gewidmeten Ausgabe von *GEO-Wissen* selber geschrieben hatte:

> »Ein anderer Aspekt dieser Wissenschaft ist soziologischer Natur. Ich frage mich ernsthaft, ob ein Teil der Chaosforschung in Privatwohnungen oder Klassenzimmern landen wird. Ich stelle diese Frage, weil einerseits eine große Anzahl von Aufgaben mit einfachen Rechenmethoden, wie etwa Iterationen, beschrieben werden kann, und andererseits die Leistung der PCs galoppierend zunimmt. Ein Beispiel dafür ist die ausgezeichnete Arbeit eines 15-jährigen Schülers aus Tucson, Arizona, in der Fachzeitschrift *Physica D* gemeinsam mit seinem Vater, dem Biophysiker Arthur Winfree und dem Heidelberger Mathematiker Herbert Seifert.«[20]

Oberstufenschüler machen seit Jahren in meiner Arbeitsgruppe Praktika (manche erstellen z. B. Grafiken wie solche in diesem Buch) und erhalten dabei wertvolle Ergebnisse, obwohl sie keine Experten sind.

Diese Beispiele zeigen, dass auch in den Naturwissenschaften – mit entsprechender Koordination natürlich – eine Brücke zwischen dem Akademiker und dem Laien geschlagen werden kann. Dies ist in der Chaosforschung vergleichsweise leicht, weil vieles in experimentell-mathematischer Form durch geduldiges Tüfteln am PC errechnet werden kann und weil sich die Chaosforschung weitgehend mit dem uns allen sichtbaren Mesokosmos beschäftigt – zum Beispiel mit der Meeresbrandung, den Flammen eines Feuers oder der Wolkenbildung – im Unterschied zum elitären Mikrokosmos der Elementarteilchenphysiker oder dem Makrokosmos der Kosmologen.

4.3 Horizontaler Pluralismus

Solche Betrachtungen führten mich dazu, den vertikalen Pluralismus, das heißt die Verschmelzung von Elite und Massen, von Fachleuten und Laien, als einen postmodernen Aspekt der Chaosforschung anzusehen. Später fand ich, dass diese vertikale Ansicht durch ein anderes Cross the Border – Close the Gap ergänzt werden sollte, und zwar durch einen horizontalen, interdisziplinären Pluralismus, der in Verbindung mit Achille Bonito Olivas Konzept »alle Territorien der Kultur« steht. Der einstige Da-Vinci-Pluralismus zerfiel über die Jahrhunderte durch sich fortwährend verzweigende Arbeitsteilung mehr und mehr, jedoch erlebt man heute in den nichtlinearen Wissenschaften (zu denen die Chaosforschung gehört) eine Konvergenz der Fachrichtungen. Dies spiegelt sich auf Tagungen wider, auf denen beispielsweise Astronomen und Ärzte gleiche Interessen verfolgen.[21] Solche Dialoge werden durch eine holistische statt einer reduktionistischen Sichtweise möglich gemacht. Ein Beispiel dafür ist in diesem Kapitel weiter oben zu finden. Das Entstehen von Chaos durch gekoppelte Oszillatoren wurde durch Phänomene aus sehr unterschiedlichen Disziplinen erklärt: der klassischen Mechanik (Doppelpendel), der Astronomie (Saturnringe) und der Biologie (Hefe). Diese Beispiele konnten nur deshalb herangezogen werden, weil holistisch argumentiert wurde, das heißt, die Besonderheiten der betrachteten Systeme, zum Beispiel das Torkeln der Saturnbrocken oder die mitschwingende Magnesiumkonzentration bei Hefe, wurden nicht berücksichtigt.

Ein weiteres Beispiel für horizontalen Pluralismus: Hans Schepers, einer meiner Studenten, und ich haben mit dem PC Simulationen durchgeführt, die die bioelektrischen Muster im Sehzentrum des Gehirns zeigen, welche nahe dem klinischen Tod entstehen.[22] Dabei haben wir berücksichtigt, dass die Neuronen im Gehirn entweder elektrisch aufgeladen oder entladen sein können. An den Berührungspunkten zweier Neuronen, den Synapsen, gibt es je nach den umgebenden chemischen Bedingungen zwei Möglichkeiten: Die Entladung des einen Neurons wird durch die Entladung des anderen Neurons aktiviert oder sie wird gehemmt. Im Falle niedriger Sauerstoffzufuhr (entsprechend einer Nahtodsituation) bilden sich um Regionen mit Entladungsaktivierung größere Regionen mit Entladungshemmung. Es kommt dann zur Bildung von Mustern, wie sie auf Bild 159 zu sehen sind. Allerdings mussten zur Berechnung dieses Bildes noch die Koordinaten im Gehirn in Koordinaten im Sehzentrum umgewandelt werden (retinokortikale Abbildung). Entsteht ein Muster im Gehirn, so wird das nach der retinokortikalen Abbildung entsprechende Muster in der Netzhaut vom Gehirn als Vision interpretiert. Im äußeren Teil von Bild 159 sind Regionen mit Entladungsaktivierung schwarz und solche mit Entladungshemmung rot dargestellt; in Richtung zum Mittelpunkt des Bildes werden die Farben heller.

Was hat dies mit horizontalem Pluralismus zu tun? Die Mechanismen auf der Netzhaut werden durch Gesetze gelenkt, die analog

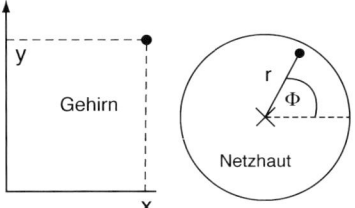

RETINOKORTIKALE ABBILDUNG
Der Wert x bzw. y eines Punktes im Sehzentrum des Gehirns (links) entspricht dem Radius r bzw. dem Winkel Φ eines Punktes in der Netzhaut des Auges (rechts). Ein Bild in der Netzhaut wird im Gehirn entsprechend verzerrt; umgekehrt verzerrt wird ein Muster im Gehirn als »Vision« interpretiert.

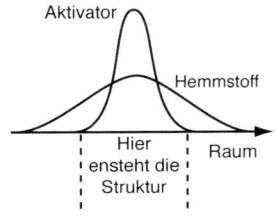

TURING-STRUKTUREN
1952 wurde gegen Alan Turing ein Verfahren wegen sexueller Beziehungen zu einem 19-Jährigen eröffnet. Dies führte zum Verlust seines Amtes im britischen Geheimdienst, zu einer Hormontherapie und 1954 zu seinem Selbstmord.[106] In diesen letzten zwei Jahren seines Lebens stellte Turing eine Hypothese auf, die völlig abseits seiner vorherigen Karriere stand und bis heute in der gesamten Biologie gültig ist[107]: Eine isolierte, biologische Form (Blatt, Finger, Knochen, Hautmuster…) entsteht durch einen chemischen Aktivator, der die Gene »anschaltet« und seinen eigenen Hemmstoff produziert. Dieser Hemmstoff verbreitet sich weiter im Raum als der Aktivator, und somit ist eine weitere Entstehung des Aktivators, durch Hemmung an seinen Flanken, räumlich begrenzt; damit werden Lage und Abmessungen einer isolierten, biologischen Form festgelegt.

zu denen sind, welche die Entstehung von Blättern auf Pflanzenästen oder die Musterbildung auf Tierhäuten bzw. Fellen bestimmen (Turing-Strukturen[23]; vgl. im Anhang Abschnitt A.1); allerdings werden Aktivierung und Hemmung in Blättern und Häuten durch diffundierende chemische Stoffe verursacht, während die Muster im Sehzentrum durch aktivierende und hemmende neuronale Synapsen entstehen. Durch diese Zusammenhänge verhakte ich mich in eine »theoretische Theologie«, bei der das sogenannte »Licht am Ende des Tunnels« etwa wie Makrelen- oder Zebrastreifen im Gehirn interpretiert wurde.

Horizontalen Pluralismus gibt es auch bei der Untersuchung von Fraktalen. Egal in welchem Maßstab man sie zur Darstellung bringt: Fraktale sind immer selbstähnlich, wie man in vielen Bildern dieses Buches sehen kann (vgl. Anhang C) – oder auch, sehr anschaulich, in den »Flöhen« von Jonathan Swift, welche von Flöhen gestochen werden, die von Flöhen gestochen werden…[24] Fraktale werden mit identischen Methoden in ganz verschiedenen Disziplinen untersucht: auf Oberflächen von Katalysatoren sowie in Diagrammen, die aus der Sonnenaktivität oder aus EEG-Signalen berechnet werden. Horizontaler Pluralismus, auf holistischer Basis, ist die Grundlage der Theorie der anregbaren Medien[21,25,26], welche äußerst unterschiedliche Systeme zum Gegenstand haben kann: den Herzmuskel, Epidemien, Schleimpilze, Fahrzeugkatalysatoren, befruchtete Fischeier, Galaxiendynamik oder schwingende chemische Reaktionen. In ihnen beobachtet man konzentrische, spiralförmige und chaotische Wellen. Eine dreidimensionale Welle in einem anregbaren Medium[25] ist in Bild 158 zu sehen.

4.4 Überraschungen wider die Vernunft

Man kann noch einen dritten Konvergenzpunkt von Postmoderne und Chaosforschung definieren: Offenheit für Überraschungen wider die Vernunft, das Feiern der Beliebigkeit … Vernunft ist die Göttin der Moderne und der Aufklärung. Alle großen Programme, Geistesströmungen und natürlich die wissenschaftlichen Konzepte beriefen sich auf die Vernunft: die Reformation, die Gegenreformation, der deutsche Idealismus, der Marxismus oder auch Newtons Himmelsmechanik. Hier, im wissenschaftlichen Kontext, verwende ich den Begriff »Vernunft« im Sinne von »Berechenbarkeit«.

Isaac Newton, dessen Mechanik die Physik bis vor etwa 100 Jahren beherrschte und in vielen Bereichen bis heute noch beherrscht, hatte von sich behauptet, die Weltformel gefunden zu haben – und

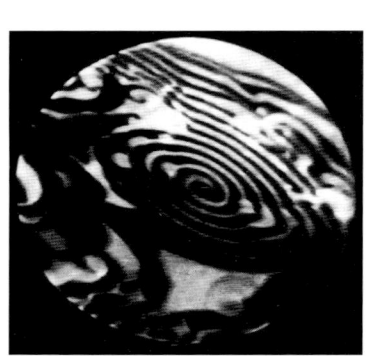

CO_2-SPIRALWELLE IM KATALYSATOR
Die Oberfläche eines Kfz-Katalysators ist ein Beispiel für ein ANREGBARES MEDIUM.
(Bild: G. Ertl[108])

dies mit der Zustimmung nachfolgender Generationen. Wen wundert das schon: Er hatte mit einer einzigen Gleichung sowohl die Bahnen von Kanonenkugeln wie die Epizyklen der Planeten beschreiben können. Den Anspruch der Newtonschen

Mechanik auf die Allberechenbarkeit der Natur fasste 1776 der Mathematiker Pierre-Simon de Laplace folgendermaßen zusammen: Würde man die Lage und die Geschwindigkeit aller Teilchen des Universums einem übermenschlichen Geist mitteilen, so könnte er – als allwissender Historiker und Prophet zugleich – Vergangenheit und Zukunft berechnen.[27] Dieser »übermenschliche Geist« wurde später »Laplacescher Dämon« genannt.

Aus dem Gedanken von Laplace ergibt sich: Bezieht man unter »allen Teilchen des Universums« auch die Teilchen in unseren Gehirnen mit ein, ist der freie Wille eine Illusion. Und wenn man überhaupt von Gott reden kann, so wäre dieser gleichzusetzen mit dem gegenwärtigen Zustand des Alls; der Begriff Zeit würde seine Bedeutung verlieren, da es nach Laplace ein und derselbe Sachverhalt ist, der einmal als Zukunft, dann als Gegenwart und dann als Ver-

gangenheit angesehen wird, vorausgesetzt, man behält die Newtonsche Gleichung im Auge. Der Laplacesche Gott wäre, so hat es der Chemie-Nobelpreisträger Ilya Prigogine formuliert, lediglich ein Archivar, der die Seiten eines Buches umblättert, welches schon geschrieben ist.

Die Postmoderne dagegen verlässt den Bereich des historisch-strukturierten, vernünftigen Denkens à la Isaac Newton oder Karl Marx. Sie charakterisiert sich dagegen durch die Akzeptanz der Beliebigkeit. Werner Post, Philosophieprofessor in Dortmund, sagte in einem Vortrag des Studium generale der dortigen Universität, dass man kein Philosoph sein muss, um einzusehen, dass man mit der Vernunft am Ende ist: Es genügt, auf der Autobahn zu fahren. Trotzdem haben sich die Naturwissenschaftler an der Vernunft festgekrallt (Vernunft im Sinne immerwährender Berechenbarkeit), obwohl einige physikalische und biologische Vorgänge sich hartnäckig der Erfassung durch mathematische Berechnungen entziehen: etwa die Schwankungen des Wetters, das Roulettespiel oder unvorhersagbare Plagen wie das massenhafte Auftreten der Schwammspinner (Zigeunermotten), die – im 19. Jahrhundert in Massachusetts eingeschleppt – dort Millionen Hektar Wald zerstören können.

ISAAC NEWTON (1643–1727)
Die Geschichte mit dem fallenden Apfel, der Newton letztendlich zur Erklärung aller Bewegungen im All inspirierte, wird häufig als triviale Legende abgetan. Das ist falsch: Der Physiker William Stukeley[109] schrieb, dass er beim Tee mit dem greisen Newton unter einem Apfelbaum von letzterem ein Déjà-vu-Bekenntnis zu hören bekam: Mit einem Apfel fing alles an!

PIERRE-SIMON, MARQUIS DE LAPLACE (1749–1827)
Französischer Mathematiker und Astronom. Er fasste das gesamte physikalische Weltbild seiner Zeit in seinem Werk *Traité de mécanique céleste* zusammen. Er war der Erste, der die Existenz von Schwarzen Löchern und anderen Galaxien, ähnlich der Milchstraße, postulierte. Auf einer Frage Napoleons, warum er nicht Gott in seinem Werk erwähne, sagte er: »Es war nicht notwendig, diese Hypothese mit einzubeziehen.«[110]

ZIGEUNERMOTTE
Es ist der meistgefürchtete Schädling in den USA. Das massenhafte Auftreten der Motte im Frühjahr erinnert an Schneestürme.
(Foto: Entomart, Belgien)

König Oscar II. von Schweden und Norwegen (1829–1907) Anlässlich seines 60. Geburtstages versprach er einen millionenschweren Preis demjenigen, der die Frage beantworten konnte: Unter welchen Bedingungen ist die Bahn eines Himmelskörpers, unter dem Einfluss anderer Himmelskörper, stabil? Insbesondere: Ist unser Sonnensystem langfristig stabil? Keiner konnte diese Frage damals beantworten.

Mit der Quantenmechanik musste der Laplacesche Dämon seine erste Schlappe hinnehmen, doch diese bezog sich auf den atomaren Bereich. Man kann sagen: Die Quantenphysik tötete Dämonen, die erst nach Laplace entdeckt wurden. Der meso- und makroskopische Laplacesche Dämon des Newtonschen Determinismus wurde allerdings mit der Quantenmechanik nicht in Zweifel gezogen.

Der erste Wissenschaftler, der zwar mit der Newtonschen Mechanik arbeitete, jedoch Ende des 19. Jahrhunderts bemerkte, dass sie zu unvorhersagbarem Verhalten führen kann, war der Mathematiker Henri Poincaré. Er schrieb:

»Selbst wenn die Naturgesetze für uns kein Geheimnis mehr enthielten, könnten wir den Anfangszustand eines Ablaufes immer nur näherungsweise kennen. Es kann der Fall eintreten, dass kleine Unterschiede in den Anfangsbedingungen große Unterschiede in den späteren Erscheinungen bedingen: Ein kleiner Irrtum in den Ersteren kann einen außerordentlich großen Irrtum in den Letzteren nach sich ziehen. Die Vorhersage wird dann unmöglich, und wir reden von einer ›zufälligen‹ Erscheinung. Wenn der Anstoß beim Roulette nur ein Tausendstel oder ein Zehntausendstel variiert, so genügt das, um zu bewirken, dass die Kugel nicht auf einem schwarzen Feld, sondern auf dem darauffolgenden roten liegen bleibt. Das sind Unterschiede, die unsere Sinne nicht wahrnehmen können und die selbst den feinsten Instrumenten entgehen würden. Der Unterschied in der Ursache ist nicht wahrnehmbar, und der Unterschied in der Wirkung ist für mich von größter Wichtigkeit, denn es handelt sich um meinen ganzen Rouletteeinsatz. …

In der gleichen Weise könnten kleinste Störungen durch Himmelskörper die Ellipsenbahnen der Planeten drastisch verändern.«[28]

Poincaré konnte das Auftreten solcher Änderungen mathematisch beweisen, aber die Änderungen selbst nicht berechnen, weil dies ohne Computer unmöglich ist. Er beklagte deshalb: »Diese Dinge sind so bizarr, dass ich es nicht aushalte, darüber nachzudenken.«[28] Das war die Geburtsstunde der Chaosforschung. Allerdings lag diese Forschung noch gut 70 Jahre lang brach, bis es Computer gab und der Meteorologe Edward Lorenz Lösungen der nach ihm benannten Differentialgleichungen berechnen konnte.[29] Die Lorenz-Gleichungen (vgl. im Anhang Abschnitt A.3) sind ein »Pi-mal-Daumen«-Wettermodell und als solches kaum brauchbar.

Aber weltberühmt wurde Lorenz aufgrund einer technischen Panne: Sein Computer rechnete zwar mit sechs Stellen nach dem Komma, wies aber nur drei Nachkommastellen aus. Als er einmal zur Kontrolle den letzten Teil einer Rechnung wiederholte und seine bisherigen Zwischenergebnisse mit nur drei Stellen nach dem

Auch Henri Poincaré (1854–1912) nicht; aber er erhielt trotzdem den Preis, weil er der Antwort am nächsten kam. Er bewies, dass drei wechselwirkende Himmelskörper (Dreikörperproblem) instabil werden können, da für sie kleinste Ursachen große Wirkungen haben können.

Komma eingab, erhielt er ein völlig anderes Resultat. Da er aber sonst keine Fehler gemacht hatte, erkannte er, dass die große Differenz in den Ergebnissen von den fehlenden Nachkommastellen herrührte. Hier haben wir es wieder: kleinste Ursachen, größte Wirkungen. In chaotischen Systemen können also geringfügigste Einflüsse nach einer gewissen Zeit so groß werden, dass sie das gesamte Geschehen bestimmen. Das nannte man später den »Schmetterlingseffekt«.

Für potenziell chaotische Systeme, wie beispielsweise Biorhythmen, mechanische bzw. elektronische Vorrichtungen oder Wettermodelle, ist es entscheidend, welche von außen wirkenden Bedingungen (Parameter) das System voraussagbar und welche es chaotisch machen. Das ist die wissenschaftliche Motivation für die computergenerierten Bilder in diesem Buch. Aber, wie schon erwähnt, eine Auswahl dieser Bilder gewann in Chile einen Preis, der nicht von Wissenschaftlern, sondern von Kunstkritikern vergeben wurde. Diese überraschende Tatsache gibt dem horizontalen Pluralismus eine neue Qualität, indem sie über den postmodernen Aspekt der Chaosforschung hinaus auf die Überwindung der Grenzen der »zwei Kulturen« verweist, durch die Charles Percy Snow[30] die Geisteswissenschaften und die Naturwissenschaften voneinander getrennt sah.

In diesem Zusammenhang bedeutsam ist auch der Begriff des »kontrollierten Zufalls«, eines künstlerischen Prinzips, das einen Vergleich von computergenerierten Bildern mit den Drip-painting-Werken von Jackson Pollock (1912–1956) nahelegt. Indem er Farbe auf die Leinwand tröpfelte, schüttete oder spritze, entstanden zufällige Strukturen. Timothy Binkley, Leiter der Abteilung für Computerkunst an der School of Visual Arts in New York, schrieb in diesem Kontext: »Der Computer erhebt sich aus dem Meer postmoderner Kultur … wie ein trickreicher Zauberer…, der ein fesselndes Repertoire von künstlerischen Mitteln beherrscht.«[31] Eine elementarere und kritischer zu beurteilende Analogie ist das Kaleidoskop, das Sir David Brewster (1781–1868) als eine »wuchernde Quelle von Kunst« im 19. Jahrhundert präsentierte.[2]

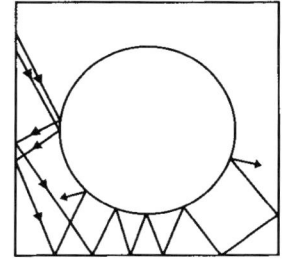

SCHMETTERLINGSEFFEKT
In dieser einfachen Anordnung sieht man es deutlich: Kleine Änderungen der Ursache oder der Anfangsbedingungen können große Änderungen in der Wirkung zur Folge haben.

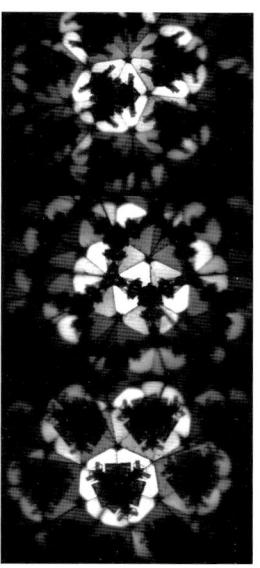

KALEIDOSKOP
Mehrfache Spiegelung von ungeordneten Glassplittern an drei Spiegeln in einem Rohr können überraschend schöne Muster erzeugen.
(Foto: Rodrigo Nuno Bragança da Cunha)

4.5 Ist die Naturwissenschaft eine Geisteswissenschaft?

Auch Naturwissenschaftler werden – wie alle Menschen – mehr oder weniger unbewusst von den jeweiligen Geistesströmungen ihrer Zeit beeinflusst. Sie haben es sich zwar zur Aufgabe gemacht, die Natur *objektiv* zu beobachten und zu beschreiben, gleichwohl tun sie das

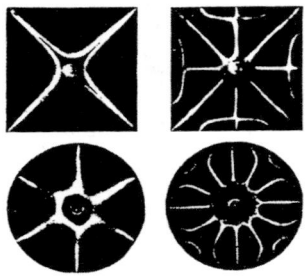

KLANGFIGUREN NACH ERNST
CHLADNI[33]
Stehende Wellen auf ebenen
Platten.

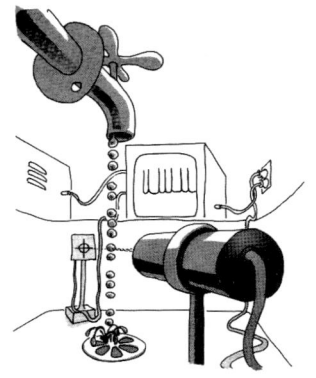

CHAOTISCHER WASSERHAHN
Durch Unterbrechung des Laser-
strahls rechts werden die Tropfen
registriert.
(Aus einer Arbeit der Gruppe
von Robert Shaw[34])

als »Kinder ihrer Zeit« subjektiv. Was ich damit meine, hat nichts
mit der »Prostitution der Naturwissenschaftler zugunsten des Krie-
ges«[32] zu tun. Nein, ich meine etwas viel Grundlegenderes: Die
Forschungsgegenstände und Methoden der Naturwissenschaftler
werden ganz entscheidend – und manchmal grenzt das schon an
Borniertheit – vom herrschenden Zeitgeist mitbestimmt.

Bis etwa 1960 sind an sich hochinteressante chaotische Mess-
reihen regelmäßig in den Papierkörben der Naturwissenschaftler
gelandet. Im Folgenden ein schlagendes Beispiel von vielen: Dem
Leser und der Leserin sind vielleicht die Chladnischen Klangfiguren
bekannt. Der Naturwissenschaftler Ernst Chladni (1756–1827) erzeugte diese formschönen und ästhetisch ansprechenden Klangfiguren, indem er Sand auf Glas- oder Metallplatten streute und diese
Platten anschließend dadurch in Schwingungen versetzte, indem
er einen Geigenbogen an den Plattenrändern entlangführte.[33] In
seinen Anweisungen zur Erzeugung solcher Klangfiguren empfahl
er quadratische, rechteckige, sechseckige und kreisförmige Platten,
denn nur auf diesen ordnete sich der Sand zu schönen, symmetrischen Mustern, wenn man die Platten mit dem Bogen in Schwingungen versetzte. Andere Plattenformen, etwa Quadrate mit abgerunde-
ten Ecken oder unsymmetrische Platten, wurden von Chladni verworfen. Warum? Weil sie keine regelmäßigen, reproduzierbaren
Muster ergaben! Hätte Chladni den Mut gehabt, auch die chaotischen Muster zu veröffentlichen, wäre er vor über 200 Jahren zum
Begründer der Chaosforschung geworden. Erzähle mir also niemand, dass allein die Computerei zur Chaosforschung geführt habe!
Die wissenschaftlichen Entwicklungen sind auch soziologisch ge-
prägt. Chladni war ein Zeitgenosse von Laplace und seinem Dämon,
und zu dieser Zeit war Chaos tabu.

In den 1980er Jahren dagegen wehte ein ganz anderer Wind,
und die Wissenschaftler klaubten wie besessen die Messungen
chaotischer Vorgänge aus den Papierkörben der Geschichte wieder
hervor. Man suchte fieberhaft nach irgendwelchen Anordnungen,
die Chaos zeigten, wie bedeutungslos diese Anordnungen auch
waren, bloß um »dabei zu sein«. So veröffentlichten der Physiker
Robert Shaw und seine Arbeitsgruppe Untersuchungen über chaotisches Tropfen von Wasser aus einem hinreichend kaputten Wasserhahn.[34] Und der australische Biologe Alexander Nicholson war in
den 50er Jahren auf die Idee gekommen, 10000 Schmeißfliegen
zwei Jahre lang in einem Raum einzusperren (mit gleichbleiben-
der Nahrungszufuhr und Reinigung); anschließend publizierte erdie
Schwankungen in der Fliegenbevölkerung. Wegen ihrer Unvorhersagbarkeit stießen seine Daten später auf das Interesse der Chaos-

forscher.[35] Epidemiologen stürzten sich auf Archive mit Erhebungen gemeldeter Erkrankungen an Masern, Mumps, Polio und Röteln in New York, Baltimore, St. Louis und Kopenhagen und debattierten, ob diese nach den Massenimpfungen der 60er Jahre uninteressant gewordenen Daten chaotisch sind oder nicht.[36] Und die chaotischen Umlaufbahnen von Asteroiden waren der Stoff für Weltuntergangsszenarien: Der Aufprall eines Meteoriten auf die Erde schien dem Magazin *Ciel et Espace* vom November 1990 unausweichlich.

Aber zwischen diesem modischen Unkraut wuchs auch Nützliches, insbesondere die wichtigen Ergebnisse im klinischen Bereich: etwa der Befund von Rolf-Dieter Hesch (bis 1991 an der Medizinischen Hochschule Hannover), dass bei gesunden Menschen die Schwingungen des in den Nebenschilddrüsen gebildeten Parathormons chaotisch sind und bei Voranschreiten der Osteoporose zunehmend voraussagbar werden.[37] Nützlich sind auch die vielen Untersuchungen im Zusammenhang mit EKG-Analysen oder der Entwicklung implantierbarer Defibrillatoren zur Kontrolle chaotischer Herzrhythmen.

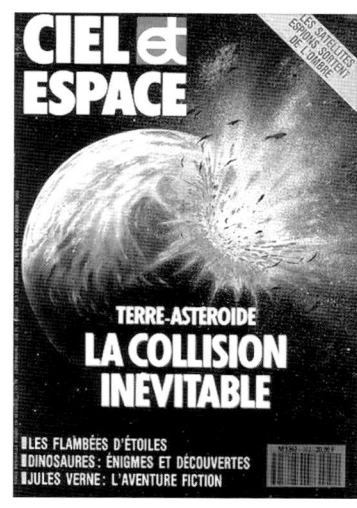

(Bild: D. Florentz)

4.6 Der Tod des Laplaceschen Dämons

Wenn man schon in der Chaosforschung so weit gekommen ist, wird man sich jetzt vielleicht fragen, wie sieht es denn heute bei der Wettervorhersage aus? Oder wenn wir uns an die Klage des Herrn Poincaré erinnern: Wie sieht es denn heute mit einer eventuellen Voraussage beim Roulette aus? Nun, die Chaosforschung erlaubt uns nur die Aussagen, unter welchen Bedingungen Unvorhersagbarkeit herrscht und über welchen Zeitraum Vorhersagen möglich sind; sie erlaubt uns aber nicht, konkrete Voraussagen zu machen.

Nehmen wir das Beispiel Wetter und stellen wir uns die Erdatmosphäre von einer Raumstation aus gesehen bildlich vor. Was man von dort oben sieht, ist ein Schnappschuss von räumlich-zeitlichem Chaos im Wettersystem. Nach ein, zwei Wochen wird dieses Bild gänzlich anders aussehen, als wir es vorausberechnet haben mögen – und zwar aufgrund irgendwelcher kleiner Störungen. Es stellt sich nun die Frage: Wie genau muss man ein Wettergeschehen kennen, um alle Störungen in die Berechnungen zu unserer Wettervoraussage mit einzubeziehen? Routinemäßig werden die Daten von etwa 10 000 Wetterstationen (sowie die Daten einiger Satelliten und Wetterballons) in die Rechner eingegeben. Diese Datenmenge reicht für Voraussagen bis zu etwa vier Tagen. Aber schon bei einer Voraussage für elf Tage spielen wesentlich kleinere Störungen zwischen

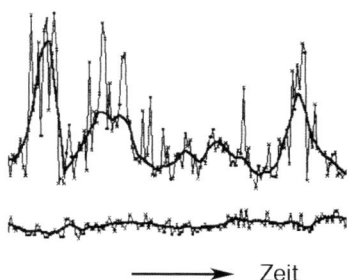

Zeit

SCHWINGUNGEN DES PARATHORMONS
Dieses Hormon entsteht in der Nebenschilddrüse und bewirkt, dass die Knochen Calcium ans Blut abgeben. Ein anderes Hormon, das Calcitonin, steuert dagegen. Die abwechselnde Wirkung beider Hormone verursacht die Schwingungen des Parathormons. Kurve oben: CHAOS bei einem gesunden Menschen. (Zeitraum: 5 Stunden). Unten: VORAUSSAGBARKEIT bei Osteoporose.
(Nach Rolf-Dieter Hesch[37])

GIORDANO BRUNO
1586

ISAAC NEWTON
1687

JOSEPH-LOUIS LAGRANGE
1788

den Wetterstationen eine entscheidende Rolle, die wir für eine Voraussage von vier Tagen nicht zu berücksichtigen brauchten. Für eine Voraussage von elf Tagen wären rund 100 Millionen über den Erdball verstreute Wetterstationen notwendig. (Wettersatelliten allein helfen nicht, da man Temperatur, Windgeschwindigkeit, Druck und Feuchtigkeit an den 100 Millionen Stationen messen muss.) Für eine langfristige Voraussage von einem Monat bräuchte man 10^{20} Wetterstationen, also eine pro 5 mm² Erde und Wasser. Und: Für eine Voraussage von zwei Monaten bräuchte man einen Computer, der mehr Bauelemente hat, als es Atome auf der Erde gibt; und er bräuchte (legt man die Geschwindigkeit heutiger Computer zugrunde) zur Berechnung der Zwei-Monate-Vorhersage länger als zwei Monate. Man sieht: Es gibt keine praktikable Lösung für solche Vorhersagen.

Der Laplacesche Dämon liegt also in Agonie, und nun wollen wir ihm den endgültigen Todesstoß verpassen (ich meine dem meso- und makroskopischen Dämon, da die Quantenphysik dem Dämon auf atomarer Ebene bereits ein Ende bereitet hat) und kommen zu den Lottozahlen vom nächsten Samstag.

Die Lottotrommel enthält 49 Kugeln, die miteinander kollidieren. Betrachten wir zunächst die Kollision von nur zwei Kugeln, um es übersichtlicher zu machen, auf einem Billardtisch. Man stoße Kugel A mit Kugel B. Wenn man gut zu spielen weiß, ist man in der Lage, die Richtung von A vorauszusagen, wenn sie von Kugel B angestoßen wird. Bei drei Kugeln ist die Sache schon viel schwieriger. Will man Kugel A mit der durch Kugel C gestoßenen Kugel B treffen, so muss man ein sehr guter Spieler sein, um den Richtungswinkel von A voraussagen zu können. Bei sieben Kugeln gewinnen schon nicht wahrnehmbare Muskelzuckungen oder das Flüstern eines Beobachters Einfluss auf den Richtungswinkel. Bei 17 Kugeln darf man die Gravitation der Objekte in Tischnähe nicht außer Acht lassen, auch die Massenanziehung eines draußen parkenden Autos nicht. Bei 49 Kugeln (und da wären wir bei der Zahl der Lottokugeln) ist die Gravitation der gesamten Milchstraße beteiligt. Bei 56 Kugeln müsste man – gewissermaßen »am Rande des Weltalls« – das Gravitationsfeld eines 20 Milliarden Lichtjahre entfernten Elektrons mit berücksichtigen, wollte man irgendeine Voraussage über den Winkel der zusammenstoßenden Kugeln machen. Aber mit diesem letzten Beispiel ist die Problematik eher untertrieben, denn meist haben wir es mit viel komplizierteren Systemen zu tun als bloß mit 56 zusammenstoßenden Kugeln.

Um auf Laplace zurückzukommen: Aus diesen Darlegungen ergibt sich, dass nur ein Dämon existiert, der all diese Einflüsse berücksichtigen kann. Dieser Dämon ist ein Computer, genauer gesagt: ein Analogcomputer. Und dieser Analogcomputer ist das All selbst. Fazit: Nur das All kann vorhersagen, was in ihm geschehen wird. Ob dies ein ontologisches oder ein epistemologisches Problem ist, darüber mögen sich die Philosophen den Kopf zerbrechen. Als philosophischer Laie kann ich nur betonen, dass wir uns in einer aufregenden Entwicklung unseres Denkens über die Dinge und über ihre Erkenntnis befinden. Ich möchte diese Entwicklung an Hand eines kleinen chronologischen Ablaufs deutlich machen.

1586 veröffentlichte Giordano Bruno (1548–1600) sein Werk *Figuratio Aristotelici Physici Auditus*, mit dem er sich gegen die wissenschaftliche Vorherrschaft des Aristotelismus wandte. In seinem Weltbild ist Gott das All, und das All lenkt sich selbst. (Der Hauptunterschied zu meinem Fazit ist, dass Bruno für diese Behauptung von der Inquisition verbrannt wurde.) 101 Jahre später, 1687, veröffentlichte Isaac Newton – von Aristoteles befreit – seine *Philosophia Naturalis Principia Mathematica*, den Keim des dann folgenden Newtonismus. Weitere 101 Jahre später, 1788, fand die klassische Mechanik ihre Vollendung mit der Publikation der *Mécanique analytique* von Joseph-Louis Lagrange, übrigens ein Zeitgenosse von Laplace und seinem Dämon. Weitere 101 Jahre später, also 1889, veränderte sich unser Weltbild durch die Arbeit von Henri Poincaré über das Dreikörperproblem, *Les méthodes nouvelles de la mécanique céleste*, die den Grundstein der Chaosforschung legte (vgl. Abschnitt 4.4). Weitere 101 Jahre später, nämlich 1990, rief mich Friedrich Rapp an, und dieser Anruf veränderte, über den Umweg vom *Playboy*, mein Weltbild im Sinne Giordano Brunos. So schloss sich ein großer Kreis über Jahrhunderte der Erkenntnis.[38]

4.7 Vorhersagbarkeit und Unvorhersagbarkeit: Eine Gratwanderung von Mensch, Natur und Technik

Ich habe hier viel über Unvorhersagbarkeit geschrieben und ihre Bedeutung möglicherweise zu stark betont. Dies möchte ich nun wieder etwas zurechtbiegen: Ohne Voraussagbarkeit gäbe es keine Kühlschränke, keine Babys und keine Antibabypillen.

Die Figuren im Vordergrund der computergenerierten Bilder in diesem Buch entstehen meistens in jenen Parameterbereichen, die Vorhersagbarkeit ergeben. Innerhalb dieser Figuren gibt es (schwarze oder dunkle) Kurven, die sogenannten »superstabilen Kurven«, die besonders stabile Periodizität signalisieren. Solche Bereiche sind das Ziel zuverlässiger Technik oder robuster Anpassung

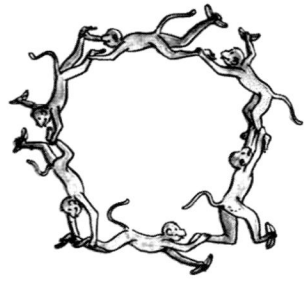

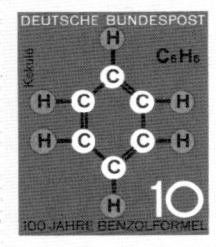

KEKULÉS TRAUM
Sechs Affen, geträumt von
FRIEDRICH KEKULÉ (1829–1896),
beschreiben die Formel des
Benzols.

EINSTEINS ÜBERRASCHUNG
(Zeichnung von Th. Kettenring,
Kaiserslautern)

in der biologischen Evolution. Andererseits haben wir gerade von der biologischen Evolution gelernt, dass sich so wundersame Dinge wie Orangenbäume oder das menschliche Gehirn durch Selektion aus einer Vielzahl unvorhersagbarer Schwankungen herausbildeten. Ähnlich geht es mit der Entwicklung von Ideen.

Hans Jensen (1907–1973), bei dem ich theoretische Physik in Heidelberg hörte, erzählte einmal, er habe seine Idee des Schalenmodells des Atomkerns gehabt, als er im alkoholischen Vollrausch auf einem Faschingsfest die Tänzer beobachtete, und dies nachdem er lange und unergiebig über eine Unmenge spektroskopischer Daten gebrütet hatte. Er bekam dafür 1963 den Physik-Nobelpreis. Friedrich August Kekulé (1829–1896) schöpfte die Benzolformel aus einem Traum von sechs sich im Kreis haltenden Affen. Friedrich Nietzsche, ein Großvater der Postmoderne, sagte: »Man muss noch Chaos in sich haben, um einen tanzenden Stern gebären zu können.«[39] Und ein Bonmot von Epikur: »Denn es wäre besser, dem Mythos über die Götter zu folgen, als dem ›Schicksal‹ der Naturphilosophen sklavisch ergeben zu sein«.[40]

Hieran schloss sich Albert Einstein an mit dem Bild: »Wenn wir an etwas arbeiten, dann steigen wir vom hohen logischen Ross herunter und schnüffeln am Boden mit der Nase herum. Danach verwischen wir unsere Spuren wieder, um die Gottähnlichkeit zu erhöhen.«[41] Gegenüber dem Göttlichen in seiner Person gab Einstein die intuitiven Bodenschnuppereien zu, und zum Göttlichen in der Natur meinte er, »dass Er nicht würfelt«. Die Antwort des Mathematikers Ian Stewart darauf lautet: »Wenn Gott würfeln würde …, würde er gewinnen.«[42] Oder eleganter, wie es Anatole France formulierte: »Zufall ist das Pseudonym Gottes, wenn er nicht selbst unterschreiben will.«[43]

4.8 Und wie sieht es mit der Soziologie und der Politik aus?

Das Wechselspiel von Unvorhersagbarkeit (als kreativem Antrieb) und Vorhersagbarkeit (als funktioneller Zuverlässigkeit) wurde von Naturwissenschaftlern, insbesondere in der Evolutionsbiologie, als fruchtbar angesehen, was bei den Soziologen nicht unbedingt der Fall ist. Immerhin, es gab politische Diskussionen zum Thema »Moderne versus Postmoderne«, die in diesem Kontext relevant sind (vgl. 4.4). So machte Anthony Hill 1987 seinen diesbezüglichen Standpunkt deutlich: »Die Moderne liegt im Wesentlichen links, die Postmoderne … im Wesentlichen rechts, wenn nicht gar verstohlen faschistisch.«[44] Die Postmoderne wurde, besonders um 1990, nach der Auflösung des Ostblocks, modisch. Als die Sowjetunion zusammenbrach, mit Auswirkungen auf die ganze Welt, bekam der Marxist Terry Eagleton mit seinem Buch *Die Illusion der Postmoderne*[45] viel öffentliche Aufmerksamkeit. Es sorgte für Schlagzeilen: »Das Postmoderne-Spiel ist vorbei« und »Der Postmoderne-Schwindel« usw. Danach lösten sich die Spannungen wieder.

Der Leser mag jetzt eine Art politische Formel für ein fruchtbares Wechselspiel zwischen (vorhersagender) Planwirtschaft und (weitgehend unvorhersagbarer) freier Marktwirtschaft erwarten. Als Wissenschaftler würde ich es nicht wagen, nach solch einer Formel zu suchen. Stattdessen kann ich eine phänomenologische Beschreibung eines solchen Wechselspiels durch die neuartige Theorie der »Klasse 4« (auch »Unentscheidbarkeit« genannt) anbieten.[46] Man spricht dabei auch vom »Rand des Chaos«. »Klasse 1« bedeutet stationäres Verhalten, also Stagnation. »Klasse 2« bedeutet vorhersagbare Dynamik und »Klasse 3« Chaos. Unter »Klasse 4« (»Unentscheidbarkeit«) versteht man den unvorhersagbaren Wechsel zwischen Chaos und Vorhersagbarkeit. Es gibt tatsächlich Systeme, welche endogen »Klasse 4«-Verhalten zeigen[47, 111], jedoch, ungeachtet der Akzeptanz einer allgemeinen Bedeutung der Klasse 4, bleibt ein Problem bestehen: Die Übergänge zwischen Vorhersagbarkeit und Unvorhersagbarkeit sind wiederum unvorhersagbar. Deshalb mag man näher an einem Verständnis der Dynamik sein, jedoch fern davon zu wissen, was man als Nächstes tun sollte. Mit anderen Worten: Jeder Versuch einer Strukturierung von Moderne und Postmoderne wird wiederum postmodern sein.

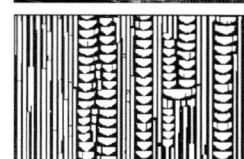
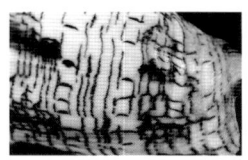
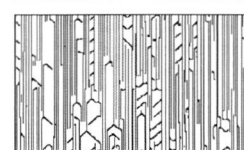

UNENTSCHEIDBARKEIT auf Muschelschalen: Chaotischer Wechsel von Chaos und Vorhersagbarkeit. Die beiden oberen Bilder zeigen ein Foto und ein gerechnetes Pigmentmuster der Muschel *Conus striatus*. Die zwei unteren Bilder zeigen ein Foto und ein gerechnetes Muster der Muschel *Voluta hebraea*. (Nach Mario Markus et al.[111])

Kapitel 5

Ein Fall für das Gericht

Wenn man dieses Buch durchblättert, entdeckt man computergenerierte Bilder mit äußerst dünnen, weißen oder helleren Linien (die Vorhersagbarkeit anzeigen) auf einem schwarzen oder dunkleren Hintergrund (dem Chaos, d. h. Unvorhersagbarkeit, entspricht). Dies hat dramatische Konsequenzen: Denn sehr kleine Änderungen in den das System kontrollierenden Parametern (diese entsprechen den Koordinaten der Bilder) können die Dynamik des betreffenden Systems drastisch verändern. Man spricht in solchen Fällen von »struktureller Instabilität«. Dieser Begriff sollte nicht mit dem »Schmetterlingseffekt« (vgl. 4.4) verwechselt werden. Letzterer erscheint in chaotischen Systemen und sagt uns, dass für feste Parameterwerte kleine Unterschiede in den Anfangswerten zu großen Unterschieden im späteren Verhalten führen können. Strukturelle Instabilität kann sich viel dramatischer auswirken als der Schmetterlingseffekt, denn bei kleinen Ungenauigkeiten in den Parametern kann man im Falle struktureller Instabilität nicht einmal behaupten, das System sei unvorhersagbar, denn es könnte in solch einem Fall genauso gut vorhersagbar sein.

Ein mathematisches Problem, das die Physiker seit über einem Jahrhundert beschäftigte, ist die Berechnung der Bahn eines Planeten, der sich um zwei gleiche, benachbarte Sonnen bewegt. Erst nach der Entwicklung leistungsfähiger Rechner konnten Langzeitbahnen für dieses System berechnet werden. Eine Forschergruppe an der Universität Bremen zeigte, dass (abhängig von den Bedingungen) der Planet sich entweder chaotisch oder periodisch bewegt.[3] Jedoch fand 1993 eine Gruppe der Universität Karlsruhe heraus, dass die Trajektorie eines solchen Planeten immer periodisch sei.[104] Ferner zeigten die Karlsruher Wissenschaftler, dass bei hinreichend großen Schritten der numerischen Integration (also bei hinreichend grober Vorgehensweise) die Trajektorien chaotisch werden. Sie folgerten daraus, dass Chaos in diesem System ein numerischer Trugschluss ist. *Der Spiegel*[48] führte ein Gespräch mit den Karlsruher Forschern und behauptete dann in einem reißerischen Artikel, dass »im Falle

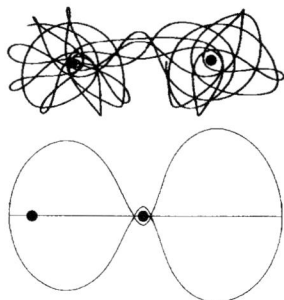

Oben: CHAOTISCHE PLANETENBAHN um zwei Sonnen nach Berechnungen an der Universität Bremen. Unten: VORAUSSAGBARE PLANETENBAHN nach Berechnungen an der Universität Karlsruhe. (Bild aus: Peter H. Richter et al.[49])

»Manager der Wirtschaft hoffen im Namen des Chaos auf die Fruchtbarkeit eines Durcheinanders ... Abermillionen von Fernsehkonsumenten erliegen der Faszination prächtig falscher Chaosdarstellungen aus dem Computer wie einer Heilsbotschaft.« (*Der Spiegel* 39/1993, Seite 157)

War es bisher für die Zeitschriften medienwirksam, in spektakulären Übertreibungen die „Chaostheorie" vorzustellen, so hat der SPIEGEL jetzt die Medienwirksamkeit entdeckt, diese Übertreibungen an den Pranger zu stellen und dabei uns, die Opfer des Medienspektakels, zu Tätern zu machen.
Frankfurt a. M.   PROF. THEO GEISEL
Johann Wolfgang Goethe Universität
Fachbereich Theoretische Physik

Wer wie Peter Brügge beim Thema Chaos vor allem die Trittbrettfahrer geißelt, den Rundungsfehlern in Computern nachgeht und die Spekulationswut mancher Forscher offenlegt, verpaßt das Wesentliche: Wir erleben ein gewaltiges Umdenken, einen Wandel im wissenschaftlichen Weltbild.
Hamburg   CHRISTOPHER SCHRADER
Redaktion *Geo*

Opfer des Medienspektakels.
Spiegel-Leserzuschriften.[48]

von Chaos alle Bilder Lüge« seien, da die Ergebnisse von der Art und Weise abhängen, wie man das Problem per Computer handhabt. *Der Spiegel* ging in insgesamt drei Folgeartikel noch weiter, in denen er mehrere Professoren aus verschiedenen Universitäten diskreditierte. Vor der Publikation des Artikels wurde auch ich von einem Journalisten in dieser Sache befragt (ohne dass er mir seine destruktiven Intentionen verriet); danach publizierte er eines meiner Bilder in einem der *Spiegel*-Artikel mit dem Kommentar: »Wissenschaftliche Aussagekraft numerischer Darstellungen von Chaos oft nicht größer als die von Tapetenmustern.«[48]

Die Wissenschaftler aus Bremen, die als Lügner bzw. Taschenspieler in diesem Artikel beleidigt wurden, gingen vor Gericht. Sie konnten beweisen, dass der Befund der Karlsruher Forscher auf eine extreme Parameterempfindlichkeit zurückzuführen ist, nämlich auf eine »strukturelle Instabilität«.[49] Der Gerechtigkeit wurde mit einer kurzen Gegendarstellung Genüge getan, der jedoch in der Öffentlichkeit kaum Beachtung geschenkt wurde. Aber jeder Wissenschaftler, der die Arbeiten von Henri Poincaré, Vladimir Arnold, Stephen Smale, David Ruelle und die strengen Beweise von Yakov Sinai[100] für die Existenz von Chaos kennt, wird wohl über den ganzen Medienzirkus nur geschmunzelt haben.

Was nun dieses Buch betrifft, so sollten Sie als Leser immer Folgendes bedenken: Die Muster, Motive und Formen der hier versammelten computergenerierten Bilder können einerseits sehr stark von den gewählten Parametern, andererseits aber ebenso von anderen Größen abhängen, etwa von den Anfangsbedingungen und der Zahl der Rechenschritte, den sogenannten Iterationen. Und falls Sie beim Gebrauch der beigefügten CD-ROM andere Ergebnisse erhalten, hoffe ich, Sie nicht vor Gericht treffen zu müssen.

Kapitel 6
Die am PC generierten Bilder

Neben der ästhetischen Qualität, die diese Bilder haben mögen, sind sie auch als wissenschaftliches Werkzeug von großem Nutzen. Als solches erlauben sie uns, durch Variation der Parameter (Koordinaten) einen raschen Überblick über die Stabilität eines Systems zu gewinnen. Statt zu segeln wie Kolumbus, schaut man sich die Welt per Satellit an. Die Bilder haben nämlich den Vorteil, dass schon ein Blick auf sie genügt, um die Strukturen zu erkennen, statt lange nach einer bestimmten Eigenschaft des Systems rechnerisch suchen zu müssen. Es können in diesen Bildern auch Systemeigenschaften zu Tage treten, nach denen man sonst gar nicht suchen würde, weil man sie im betreffenden System nicht vermutet. (Zahlreiche Eigenschaften, die man überraschenderweise mit einem Blick auf den Bildern erkennen kann, werden in Anhang D aufgezählt und dort erläutert.)

In diesem Kapitel möchte ich die folgenden am PC generierten Bilder, ihre Berechnung und ihre Entstehung am Bildschirm beschreiben, und zwar so einfach wie möglich, damit – hoffentlich! – mathematische Grundkenntnisse zum Verständnis ausreichen. Mathematisch strengere Erläuterungen zur Bilderzeugung findet man in Anhang B oder in anderen publizierten Darstellungen meiner Arbeit.[7,101]

6.1 Überblick

Hier sollen nun dem Leser, der Leserin die Grundlagen an die Hand gegeben werden, die es ihnen ermöglichen, selbstständig Bilder am PC zu generieren. Zunächst entscheidet man sich für eine Formel oder einen Satz von Formeln (Abschnitt 6.2). Mit diesen Formeln führt man Iterationen durch, das heißt, man setzt das Ergebnis, das man auf der linken Seite der Gleichung erhält, auf der rechten wieder ein, berechnet damit ein neues Ergebnis links, setzt dieses wiederum rechts ein und wiederholt diese Rechenoperationen. Die Formeln enthalten Parameter, das sind die Größen, die sich während einer Iteration nicht ändern. Immer zwei solcher Parameter bestimmen einen Punkt auf der Parameterebene, nämlich der Ebene, auf der das Bild entstehen soll (6.3). In jedem Punkt dieser Ebene (der einem Pixel entspricht) wird dann der sogenannte Lyapunov-Exponent berechnet. Dieser Exponent gibt an, ob in diesem Bildpunkt Ordnung (d. h. Vorhersagbarkeit) oder Chaos herrscht und wie stark das Chaos bzw. wie stabil die Ordnung ist. Entsprechend dem errechneten Wert des Lyapunov-Exponenten erhält der betreffende Punkt (Pixel) eine Farbe oder einen Grauwert (6.4). Eine Reihe von Iterationen – und das Bild ist fertig! Möchte man das Bild verändern, kann man bestimmte Bildausschnitte vergrößern, rotieren, stauchen oder strecken bzw. die Formeln verändern (6.5).

6.2 Formeln und Anfangswerte

Jedem der folgenden Bilder entspricht eine Formel oder ein Formelsatz, der jeweils unter dem dazugehörigen Bild steht. Einzelne Formeln (1D-Gleichungen) haben die Form $x_{n+1} = \ldots$ und Sätze von Formeln (2D-Gleichungen) die Form $x_{n+1} = \ldots \; y_{n+1} = \ldots$ Auf der rechten Seite dieser Gleichungen stehen Funktionen der Variablen x_n bzw. y_n. Diese Art von Formeln nennt man Iterationen oder diskrete Abbildungen. n ist dabei eine ganze Zahl, das heißt $n = 0, 1, 2, 3, \ldots$ Um eine Berechnung zu beginnen, setzt man Anfangswerte x_0 bzw. y_0 auf der rechten Seite der Gleichung(en) ein und berechnet daraus x_1 bzw. y_1 (linke Seite); diese Ergebnisse setzt man wiederum rechts ein und erhält dann links x_2 bzw. y_2 usw. Die Anfangswerte x_0 bzw. y_0 werden frei gewählt (sie sind für jedes Bild dieses Buches auf der Liste in Anhang E wiedergegeben). Die Ergebnisse können von dieser Wahl abhängen (oft allerdings nur geringfügig).

Was ist der Sinn eines solchen Vorgehens? Diese Frage wird ausführlich in Anhang A beantwortet; hier sei nur darauf hingewiesen, dass sich sehr viele Vorgänge in der Natur oder der Gesellschaft (vgl. Kapitel 8) mit solchen Iterationen beschreiben lassen. Die aufeinanderfolgend berechneten Werte der Variablen x_n bzw. y_n könnten Preise von Gütern, staatliche Rüstungsetats oder Bestände bestimmter Tierarten sein (jeweils am Ende eines Jahres oder eines anderen festen Zeitintervalls). Man könnte aber auch eine Bahn im Raum betrachten, zum Beispiel die eines Asteroiden: Jedes Mal wenn diese Bahn eine gegebene Ebene zum n-ten Mal schneidet, werden die Koordinaten auf dieser Ebene registriert und x_n, y_n genannt. Solch eine Prozedur nennt man »Poincaré-Schnitt« (vgl. Abb.

170 in Anhang A). Oder man registriert die Winkel x_0, x_1, x_2…, bei welchen die nacheinander wachsenden Blätter auf einem Pflanzenast entstehen (vgl. Anhang A.1). Oder aber man erhält die Variablen x_n, y_n aus erfundenen Formeln (wie in Kapitel 7 gezeigt) mit dem Ziel, ästhetisch ansprechende Bilder zu generieren.

6.3 Bildkoordinaten und Parameter

Wenn wir uns noch einmal vergegenwärtigen, dass für jedes Pixel eines Bildes die im vorherigen Abschnitt beschriebenen Rechenoperationen (Iterationen) durchgeführt werden, dann stellt sich die folgende Frage: Wie verändert sich das Vorgehen von Pixel zu Pixel? Wir erinnern uns, dass die computergenerierten Bilder wie Landkarten zu verstehen sind: Sie haben Koordinaten, vergleichbar mit Breitengrad und Längengrad. Diesen Koordinaten entsprechen zwei Parameter: Dies sind Größen, die zusätzlich zu x_n und y_n in den Gleichungen auftreten. Die Parameter ändern sich nicht, während man die Iterationen berechnet, sehr wohl jedoch von Pixel zu Pixel.

Woher weiß man, welche Parameter einem gegebenen Pixel zuzuordnen sind? Dazu werden die Parameterpaare (Koordinaten) in der unteren linken Ecke (UL), in der oberen linken Ecke (OL) und in der unteren rechten Ecke (UR) eines Bildes angegeben (vgl. Liste in Anhang E). Um gleich einem Missverständnis vorzubeugen: Die Ecken UL, OL und UR sind durch Paare von Parameterwerten, wie sie in den Gleichungen vorkommen, definiert – und nicht durch die Ecken des Bildes auf dem Bildschirm! Aus den Parameterpaaren in diesen drei Ecken (UL, OL, UR) kann man die Parameter für jeden beliebigen Punkt auf dem Bild bestimmen, wenn man davon ausgeht, dass die Winkel an den Ecken 90° betragen. Man muss allerdings beachten, dass es die Möglichkeit gibt, ein Bild zu drehen, so dass auf einer Parallelen zum Bildrand sich beide Parameter ändern.

In manchen Fällen ist es interessant zu untersuchen, wie sich die periodische Veränderung eines Parameters auswirkt. In einem Ökosystem könnte hier die periodische Abfolge von Sommer und Winter gemeint sein, wenn man zum Beispiel die mittlere Temperatur als Parameter betrachtet. In einem elektronischen Verstärker könnte ein periodisches Signal (Wechsel von niedriger und hoher Spannung) gemeint sein. Oder aber man ändert einen Parameter periodisch, weil man festgestellt hat, dass dadurch ästhetisch ansprechende Bilder entstehen. In diesem Buch und ebenso auf der beigefügten CD-ROM werden solche periodischen Parameteränderungen wie folgt simuliert. Man hält alle Parameter bis auf einen (wir nen-

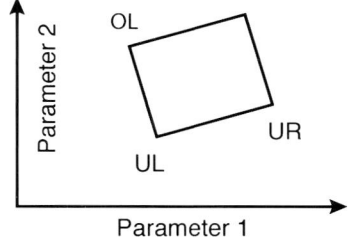

Definition der Bildecken
OL: oben links; UL: unten links;
UR: unten rechts

nen ihn *r*) konstant und verändert *r* zwischen zwei Werten, die wir A und B nennen. Wenn also unter einem Bild in diesem Buch beispielsweise steht: *r*: AAB AAB..., dann setzt man *r* = A für *n* = 0 und *n* = 1, *r* = B für *n* = 2 und wiederholt dann immer wieder die Sequenz AAB. Steht unter einem anderen Bild *r* : A⁵B A⁵B..., dann setzt man folglich *r* = A für *n* = 0 bis *n* = 4, *r* = B für *n* = 5 und wiederholt dann immer wieder die Sequenz AAAAAB.

Bei den ersten Wiederholungen einer A-B-Sequenz kann sich das entstehende Bild sehr verändern; doch bei sehr vielen Wiederholungen (hunderte oder tausende, je nach Bild) verändert sich das Bild nicht mehr und der Rechenvorgang kann daher abgebrochen werden. Es ist interessant, A und B als Bildkoordinaten zu betrachten, sie also auf der x- und y-Achse der Bilder aufzutragen; dies wird häufig in diesem Buch getan.

6.4 Farben und Grauwerte. Der Lyapunov-Exponent

$$\lambda = \lim_{N \to \infty} \frac{1}{N} \sum_{i=1}^{N} \ln \left| \frac{dx_{i+1}}{dx_i} \right|$$

Der LYAPUNOV-EXPONENT gibt an, wie schnell sich eine Störung vergrößert oder verkleinert; damit ist es möglich, die Zeit zu berechnen, in der sich eine sinnvolle Vorhersage über das Verhalten eines Systems machen lässt.

ALEXANDER LYAPUNOV
Der russische Mathematiker und Physiker war bieder und exzentrisch, herzlich und weltfremd. Drei Tage nach dem Tod seiner Frau – eine Kusine – nahm er sich das Leben. Auf seinem Grabstein steht: »Begründer der Theorie der Bewegungsstabilität«.

Die nächste Frage ist: Wie bestimmt man die Farbe oder den Grauwert an einem Pixel? Dies tut man durch den Wert des Lyapunov-Exponenten λ. Diese Größe wurde von dem russischen Mathematiker Alexander Michailowitsch Ljapunow (1857–1918) eingeführt und nach ihm (in der Wissenschaft: Lyapunov) benannt. λ ist ein Wert mit faszinierender Bedeutung[101]: $\lambda < 0$ versichert uns, dass das System, welches durch die Iteration beschrieben wird (z. B. ein Bankkonto, ein Himmelskörper oder eine Insektenpopulation) periodisch und somit vorhersagbar ist. $\lambda > 0$ dagegen sagt aus, dass das System chaotisch ist, das heißt nur beschränkt voraussagbar wie das Wetter oder die Bahn eines Asteroiden, der irgendwann irgendwo einschlägt, möglicherweise auf der Erde. Verschiedene Werte im Falle von $\lambda < 0$ geben Auskunft darüber, wie schnell sich das periodische System nach einer Störung erholt, wobei stärker negative λ-Werte eine schnellere Erholung bedeuten als λ-Werte nahe Null. Als Beispiele solcher Störungen kann man das übermäßige Auslenken eines Uhrpendels betrachten oder eine Reise nach Amerika, die unseren Schlaf-Wach-Rhythmus aus dem Takt bringt.

Verschiedene Werte von $\lambda > 0$ sagen aus, wie lange im Voraus Vorhersagen möglich sind. Sehr kurze Voraussagezeiten, wie etwa beim Rollen der Kugel auf der Roulette-Scheibe, entsprechen sehr großen λ-Werten, während längere Zeiten im Voraus, wie etwa beim Wetter, kleineren λ-Werten entsprechen. (Bei zehn Sekunden im Voraus hat niemand ein Problem mit der Vorhersage des Wetters, aber doch mit der Voraussage der Kugelbahn des Roulettes.)

Die Berechnung von λ wird in Anhang B genau beschrieben; im Prinzip wird dabei in jedem Iterationsschritt (mit Hilfe der Ableitungen der Funktionen) berechnet, wie stark Störungen gedämpft oder verstärkt werden, und dann wird über alle Iterationsschritte gemittelt. Was hätte wohl Lyapunov vor über hundert Jahren gesagt, wenn er seine geniale Idee nicht nur als abstrakte Formeln gesehen hätte, sondern auch als bildliche Darstellungen, wie sie hier sichtbar gemacht werden?

Der Fall λ > 0 entspricht jenem Phänomen, das man landläufig als Schmetterlingseffekt bezeichnet: Kleine Störungen wachsen an, bis sie irgendwann das ganze System beherrschen. An dieser Stelle kann ich mir eine Zwischenbemerkung nicht verkneifen. Lange bevor man in den 1960er Jahren Chaos mit einem Schmetterling im fernen Indien assoziierte, der einen Tornado in Texas auslöst, schrieb William S. Franklin im Jahr 1898:

> »Langfristige Wetterprognosen sind unmöglich … Die Genauigkeit einer solchen Prognose hängt damit zusammen, dass der Flug eines Grashüpfers in Montana einen Sturm in Philadelphia oder in New York auslösen könnte.«[50]

Diese Aussage, sicherlich von der damaligen Arbeit Poincarés inspiriert, hat die folkloristische Auswirkung, dass einige Pedanten das Phänomen zum »Grashüpfereffekt« umtaufen wollen.

Um zur Technik der Bilder zurückzukehren, sei kurz auf die sogenannten Einschwingvorgänge hingewiesen. Da die Werte x_0 bzw. y_0 völlig arbiträr gewählt werden, liegen sie meistens nicht im endgültigen periodischen oder chaotischen Rhythmus der Variablen x_n bzw. y_n. Man muss sich das so vorstellen, als würde man das Pendel einer Pendeluhr von der Seite in einer Höhe loslassen, die später vom Pendel nie wieder erreicht wird. Daher ist es wichtig, diesen Einschwingvorgang abzuwarten, das heißt, es müssen am Anfang Iterationen durchgeführt werden, die bei der Berechnung von λ verworfen werden. Die Zahl dieser Voriterationen wird hier n_{vor} genannt und ist auf der Liste in Anhang E für jedes Bild angegeben. Nach diesen Voriterationen werden n_{max} Iterationen zur Berechnung von λ durchgeführt. n_{max} ist ebenfalls auf der Liste angegeben. n_{vor} und n_{max} ermittelt man durch Ausprobieren: Ändert sich ein Bild nicht bei Erhöhung von n_{vor} und n_{max}, dann sind ihre Werte ausreichend hoch. Normalerweise werden einige Hundert Iterationen n_{vor} und n_{max} benötigt, damit sich bei weiteren Iterationen keine Änderungen im Bild mehr ergeben.

Kommen wir nun zur Beschreibung der Zuordnung der λ-Werte zu den Farb- oder Grauwerten. Für Schwarzweißbilder in diesem

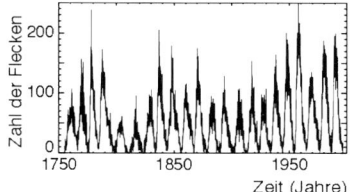

ZAHL DER SONNENFLECKEN als Beispiel für beschränkte Vorhersagbarkeit bzw. Unvorhersagbarkeit: Berechnungen nach Pavlos et al.[112] ergeben einen Lyapunov-Exponent von 1,8 Jahr^{-1}, das heißt, Störungen (z. B. durch Verglühen von Meteoriten) werden in einem Jahr nur mit e^{1,8} = 6,05 multipliziert; das ist für die Dynamik der Sonne nicht besonders viel und deshalb kann man von einem Jahr zum nächsten (indem man dem Kurvenverlauf in der Grafik folgt) Voraussagen machen. In 10 Jahren (Abstand zwischen zwei »peaks« im Kurvenverlauf) werden die Fluktuationen mit e$^{1,8 \times 10}$ = 65,7 Millionen multipliziert. Das ist für dieses System eine hinreichend große Zahl, um die »peaks«, wie in der Grafik gezeigt, unvorhersagbar unterschiedlich ausfallen zu lassen.

BOHRS »WEISHEIT«
»Voraussagen sind schwierig, besonders dann, wenn es sich um Voraussagen über die Zukunft handelt.« (Niels Bohr, Physik-Nobelpreisträger 1922)

Buch wurde folgende Zuordnung festgelegt: Schwarz für das kleinste negative λ, heller werdend für größer werdende λ, bis weiß bei $\lambda = 0$. Hier gibt es dann einen Sprung: Schwarz für alle $\lambda > 0$. Bei den Farbbildern wurden die Farben unterschiedlich verändert (wie auf der Liste in Anhang E angegeben). Allerdings wurde bei den meisten Farbbildern (analog zum Vorgehen bei Schwarzweißbildern) ein Farbsprung beim Übergang von Periodizität ($\lambda < 0$) zu Chaos ($\lambda > 0$) gesetzt. Dadurch hebt sich Periodizität von Chaos im Bild deutlich ab, etwa wie Land von Wasser auf einer Landkarte. Aufgrund dieser Maßnahme erscheinen die periodischen Regionen wie Figuren im Bildvordergrund, während Chaos im Bildhintergrund dargestellt ist. Ferner ergeben sich im Bildvordergrund oft (scheinbar) dreidimensionale Strukturen; diese Effekte sind ungewollt, stellen aber ein interessantes grafisches Nebenprodukt dar.

Beim Übergang vom kleinsten (negativen) λ bis zu $\lambda = 0$ wurden (in den Schwarzweißbildern) zwei Formen der Zuordnung von λ-Werten zu Grauwerten (beide mit zunehmender Helligkeit) gemacht: (a) lineare Schattierung (L-Schattierung), bei der die Helligkeit proportional zu λ erhöht wurde, und (b) »demokratische Schattierung« (D-Schattierung), bei der jedem der 255 zur Verfügung stehenden Helligkeitswerte (der dunkelste Helligkeitswert wird für $\lambda > 0$ verwendet) die gleiche Anzahl von Pixeln zugeordnet wurde. Die D-Schattierung verhindert somit das Auftreten unverhältnismäßig großer Flächen mit nur einem Grauwert.

In einigen Fällen wurde – sowohl für die lineare wie auch für die »demokratische« Schattierung – ein Farb- oder Schwarz-Weiß-Sprung nicht für $\lambda = 0$ gesetzt, sondern für einen nahe bei Null liegenden (meist positiven) Wert von λ. Die Zuordnung von λ-Werten zu Grauwerten oder Farben wurde dann im Bereich zwischen dem kleinsten (negativen) λ bis zu dem gewählten, nahe bei Null liegenden λ-Wert durchgeführt. Hiermit werden interessante Strukturen sichtbar gemacht, die oft auch eine ästhetische Bereicherung sind.

6.5 Wie erstellt man neue interessante Bilder?

Dafür empfehle ich die folgenden Schritte:

1. Man beschäftige sich mit den Beispielen, die in der beiliegenden CD eingebaut sind (BIB-Gleichungen im Hauptfenster), entsprechend der Beschreibung in Abschnitt 10.2.
2. Falls man nicht Gleichungen benutzen möchte, die durch eine wissenschaftliche Aufgabe definiert sind, erfinde man Formeln, indem man nach und nach die in diesem Buch angegebenen

Gleichungen in kleinen Schritten verändert und diese in das Programm der CD (im Fenster für die Eingabe von Gleichungen) eintippt. Beispiele mit solchen »kleinen Schritten« sind in Abschnitt 10.3 erläutert (allgemeine Anweisungen findet man in 10.4).

3. Für individuell ausgewählte Formeln wähle man zunächst möglichst große Parameterbereiche (Koordinaten-Intervalle der Bilder) im Fenster »Eingabe Parameter-Ebene« im Programm der CD (vgl. 10.4).

4. Man suche nach einem interessanten Ausschnitt in einem Bild, das aus Schritt (3) entstanden ist, und vergrößere diesen Ausschnitt durch direkten Zugriff auf das »Bildfenster« (vgl. 10.6).

5. Man rotiere den Ausschnitt und strecke bzw. stauche die Achsen, ebenfalls durch Zugriff auf das »Bildfenster« (vgl. 10.6).

6. Man färbe mit Hilfe des Programms auf der CD, indem man das »Färbungsfenster« benutzt (vgl. 10.5).

Die Schritte (4) und (5) kann man durch Vergrößerung und Bearbeitung immer kleinerer Ausschnitte ad infinitum (lediglich durch endliche Rechengenauigkeit beschränkt) mit dem Programm der CD weiterführen.

Wer eine Programmiersprache beherrscht, kann Schritte (2) bis (6) unabhängig von der Programm-CD durchführen, was größere Flexibilität und Rechengeschwindigkeit gestattet. In diesem Falle ist es allerdings notwendig, sich vorher mit Anhang B auseinanderzusetzen.

Kapitel 7

Eine Formel = ein Bild. Beispiele

7.1 Die Gumowski-Mira-Gleichungen

In diesem Abschnitt werden computergenerierte Bilder gezeigt, denen die von Igor Gumowski und Christian Mira[51] (Universität Toulouse) untersuchten mathematischen Formeln zugrunde liegen. Diese Formeln haben die besondere Eigenschaft, dass sie »flächentreu« sind, das heißt, dass man bei jedem Rechenschritt Flächen gleicher Größe erhält, was auch bei Bahnen (Trajektorien) von Himmelskörpern im Weltraum der Fall ist (aufgrund des Energieerhaltungssatzes). Die Untersuchung astronomischer Bahnen erfordert die Integration von Differentialgleichungen und wäre damit viel rechenaufwendiger als die Anwendung der Gumowski-Mira-Gleichungen, was ein bequemer Prototyp ist, um die Eigenschaften der sogenannten flächentreuen Systeme zu erforschen.

Die speziell hier untersuchten Gleichungen stehen unter Bild 1. In diesem am PC errechneten Bild ist b gegen r bei $K = 0,05$ aufgetragen. Farbige Darstellungen einzelner Trajektorien sind (in Kapitel 9) in Bild 112 ($K = 0,05$, $b = 0,005$, $r = -0,495$) und Bild 113 ($K = 0,05$, $b = 0,006$, $r = -0,899$) zu sehen: y_n ist dort gegen x_n aufgetragen, das heißt, y_n ist in der Ordinate (vertikale Achse) und x_n in der Abszisse (horizontale Achse) angegeben. Die Färbung wurde »historisch« durchgeführt, das heißt, die Farbe verändert sich stetig, während die Berechnungen voranschreiten.

Bild 114 zeigt Transienten, bevor sich das System dem chaotischen »Meer« im unteren Bildbereich nähert. Transienten sind vorübergehende Zustände; ein einfaches Beispiel ist die Bahn einer Billardkugel, bevor sie in einem Loch des Tisches zur Ruhe kommt. Ein anderes Beispiel ist die vorübergehende Bewegung der Erdkruste, die zur Entstehung eines dauerhaften Vulkans führt. In Bild 114 wurden $K = 0,05$, $b = 0,001$ und $r = 0,1$ gesetzt und es wurde wieder y_n gegen x_n aufgetragen. Die Berechnungen wurden mit 1600 Punkten innerhalb eines gleichseitigen Dreiecks über dem »Meer« begonnen. Dieses Dreieck verformt sich beim Voranschreiten der Berechnun-

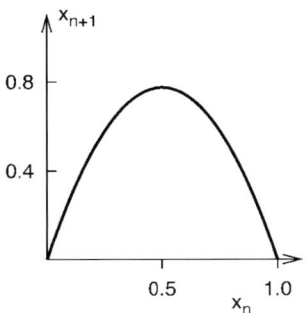

LOGISTISCHE GLEICHUNG

$x_{n+1} = r\, x_n\, (1 - x_n)$

Aus x_n (z. B. Zahl einer bestimmten Tierart im Jahr n) kann man hiermit x_{n+1} (Zahl im Jahr n + 1) berechnen.

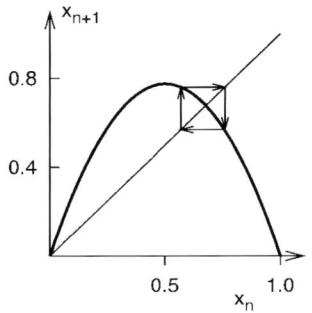

PERIODIZITÄT (r = 3,1)

Nach x_n folgt x_{n+1} und hieraus wieder x_n, was im Bild durch einen quadratischen Zyklus dargestellt wird.

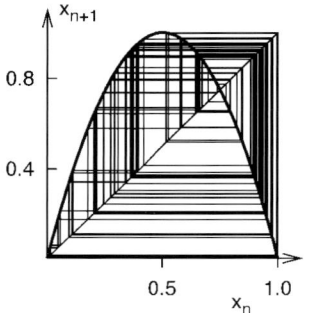

CHAOS (r = 3,8)

x_n und x_{n+1} folgen nicht zyklisch, wie im Bild weiter oben, sondern unvorhersagbar aufeinander.

Bild 1:
b gegen *r*.

$$x_{n+1} = y_n + b\,(1 - K y_n^2)\, y_n + F(x_n)$$

$$y_{n+1} = -x_n + F(x_{n+1}) \qquad\qquad F(x) = r\,x + 2\,(1-r)\,\frac{x^2}{1+x^2}$$

gen und ergibt die auf dem Bild zu erkennenden »Berge«, die immer kleiner werden, bis sie unten »vom Meer verschluckt« werden.

Bild 115 zeigt einen langsamen Transienten, aber dieses Mal vor dem Erreichen eines einzelnen Punktes in der Mitte; beim Voranschreiten der Berechnungen ändert sich die Farbe von rot zu gelb. Ein langsamer Transient vor dem Erreichen von vier Punkten ist auf Bild 116 ($K = 0,05$, $b = 0,005$ und $r = 0,1$) zu sehen. Begonnen wurde dieses Bild mit 800×600 (homogen verteilten) Punkten auf der Ebene; beim Voranschreiten der Berechnungen ändert sich die Farbe wieder von rot zu gelb; die Punkte wurden so aufgearbeitet, dass sie dreidimensional aus dem Bild herauszuwachsen scheinen.

7.2 Die logistische Gleichung

Die logistische Gleichung $x_{n+1} = r\, x_n\, (1 - x_n)$ hätte ich auch in dem Kapitel über wissenschaftliche Anwendungen vorstellen können, da sie zeigt, wie aus einer einfachen nichtlinearen Gleichung komplexes chaotisches Verhalten entstehen kann, und geeignet ist, die Dynamik von Populationen zu beschreiben. In einem solchen Kontext ist r die Vermehrungsrate, und die Klammer $(1-x_n)$ beschreibt die Begrenztheit der Ressourcen in einer wachsenden Population. Aber neben dieser wissenschaftlichen Anwendbarkeit ist ihre allgemeine, fachübergreifende und rein mathematisch begründete Bedeutung so groß,[52] dass ich sie deshalb in diesem Kapitel behandeln möchte.

Die logistische Gleichung wurde (mit unterschiedlichen Modulationen von r) für die farbigen Bilder 117 bis 127 verwendet.

7.3 Die unstetige logistische Gleichung

Trägt man x_{n+1} (in der y-Achse) gegen x_n (in der x-Achse) für die logistische Gleichung auf, so erhält man eine nach unten offene Parabel, also ein Maximum. Das dynamische Verhalten wird völlig verändert, wenn man bei der logistischen Formel (wie bei jeder Funktion mit einem parabelförmigen Maximum) eine Unstetigkeit, das heißt einen Sprung, am Maximum einführt. Ein Beispiel[53] ist unter Bild 2 gegeben. Für dieses Bild wurde $\alpha = 0{,}25$ gesetzt.

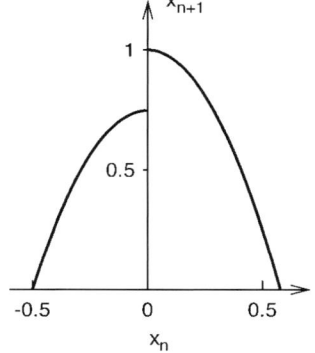

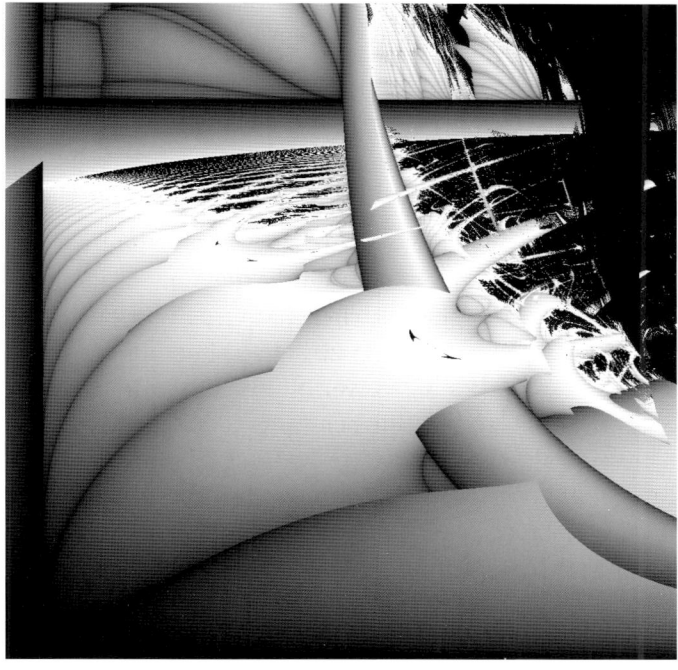

Bild 2:
B gegen A.
r: AB AB…

UNSTETIGE LOGISTISCHE GLEICHUNG
Ein beliebig kleiner Sprung (hier übertrieben groß dargestellt) am Maximum der logistischen Gleichung (siehe Abb. S. 44 oben) zerstört bekanntlich alle dynamischen Eigenschaften der Letzteren.

$$x_{n+1} = \begin{cases} 1 - r\,x_n^2 & \text{für} \quad x_n > 0 \\ \alpha - r\,x_n^2 & \text{sonst} \end{cases}$$

Eine weitere Möglichkeit, die logistische Gleichung unstetig zu machen, ist durch die Formel unter dem Farbbild 128 gegeben. Für dieses Bild wurde $\alpha = 0{,}9935$ gesetzt. Die gleiche Formel ergab Bild 129 ($\alpha = 0{,}907$), Bild 130 (Ausschnitt aus Bild 129), Bild 131 ($\alpha = 0{,}908$) und Bild 132 ($\alpha = 0{,}907$).

Führt man in eine logistische Gleichung eine Unstetigkeit ein, so wird damit – im Unterschied zur stetigen logistischen Gleichung – kein Naturphänomen beschrieben. Allerdings kann eine solche Unstetigkeit, rein akademisch gesehen, äußerst interessant sein, denn sie zerstört – auch wenn sie noch so klein ist – in drastischer Weise die Eigenschaften, die bei Stetigkeit auftreten, und das machen die hier gezeigten Bilder sichtbar.

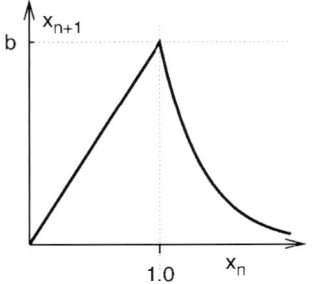

UNSTETIGKEIT IN DER STEIGUNG
Dies ist eine der unzähligen Varianten von x_{n+1} gegen x_n, die überraschende Veränderungen in der Dynamik verursachen.[54]

7.4 Unstetigkeit in der Steigung

In der Zeitschrift *Nature* präsentierte Robert May mehrere Formeln, die extrem einfach sind und dennoch sehr kompliziertes dynamisches Verhalten zeigen.[54] Eine dieser Formeln ist unter Bild 3 angegeben; sie ergibt zwar einen stetigen Verlauf, hat aber einen Sprung in der Steigung. Für Bild 3 wurde $b = 50$ gesetzt.

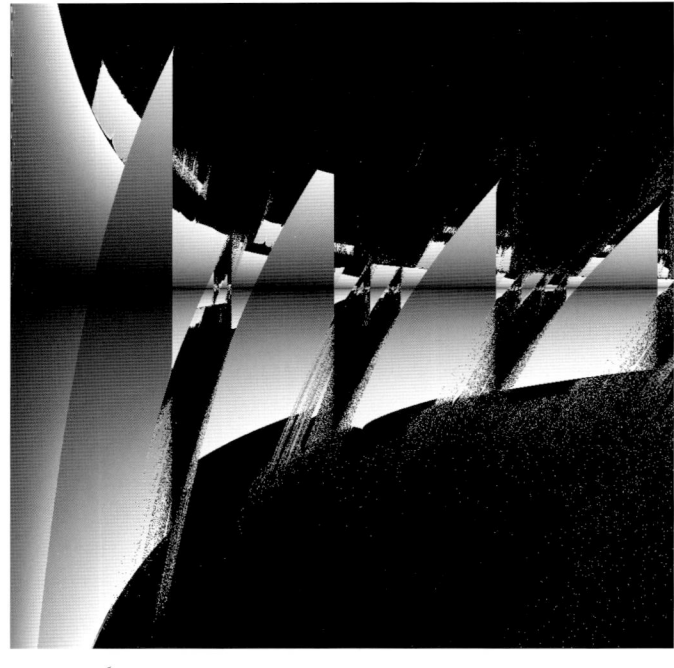

Bild 3:
B gegen A.
r: AB AB…

$$x_{n+1} = \begin{cases} b\, x_n & \textit{für} \quad x_n \leq 1 \\ b\, x_n^{1-r} & \textit{sonst} \end{cases}$$

7.5 Die Hénon-Lozi-Gleichung

Im folgenden Kapitel 8 wird ein periodisch gestoßenes rotierendes
Teilchen beschrieben (vgl. 8.12). Für dieses Teilchen hat Michel
Hénon[55] eine Formel aufgestellt, die dieses System in einer äußerst
einfachen Form beschreibt (siehe Anhang A. 4). Seine Gleichung enthält aber einen quadratischen Term, der mathematische Analysen
erschwert.[56] René Lozi[57] ersetzte daraufhin das Quadrat durch den
Absolutwert und erhielt eine Formel (sie steht unter Bild 4), die
zwar das rotierende Teilchen nur noch näherungsweise beschreibt,
sich aber leichter analysieren lässt. Für Bild 4 ist $b = 0{,}994$.

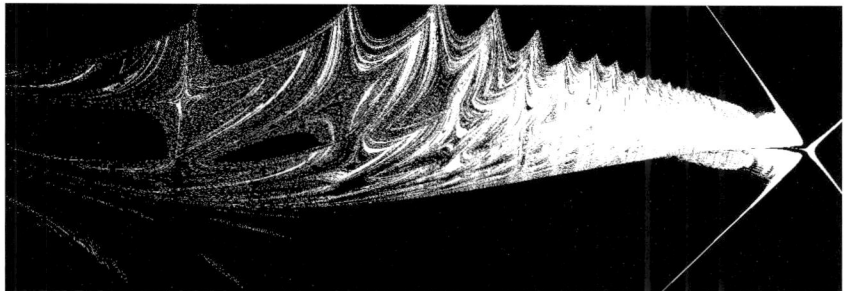

$$x_{n+1} = 1 - r \mid x_n \mid + y_n$$
$$y_{n+1} = b \, x_n$$

Bild 4: B gegen A. r: BA BA…

7.6 Die Degnsche Gleichung

Es ist bekannt, dass periodisches Treiben eines nichtlinearen Systems chaotische Schwingungen verursachen kann. Dies ist beispielsweise beim gestoßenen rotierenden Teilchen der Fall, der in Anhang
A.4 behandelt wird. Solch ein gestoßenes rotierendes Teilchen ist
zum Beispiel (in einer sehr vereinfachten Darstellung) ein Elektron
in seiner Bahn um den Atomkern, der durch periodische Magnet-
feldpulse angeregt wird. Im Gegensatz zu der Annahme, dass das
getriebene System nichtlinear (wie beim Elektron) sein muss, um
sich chaotisch zu verhalten, fand Hans Degn[58] ein getriebenes chaotisches System, welches linear ist; dessen Formeln sind unter Bild 5
angegeben. Solch ein System ist zunächst von rein mathematischem
Interesse. Dieses Bild gilt für $c = b$ und $R = 0{,}1$. b wurde gegen r aufgetragen. Bild 6 entsteht durch die gleiche Formel, aber mit $b = 0{,}3$,
$c = -0{,}8$, $R = 0{,}3$ und alternierendem r.

Bild 5: b gegen r.

$$x_{n+1} = c\left(x_n - \frac{1}{2}\right) + \frac{1}{2} + R\sin(2\pi r\, y_n)$$

$$y_{n+1} = (y_n + x_{n+1})\, mod\, \frac{1}{b}$$

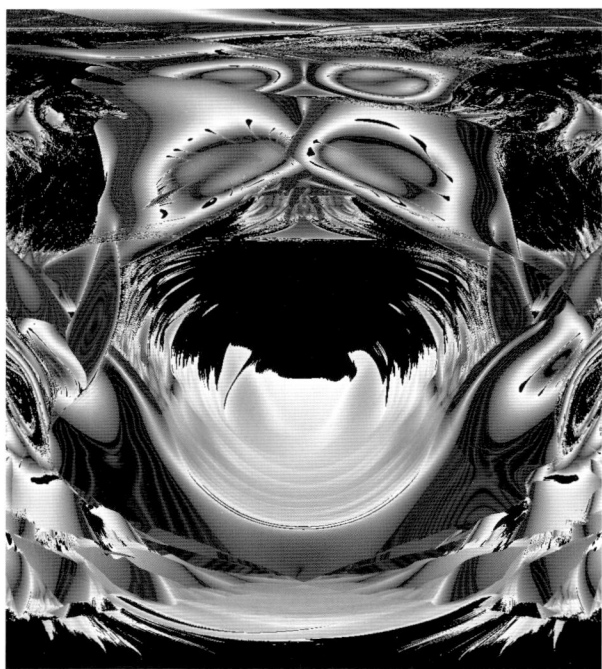

Bild 6: Gleiche
Formel wie Bild 5,
aber mit $b = 0{,}3$,
$c = -0{,}8$, $R = 0{,}3$;
B gegen A.
r: BA BA …

7.7 Von Quasiperiodizität zu Chaos

Überlagert man zwei periodische Schwingungen, so erhält man wieder Periodizität, sofern die Perioden der addierten Schwingungen im Verhältnis ganzer Zahlen stehen. Ein Beispiel: Eine Schwingung mit einer Periode von 3 Sekunden plus eine mit einer Periode von 4 Sekunden ergeben eine Periodizität von 12 Sekunden, denn nach 12 Sekunden wiederholen sich beide addierten Schwingungen. Anders ist es aber, wenn die Perioden nicht im Verhältnis ganzer Zahlen stehen, und das bedeutet, dass der Quotient der Perioden eine irrationale Zahl wie π oder $\sqrt{2}$ ist; dann wiederholt sich die Überlagerung niemals. Die resultierende Schwingung ist auf den ersten Blick nicht von Chaos zu unterscheiden, obwohl sie sich in

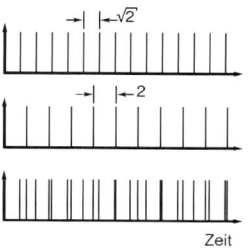

Zeit

QUASIPERIODIZITÄT
Im Bild ganz oben folgen die Ereignisse in Zeitabständen von $\sqrt{2}$, im Bild in der Mitte in Abständen von 2. Zum unteren Bild: Das obere und das Bild in der Mitte wurden einfach überlagert: Man hat den Eindruck von Unvorhersagbarkeit (Chaos), obwohl eine Zerlegbarkeit in periodische Ereignisse und damit Vorhersagbarkeit möglich ist.

zwei periodische Schwingungen zerlegen lässt und somit Voraussagen erlaubt. Chaotische, also unvorhersagbare Schwingungen lassen sich nur zu einem Kontinuum von unendlich vielen periodischen Schwingungen zerlegen.

Itamar Procaccia[59] zeigte, dass die Formel unter Bild 7 einen Übergang von Quasiperiodizität zu Chaos beschreibt. Solch ein Übergang tritt in der Natur häufig auf (z. B. beim Übergang vom geordneten Aufheizen einer Flüssigkeit zum turbulenten Kochen[60] oder bei Stromschwankungen in einem Stück Germanium[61]). Die Formel unter Bild 7 erlaubt es, das Phänomen in allgemeiner und einfacher Form zu untersuchen. Das Bild gilt für $\Omega = 0{,}58681$ und stellt b gegen r dar. Es handelt sich um ein transientes (vorübergehendes) Bild nach 300 Rechenschritten. Rechnet man länger, so verändern sich zwar noch Einzelheiten im

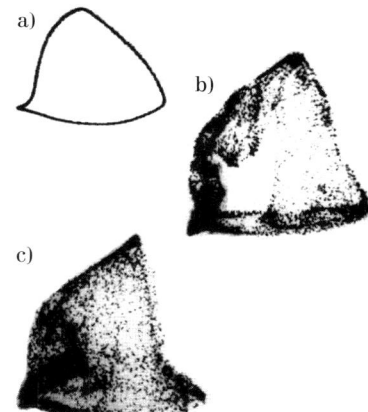

a)

b)

c)

VON QUASIPERIODIZITÄT ZU CHAOS
Ein Stück Germanium wird in die Nähe eines Magnetes gebracht, mit einem Laser bestrahlt und an eine Batterie angeschlossen.[61] Starke Stromschwankungen mit aufeinanderfolgenden »peaks« treten auf. Die Bilder zeigen das Maximum der Stromstärke eines »peak«, aufgetragen gegen das Maximum des vorherigen »peak«. Im Bild a (bei niedriger Spannung) wird Quasiperiodizität durch eine geschlossene Kurve signalisiert. Beim Erhöhen der Spannung (Bilder b, c) zerfällt die geschlossene Kurve: Die Schwingung wird chaotisch.

Bild 7: *b* gegen *r*.

$$x_{n+1} = x_n + \Omega - \left(\frac{r}{2\pi}\right)\sin(2\pi\, x_n) + b\, y_n$$

$$y_{n+1} = b\, y_n - \left(\frac{r}{2\pi}\right)\sin(\pi\, x_n)$$

Bild, das Bild selbst bleibt sich aber ähnlich. Diese Veränderungen sind darauf zurückzuführen, dass es sich hier um einen extrem langen Transienten handelt, weil man damit sehr nahe an Quasiperiodizität liegt. Konvergenz zu einem festen Bild konnte ich innerhalb vertretbarer Rechenzeiten nicht beobachten.

7.8 Übergang zwischen Zeltabbildung und Bernoulli-Verschiebung

Alexandre Lima et al.[62] untersuchten die Gleichungen, die bei Bild 8 stehen. Für $r = 0$ ergeben diese Formeln die sogenannte Zeltabbildung, welche die bemerkenswerte Eigenschaft hat, eine homogene Wahrscheinlichkeitsverteilung der x_n zu erzeugen. Dies bedeutet, dass man die Zeltabbildung als Zufallsgenerator benutzen kann.

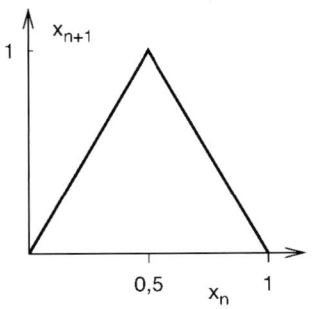

DIE ZELTABBILDUNG
Die Abhängigkeit x_{n+1} gegen x_n taucht in der Natur nicht auf, ergibt aber eine gleichmäßige Zufallsverteilung: mit 49 gleichen Intervallen zwischen 0 und 1 in der Abszisse, kann man hiermit eine einfache »Lotto-Maschine« bauen.

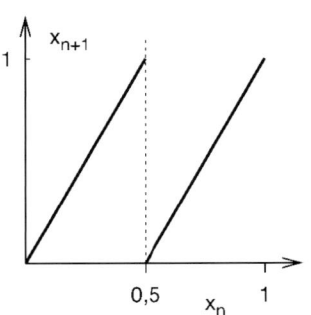

DIE BERNOULLI-VERSCHIEBUNG
Beim Übergang von der x-Achse auf die y-Achse rücken alle Ziffern nach links, und die erste Ziffer nach dem Komma wird gelöscht:
Aus   0,100110111...
folgt   0,001101110... und
daraus 0,011011101... usw.

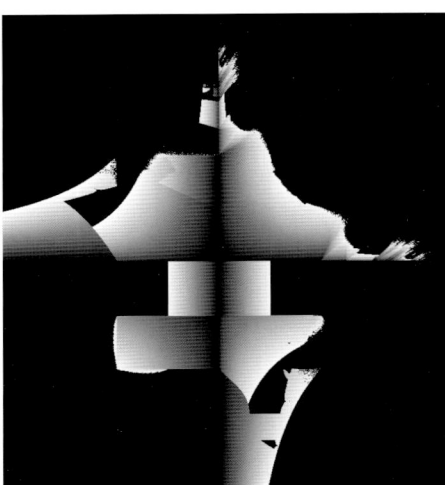

Bild 8:
B gegen A.
r: AB AB...

$$x_{n+1} = \begin{cases} 2\,x_n & \text{für } x_n \leq \frac{1}{2} \\ (4r-2)\,x_n + (2-3\,r) & \text{für } x_n > \frac{1}{2} \end{cases}$$

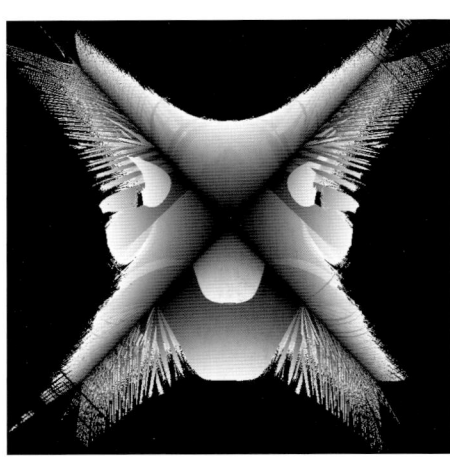

Bild 9:
Gleiche Formel wie in Bild 8.
B gegen A.
r: A⁸ B⁸ A⁸ B⁸.

Um numerische Instabilitäten zu vermeiden, empfiehlt es sich, statt den Werten 2 in der Formel Werte 2-ε (wobei ε so klein wie möglich sein sollte) zur Erzeugung von Zufallszahlen zu benutzen.

Für $r = 1$ ergeben die Formeln zu Bild 8 die sogenannte Bernoulli-Verschiebung. Sie wird Verschiebung genannt, weil sie binäre Stellen nach dem Komma um eine Stelle nach links verschiebt, wobei die erste Nachkommastelle vernichtet wird. Dies bedeutet, dass rationale Anfangswerte für x_n zu Periodizität führen, während irrationale Anfangswerte, das heißt aperiodische Folgen von 0 und 1, zu Chaos führen. Mit anderen Worten: In jeder Umgebung eines Anfangswertes, der zu Vorhersagbarkeit führt, gibt es Werte, die zu Unvorhersagbarkeit (Chaos) führen – und umgekehrt. Die Bilder 8 und 9 zeigen die Wirkung einer periodischen Veränderung (mit abwechselnden Werten A und B) von r.

JAKOB BERNOULLI
(1654–1705)

Die popularisierte
MANDELBROT-MENGE

7.9 Die Mandelbrot-Menge

Der Leser mag überrascht sein, die bekannte Mandelbrot-Menge M, auch »Apfelmännchen« genannt, in diesem Buch (Bild 10) zu finden. Tatsache ist aber, dass man M als Spezialfall der hier gezeigten Bilder betrachten kann.

Normalerweise konstruiert man M mithilfe der Formel $z_{n+1} = z_n^2 + c$, wobei c und z_n komplexe Zahlen sind. Trennt man Real- und Imaginärteil dieser Zahlen und schreibt hierfür $z_n = x_n + iy_n$ und $c = r + ib$, so erhält man die unter Bild 10 gezeigten Gleichungen. Nun sollte

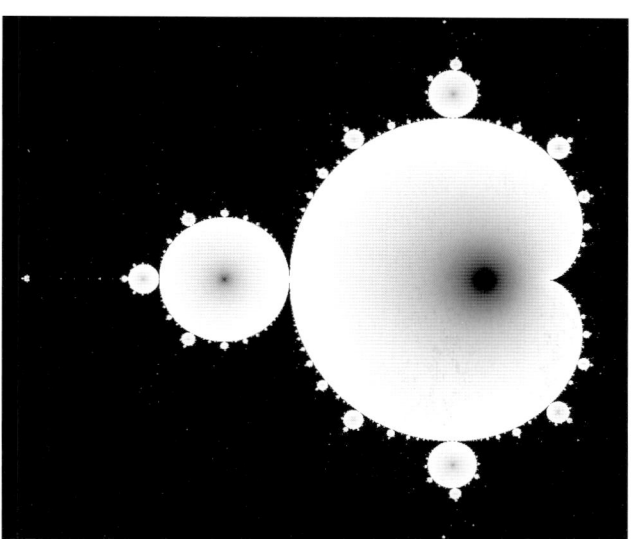

$$x_{n+1} = x_n^2 - y_n^2 + r, \quad y_{n+1} = 2x_n\,y_n + b$$

Bild 10:
Das »Apfelmännchen« als Spezialfall der Darstellungen in diesem Buch; b gegen r.

GASTON JULIA (1893–1978)
Der im 1. Weltkrieg schwer verwundete französische Mathematiker publizierte 1918 seine bahnbrechende Arbeit über die Iteration komplexer rationaler Funktionen.[113] Diese Arbeit wurde von Benoît Mandelbrot [3.63] durch die computergestützte Darstellung von Fraktalen, wie z. B. die Mandelbrot-Menge, sichtbar und populär gemacht.

man daran denken, dass M als diejenige Menge aller c definiert wird (auf der komplexen Ebene), bei denen die z_n nicht divergieren, also nicht nach unendlich, sondern zu periodischen Zyklen führen.[63] Der Grund für das Auftreten der Mandelbrot-Menge ist, dass unser Algorithmus nicht zwischen Divergenz und Chaos unterscheiden kann: Beide liefern positive Lyapunov-Exponenten.

Die interessantesten Eigenschaften von M findet man an ihrem Rand, besonders an jenen Stellen, an denen die kreisförmigen Untermengen (»Äpfel«) sich tangential berühren: die sogenannten »Seepferdchen«, spiralförmige Strukturen und Formen, die wie M aussehen (nur kleiner), treten auf.[3] Das Problem mit unserem Algorithmus ist, dass an diesen Stellen der Lyapunov-Exponent nahezu gleich Null ist, da dort der Übergang zwischen positiven und negativen Lyapunov-Exponenten stattfindet. Solche Exponenten nahe Null bedeuten wiederum, dass Transienten extrem lang werden, so dass die Rechenzeit (mit unserer Methode) an diesen Stellen sehr lang wird. Bei zu kurzen Rechenzeiten kann es deshalb sein, dass der bei den computergenerierten Bildern in diesem Buch (und auf der CD) benutzte Algorithmus dort nur verschwommene Strukturen erzeugt.

7.10 Die Sinus-Quadrat-Formel

Die Sinus-Quadrat-Formel $x_{n+1} = b\,sin^2\,(x_n + r)$ ergibt die Farbbilder 133 bis 142, wenn man die r-Sequenz verändert. In kurzen Abschnitten hat diese Formel parabelähnliche Maxima und deshalb erwartet man in diesen Abschnitten Bilder, die ähnlich den Bildern aus der logistischen Gleichung sind. Neu ist allerdings, dass sich diese Abschnitte periodisch wiederholen, so dass man in größeren Ausschnitten kachelartige Muster (z. B. Bilder 135 und 140) erhält. In kleinen Ausschnitten jedoch (kleiner als jede »Kachel« des Musters) treten überraschende Formen auf, wie in anderen Farbbildern zu sehen ist.

Chinesische Forscher untersuchten eine elektronische Vorrichtung, deren Dynamik sich durch diese Formel beschreiben lässt: ein Flüssigkristall, an dem die in ihm entstehende Wechselspannung zeitlich verzögert wieder am Kristall angelegt wird.[64] Es können dabei interessante Muster entstehen. x_n ist proportional zur Intensität des vom Kristall austretenden Lichtes. Die Verzögerungszeit entspricht dem Zeitschritt $x_{n+1} - x_n$. Ich zähle diese Formel nicht unter die wissenschaftlichen Anwendungen (in Kapitel 8), weil sie ein Prototyp für periodische Formeln und somit allgemeiner als die Vorrichtung mit Flüssigkristallen ist.

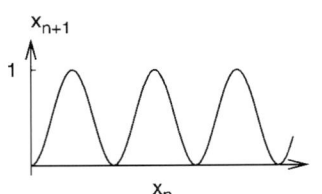

SINUS-QUADRAT-FORMEL
$(b = 1, r = 0)$
x_n ist proportional zur Lichtintensität, die aus einem Flüssigkristall austritt. Verzögert man zeitlich dieses Licht und führt es wieder in das Kristall, so tritt eine Intensität proportional zu x_{n+1} aus.[64]

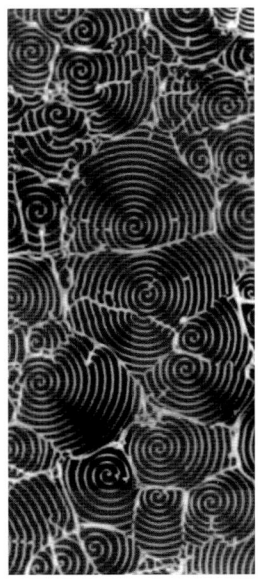

Muster in einem FLÜSSIGKRISTALL (nach Michel Mitov und Pierre Sixou[114])

7.11 Andere Formeln

Es folgen nun am PC erzeugte Bilder, die auf Gleichungen beruhen, die allein der Fantasie entspringen. Formeln der allgemeinen Form

$$x_{n+1} = \begin{cases} b\sin^2(x_n + r^m) + \alpha\, r^k & \text{für } [x_n + r^n]\bmod(\gamma\pi) < \mu\dfrac{\pi}{2} \\ b\sin^2(x_n + r^m) + \beta\, r^k & \text{sonst} \end{cases}$$

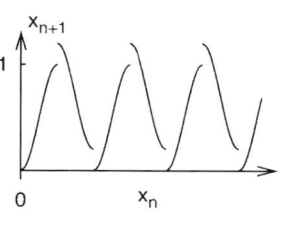

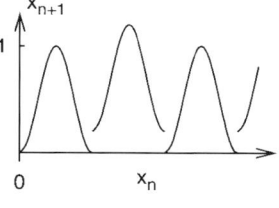

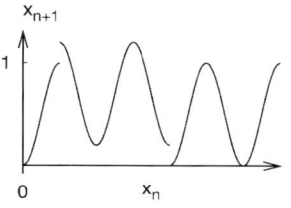

ergeben eine überwältigende Vielfalt von Bildern, wovon die folgenden Bilder 11 bis 65 sowie Bilder 83 und 84 einen Eindruck vermitteln können. Eine solche Vielfalt ist im Zusammenhang mit der Mandelbrot-Menge[3,63] nicht zu erhalten.

Die Parameter b, k, β, m, n, μ, γ, α und r sind frei wählbar. Man beachte, dass für $m = n$ und $\gamma = \mu = 1$ die $\sin^2$-Funktion jede halbe Periode vertikal verschoben wird. Für $m = n$ und $\gamma = \mu = 2$ wird diese Funktion jede volle Periode vertikal verschoben. Für $m = n$, $\gamma = 2$ und $\mu = 1$ geschieht dies alle $1\frac{1}{2}$ Perioden. In allen Fällen treten Unstetigkeiten an den Extremwerten auf, ähnlich der unstetigen logistischen Gleichung, die vorne in diesem Kapitel beschrieben wurde. Neben dieser fruchtbaren Formel werden im Folgenden auch andere »mathematische Kreationen« (Bilder 66 bis 82 und Bilder 85 bis 95) verwendet.

Vertikale Verschiebungen der SINUS-QUADRAT-FUNKTION
Oben: Jede halbe Periode.
Mitte: Jede volle Periode.
Unten: Jede $1\frac{1}{2}$ Perioden.

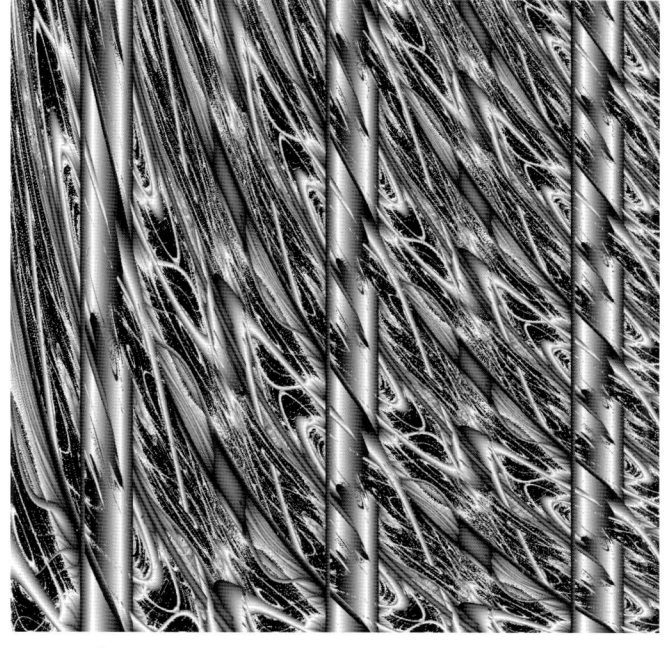

Bild 11:
α gegen r.

$$x_{n+1} = \begin{cases} 2\sin^2(x_n + r) + \alpha\, r & \text{für } [x_n + r]\bmod(\pi) < \dfrac{\pi}{2} \\ 2\sin^2(x_n + r) & \text{sonst} \end{cases}$$

Bild 12:
B gegen A.
r: AABB AABB...

$$x_{n+1} = \begin{cases} 1{,}5\,\sin^2(x_n + r) + 0{,}6\,r^2 & \textit{für } [x_n + r]\,mod(\pi) < \dfrac{\pi}{2} \\ 1{,}5\,\sin^2(x_n + r) & \textit{sonst} \end{cases}$$

Bild 13:
B gegen A,
r: AABB AABB…

$$x_{n+1} = \begin{cases} 1{,}5\sin^2(x_n + r) - 1{,}25\, r^2 & \text{\textit{für} } [x_n + r]\, mod(\pi) < \dfrac{\pi}{2} \\ 1{,}5\sin^2(x_n + r) & \textit{sonst} \end{cases}$$

Bild 14:
B gegen A,
r: AAABBB AAABBB…

$$x_{n+1} = \begin{cases} 2\sin^2(x_n + r) - 0{,}2\, r^2 & \text{\textit{für} } [x_n + r]\, mod(\pi) < \dfrac{\pi}{2} \\ 2\sin^2(x_n + r) & \textit{sonst} \end{cases}$$

Bild 15:
B gegen A,
r: AAABBB AAABBB…

$$x_{n+1} = \begin{cases} 1{,}8\,\sin^2(x_n + r) & \textit{für }\ [x_n + r]\,mod\,(\pi) < \dfrac{\pi}{2} \\ 1{,}8\,\sin^2(x_n + r) + 1{,}5\,r^2 & \textit{sonst} \end{cases}$$

Bild 16:
B gegen A,
r: AAABBB AAABBB…

$$x_{n+1} = \begin{cases} 2\sin^2(x_n + r) & \textit{für } [x_n + r] \, mod(\pi) < \dfrac{\pi}{2} \\ 2\sin^2(x_n + r) + 1,25 \, r^2 & \textit{sonst} \end{cases}$$

Bild 17:
B gegen A,
r: AAABBB AAABBB…

$$x_{n+1} = \begin{cases} 2\sin^2(x_n + r) & \text{für } [x_n + r]\,mod(\pi) < \dfrac{\pi}{2} \\ 2\sin^2(x_n + r) + 1{,}25\,r^2 & sonst \end{cases}$$

Bild 18:
B gegen A,
r: AABB AABB…

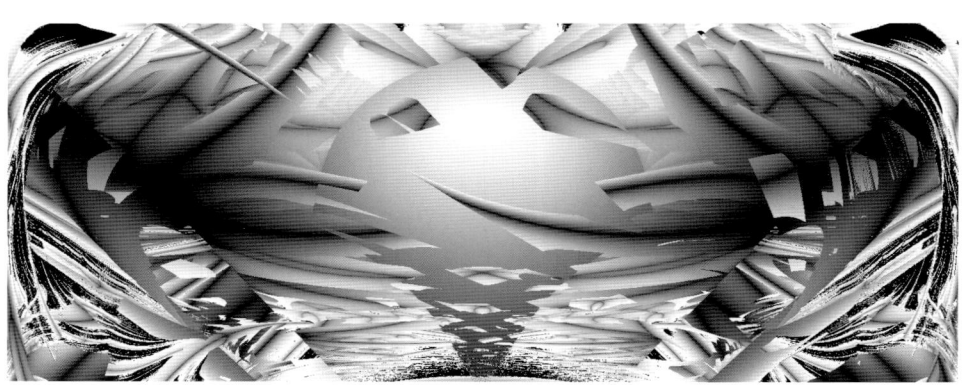

$$x_{n+1} = \begin{cases} 1{,}6\sin^2(x_n + r) & \text{für } [x_n]\,mod(\pi) < \dfrac{\pi}{2} \\ 1{,}6\sin^2(x_n + r) + 1{,}5\,r & sonst \end{cases}$$

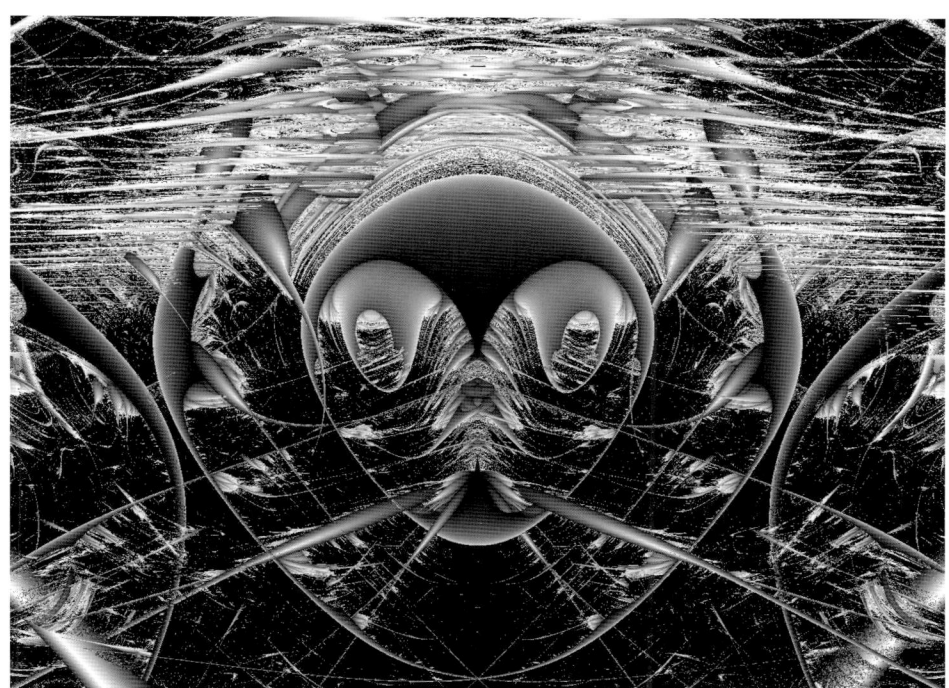

$$x_{n+1} = \begin{cases} 2\sin^2(x_n + r) & \textit{für } [x_n + r]\, mod(\pi) < \frac{\pi}{2} \\ 2\sin^2(x_n + r) + 1{,}25\, r^2 & \textit{sonst} \end{cases}$$

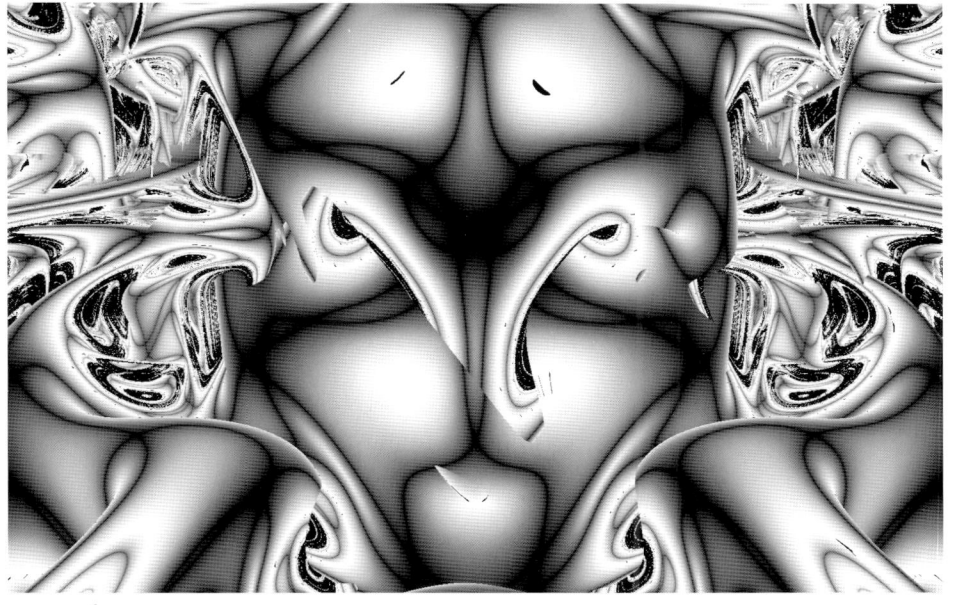

$$x_{n+1} = \begin{cases} 1{,}6\sin^2(x_n + r) + 2{,}8\, r & \textit{für } [x_n]\, mod(\pi) < \frac{\pi}{2} \\ 1{,}6\sin^2(x_n + r) & \textit{sonst} \end{cases}$$

Bild 21:
B gegen A,
r: AABB AABB…

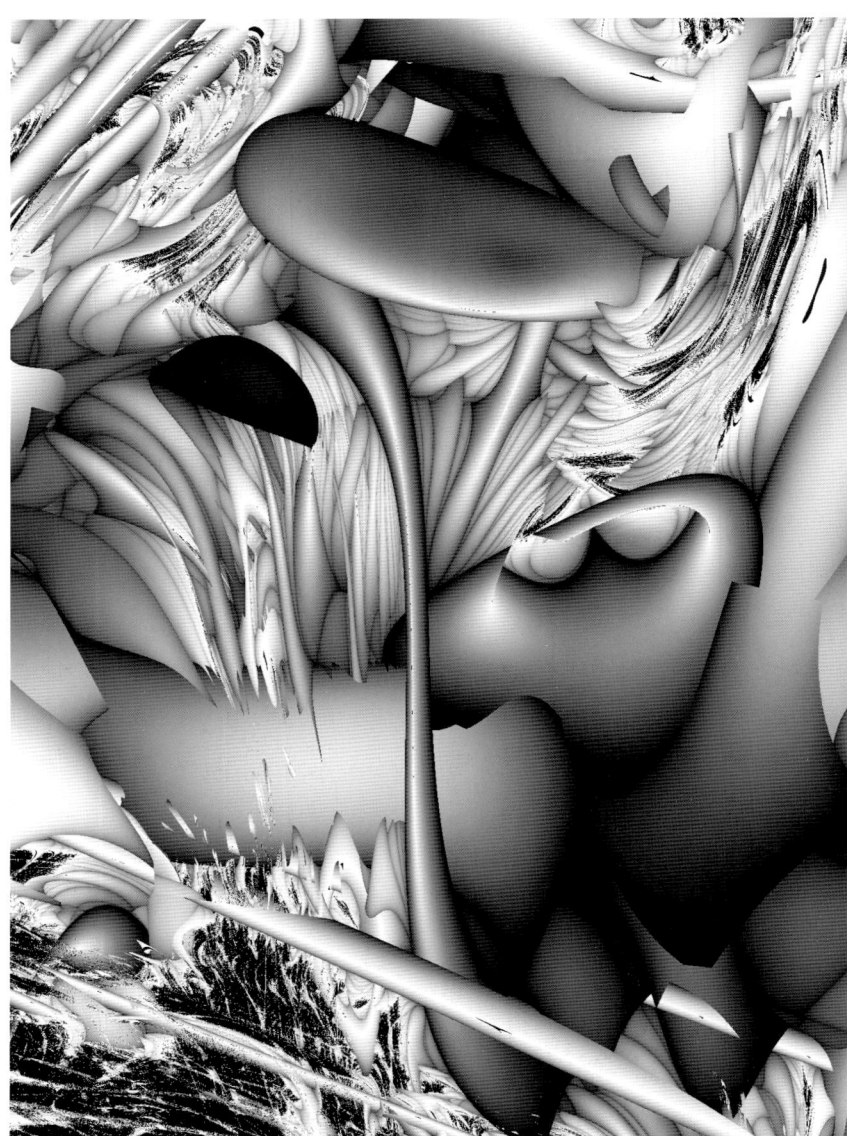

$$x_{n+1} = \begin{cases} 1{,}7\sin^2(x_n + r) & \text{\textit{für}} \;\; [x_n + r]\, mod\,(\pi) < \dfrac{\pi}{2} \\ 1{,}7\sin^2(x_n + r) + 1{,}5\, r^2 & \textit{sonst} \end{cases}$$

Bild 22:
B gegen A,
r: AABB AABB…

$$x_{n+1} = \begin{cases} 2\sin^2(x_n + r) + 0{,}7\,r & \text{\textit{für}} \ [x_n + r]\,mod(\pi) < \dfrac{\pi}{2} \\ 2\sin^2(x_n + r) & \text{\textit{sonst}} \end{cases}$$

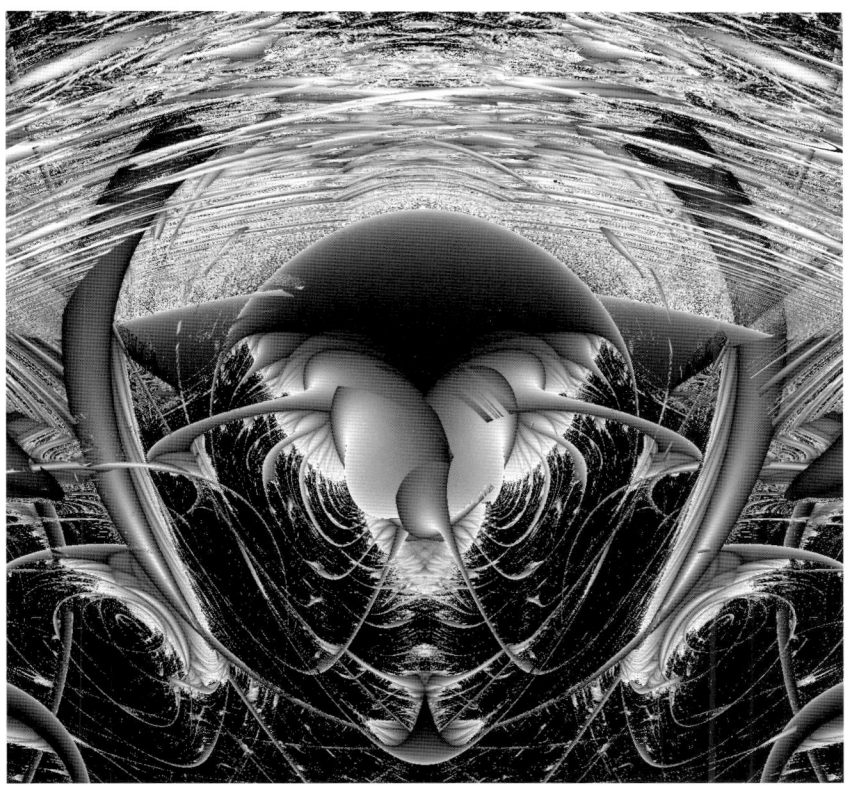

Bild 23:
B gegen A,
r: AABB AABB…

$$x_{n+1} = \begin{cases} 2\sin^2(x_n + r) - 0{,}4\,r & \text{\textit{für}} \ [x_n + r]\,mod(\pi) < \dfrac{\pi}{2} \\ 2\sin^2(x_n + r) + 1{,}5\,r & \text{\textit{sonst}} \end{cases}$$

Bild 24:
B gegen A,
r: AAABBB AAABBB…

$$x_{n+1} = \begin{cases} 2{,}3\sin^2(x_n + r) & \textit{für } [x_n + r]\,mod(\pi) < \dfrac{\pi}{2} \\ 2{,}3\sin^2(x_n + r) + 0{,}25\,r & \textit{sonst} \end{cases}$$

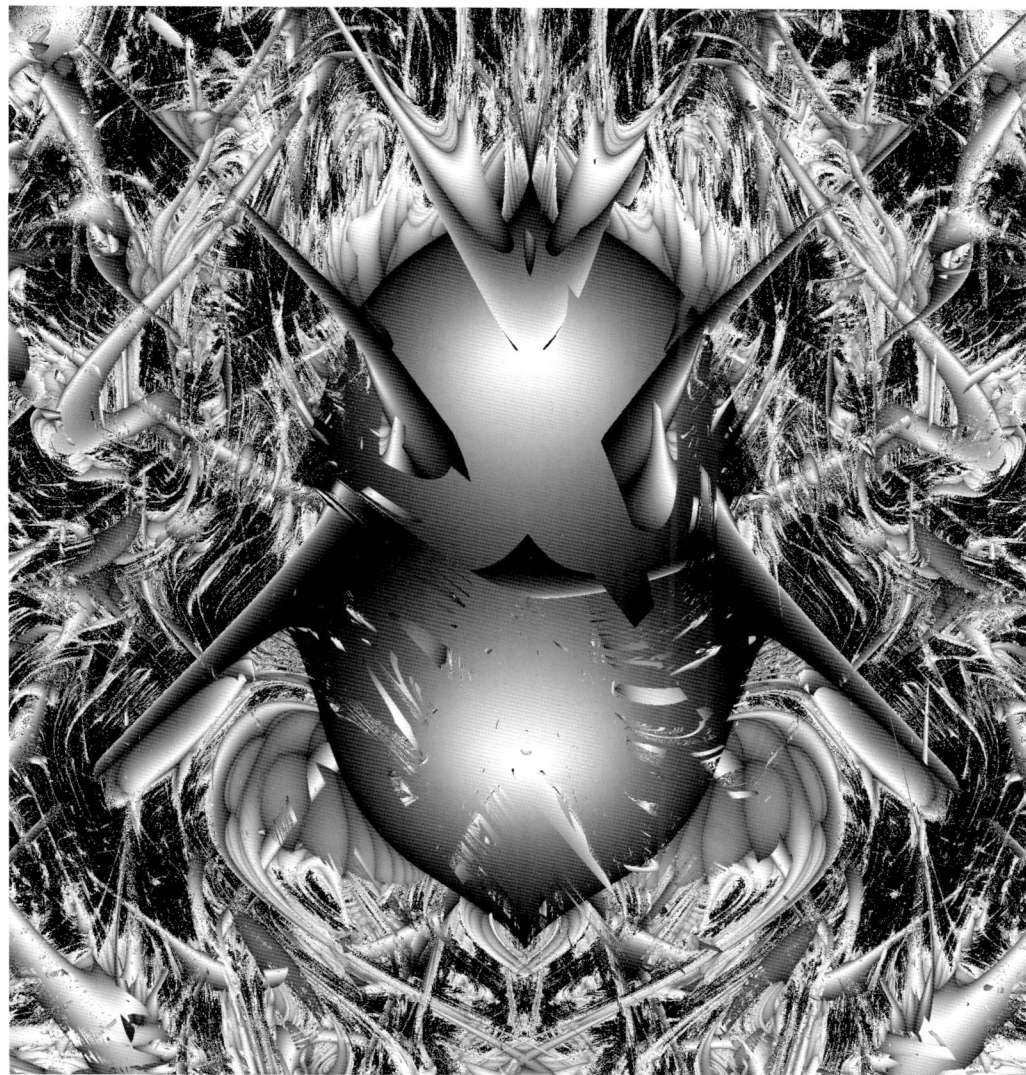

$$x_{n+1} = \begin{cases} 2\sin^2(x_n + r) + 1{,}25\,r & \textit{für } [x_n + r]\,mod(\pi) < \dfrac{\pi}{2} \\ 2\sin^2(x_n + r) & \textit{sonst} \end{cases}$$

Bild 26:
B gegen A,
r: AABB AABB…

$$x_{n+1} = \begin{cases} 1{,}8\sin^2(x_n + r) & \textit{für } [x_n + r]\,mod(\pi) < \dfrac{\pi}{2} \\ 1{,}8\sin^2(x_n + r) + 1{,}5\,r & \textit{sonst} \end{cases}$$

$$x_{n+1} = \begin{cases} 1{,}7\sin^2(x_n + r) & \textit{für } [x_n + r]\,mod(\pi) < \dfrac{\pi}{2} \\ 1{,}7\sin^2(x_n + r) + 1{,}5\,r & \textit{sonst} \end{cases}$$

Bild 28:
B gegen A,
r: AABB AABB…

$$x_{n+1} = \begin{cases} 2\sin^2(x_n + r) + 2{,}4\ r & \textit{für } [x_n + r]\,mod(\pi) < \dfrac{\pi}{2} \\ 2\sin^2(x_n + r) & \textit{sonst} \end{cases}$$

Bild 29:
B gegen A,
r: AABB AABB…

$$x_{n+1} = \begin{cases} 2{,}25\sin^2(x_n + r) & \textit{für } [x_n + r]\,mod(\pi) < \dfrac{\pi}{2} \\ 2{,}25\sin^2(x_n + r) - r & \textit{sonst} \end{cases}$$

$$x_{n+1} = \begin{cases} 2\sin^2(x_n + r) & \textit{für } [x_n + r]\,mod(\pi) < \dfrac{\pi}{2} \\ 2\sin^2(x_n + r) + 1{,}25\,r & \textit{sonst} \end{cases}$$

Bild 31:
B gegen A,
r: AABB AABB...

$$x_{n+1} = \begin{cases} 2{,}3\sin^2(x_n + r) + 0{,}1\,r & \text{\textit{für }} [x_n + r]\,mod(\pi) < \dfrac{\pi}{2} \\ 2{,}3\sin^2(x_n + r) & \text{\textit{sonst}} \end{cases}$$

Bild 32:
B gegen A,
r: AABB AABB...

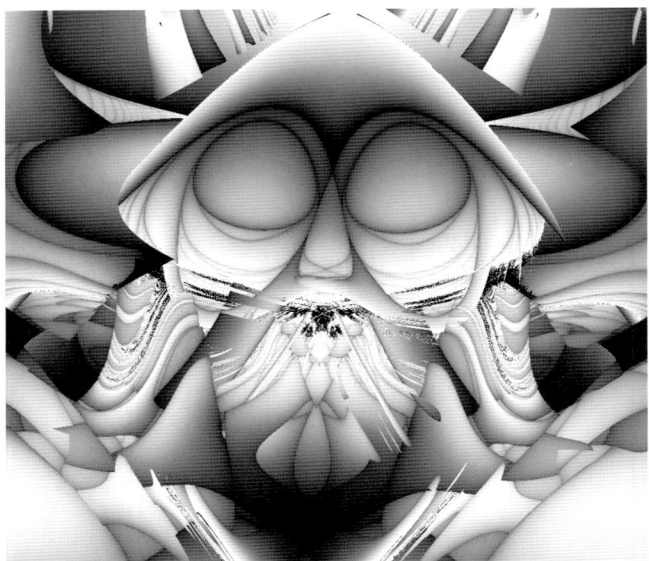

$$x_{n+1} = \begin{cases} 1{,}5\sin^2(x_n + r) - 0{,}4\,r & \text{\textit{für }} [x_n + r]\,mod(\pi) < \dfrac{\pi}{2} \\ 1{,}5\sin^2(x_n + r) & \text{\textit{sonst}} \end{cases}$$

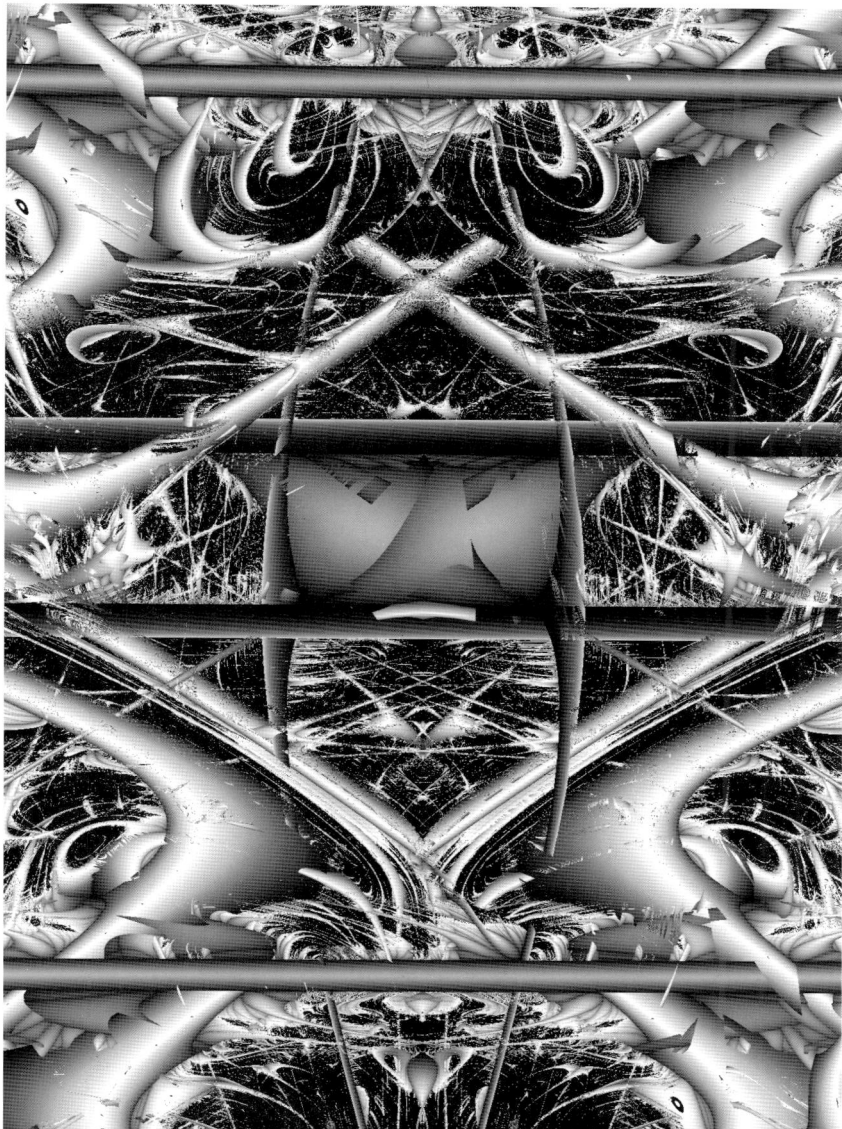

Bild 33:
B gegen A,
r: AB AB…

$$x_{n+1} = \begin{cases} 2{,}1\sin^2(x_n + r) + r & \textit{für } [x_n + r]\,mod(\pi) < \dfrac{\pi}{2} \\ 2{,}1\sin^2(x_n + r) & \textit{sonst} \end{cases}$$

Bild 34:
B gegen A,
r: AB AB…

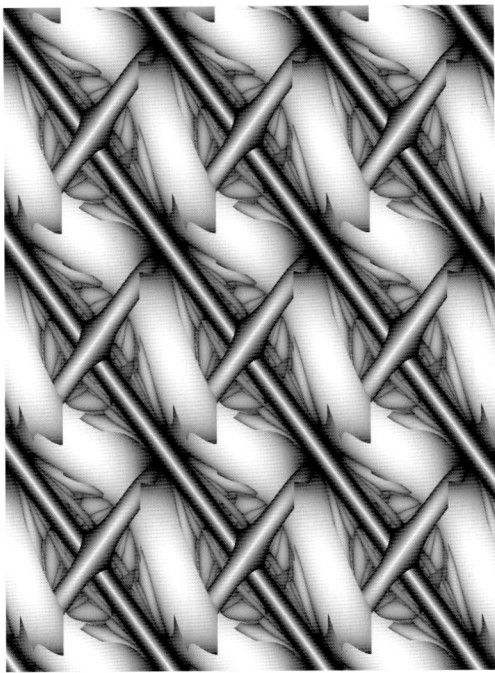

$$x_{n+1} = \begin{cases} \sin^2(x_n + r) + r & \text{\textit{für} } [x_n + r]\, mod(\pi) < \dfrac{\pi}{2} \\ \sin^2(x_n + r) & \text{\textit{sonst}} \end{cases}$$

Bild 35:
B gegen A,
r: AABB AABB…

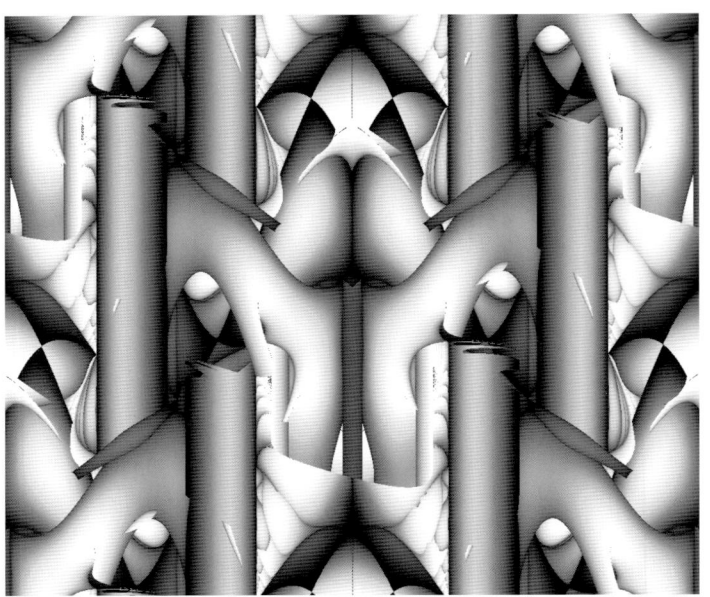

$$x_{n+1} = \begin{cases} 1{,}5\sin^2(x_n + r) - r & \text{\textit{für} } [x_n + r]\, mod(\pi) < \dfrac{\pi}{2} \\ 1{,}5\sin^2(x_n + r) & \text{\textit{sonst}} \end{cases}$$

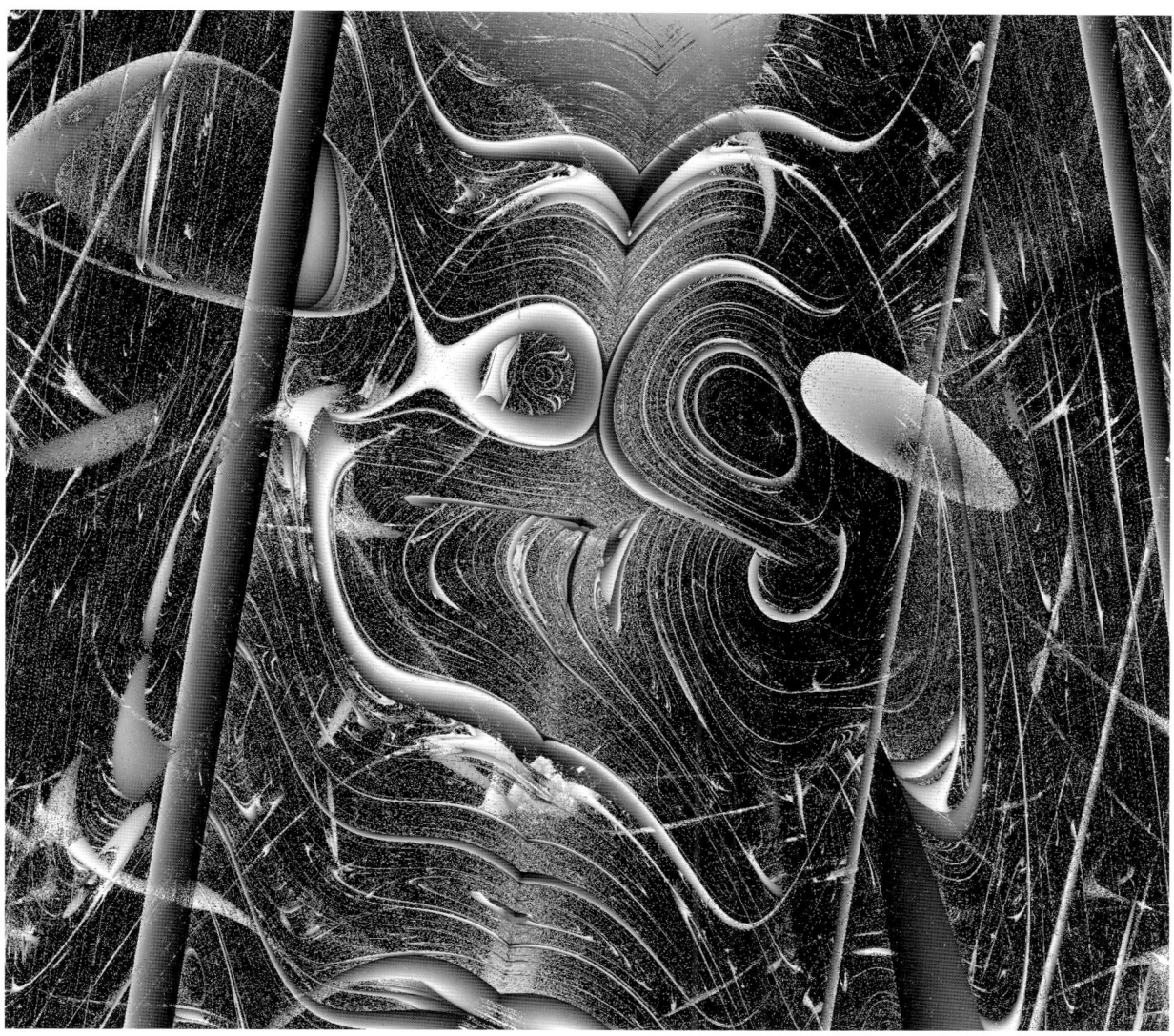

$$x_{n+1} = \begin{cases} 2{,}75\sin^2(x_n + r) - r & \textit{für } [x_n + r]\,mod(\pi) < \dfrac{\pi}{2} \\ 2{,}75\sin^2(x_n + r) & \textit{sonst} \end{cases}$$

Bild 36:
B gegen A,
r: AAABB AAABB…

Bild 37:
B gegen A,
r: AABB AABB…

$$x_{n+1} = \begin{cases} 2{,}25\sin^2(x_n + r) - r & \text{\textit{für}}\ [x_n + r]\,mod(\pi) < \dfrac{\pi}{2} \\[2mm] 2{,}25\sin^2(x_n + r) & \text{\textit{sonst}} \end{cases}$$

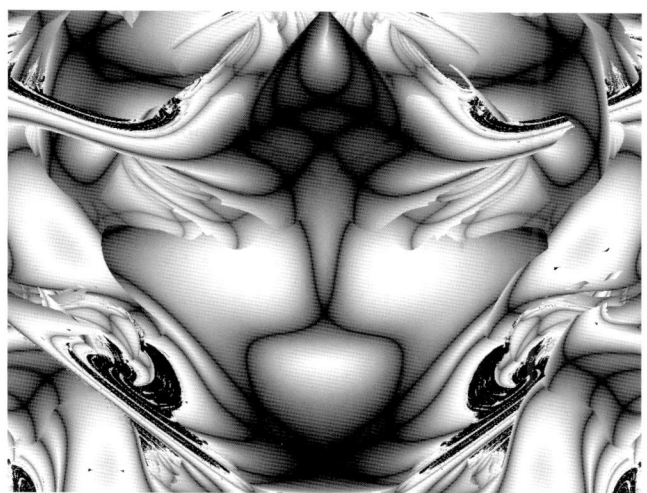

Bild 38:
B gegen A,
r: AABB AABB...

$$x_{n+1} = \begin{cases} 1{,}6\sin^2(x_n + r) + 2{,}8\,r & \text{\textit{für}}\ [x_n + r]\,mod(\pi) < \dfrac{\pi}{2} \\ 1{,}6\sin^2(x_n + r) & \text{\textit{sonst}} \end{cases}$$

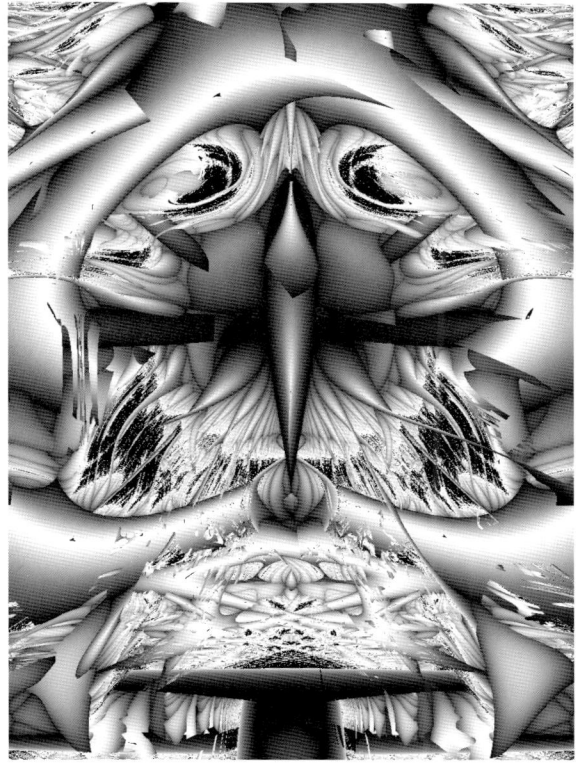

Bild 39:
B gegen A,
r: AB AB...

$$x_{n+1} = \begin{cases} 1{,}6\sin^2(x_n + r) + 0{,}7\,r & \text{\textit{für}}\ [x_n + r]\,mod(\pi) < \dfrac{\pi}{2} \\ 1{,}6\sin^2(x_n + r) & \text{\textit{sonst}} \end{cases}$$

Bild 40:
B gegen A,
r: AB AB…

$$x_{n+1} = \begin{cases} 2\sin^2(x_n + r) - 0{,}4\,r & \text{\textit{für} } [x_n + r]\,mod(\pi) < \dfrac{\pi}{2} \\ 2\sin^2(x_n + r) & \text{\textit{sonst}} \end{cases}$$

Bild 41:
B gegen A,
r: AB AB…

$$x_{n+1} = \begin{cases} 2\sin^2(x_n + r) - 0{,}2\,r & \textit{für } [x_n + r] \textit{mod}(\pi) < \dfrac{\pi}{2} \\ 2\sin^2(x_n + r) & \textit{sonst} \end{cases}$$

$$x_{n+1} = \begin{cases} 2\sin^2(x_n + r) - 0{,}2\, r & \text{\textit{für}} \ [x_n + r]\, mod(\pi) < \dfrac{\pi}{2} \\ 2\sin^2(x_n + r) & \text{\textit{sonst}} \end{cases}$$

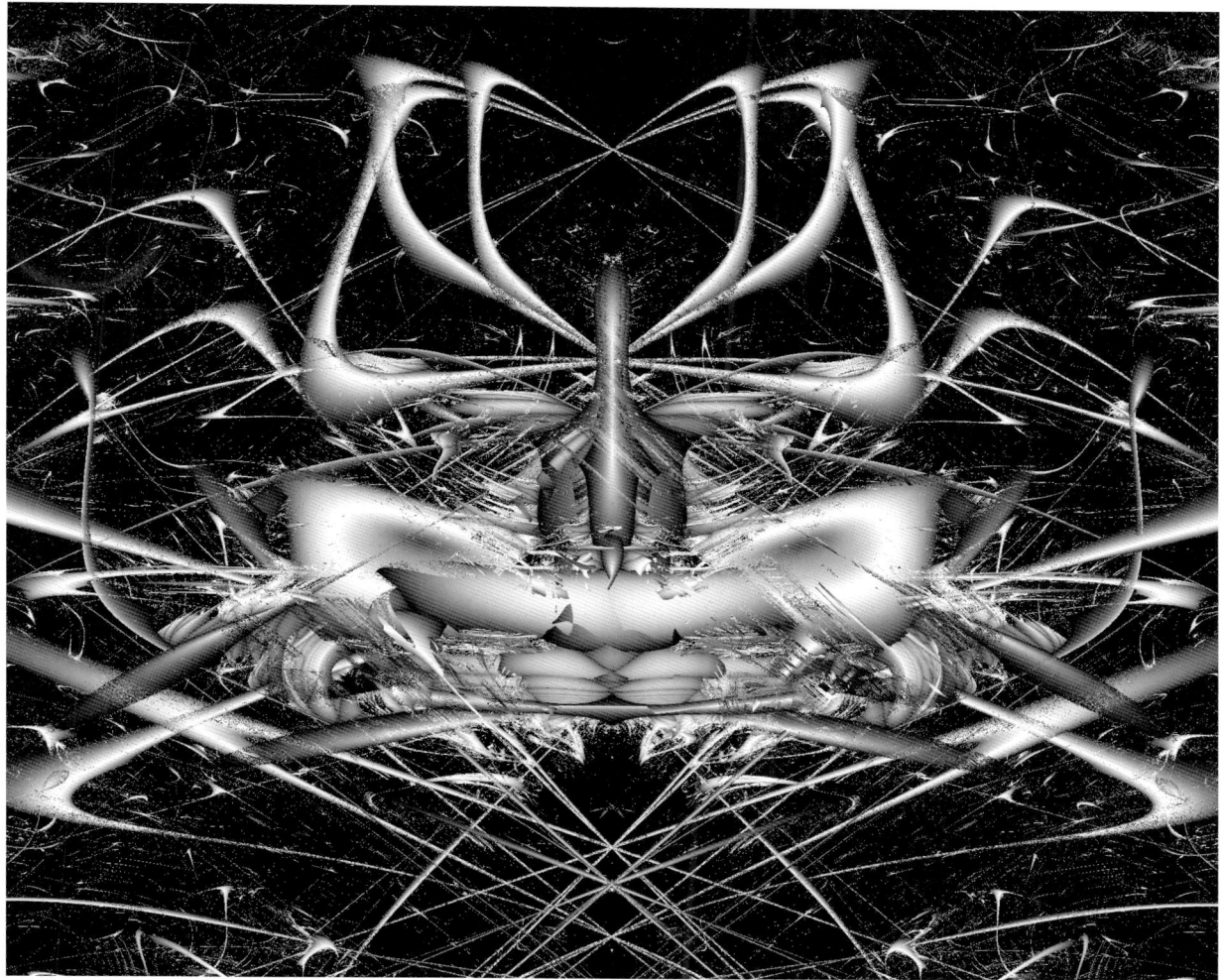

$$x_{n+1} = \begin{cases} 2{,}75\sin^2(x_n + r) + 0{,}2\ r & \textit{für } [x_n + r]\,mod(\pi) < \dfrac{\pi}{2} \\ 2{,}75\sin^2(x_n + r) & \textit{sonst} \end{cases}$$

Bild 43:
B gegen A,
r: AAABBB AAABBB…

Bild 44:
B gegen A,
r: AABB AABB…

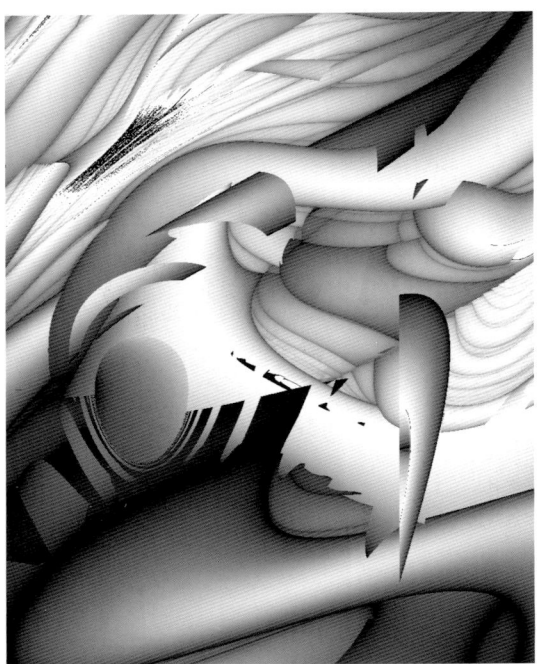

$$x_{n+1} = \begin{cases} 1{,}5\sin^2(x_n + r) - 1{,}25\,r & \text{\textit{für}} \;\; [x_n + r]\,mod\,(\pi) < \dfrac{\pi}{2} \\ 1{,}5\sin^2(x_n + r) & \text{\textit{sonst}} \end{cases}$$

Bild 45:
B gegen A,
r: AAABBB AAABBB…

$$x_{n+1} = \begin{cases} 2{,}3\sin^2(x_n + r) + 0{,}25\,r & \text{\textit{für}} \;\; [x_n + r]\,mod\,(\pi) < \dfrac{\pi}{2} \\ 2{,}3\sin^2(x_n + r) & \text{\textit{sonst}} \end{cases}$$

$$x_{n+1} = \begin{cases} 2{,}5\sin^2(x_n + r) - 2\,r & \textit{für } [x_n + r]\,mod(\pi) < \dfrac{\pi}{2} \\ 2{,}5\sin^2(x_n + r) & \textit{sonst} \end{cases}$$

Bild 46:
B gegen A,
r: AABB AABB…

Bild 47:
B gegen A,
r: AABB AABB…

$$x_{n+1} = \begin{cases} 2{,}25\sin^2(x_n + r) + r & \textit{für } [x_n + r]\,mod(\pi) < \dfrac{\pi}{2} \\ 2{,}25\sin^2(x_n + r) & \textit{sonst} \end{cases}$$

Bild 48:
B gegen A,
r: AABB AABB…

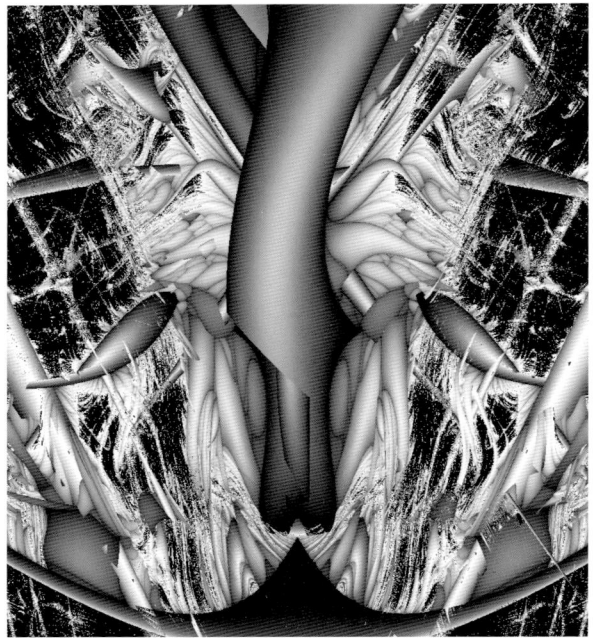

$$x_{n+1} = \begin{cases} 2{,}25\sin^2(x_n + r) + r & \textit{für } [x_n + r]\,mod(\pi) < \dfrac{\pi}{2} \\ 2{,}25\sin^2(x_n + r) & \textit{sonst} \end{cases}$$

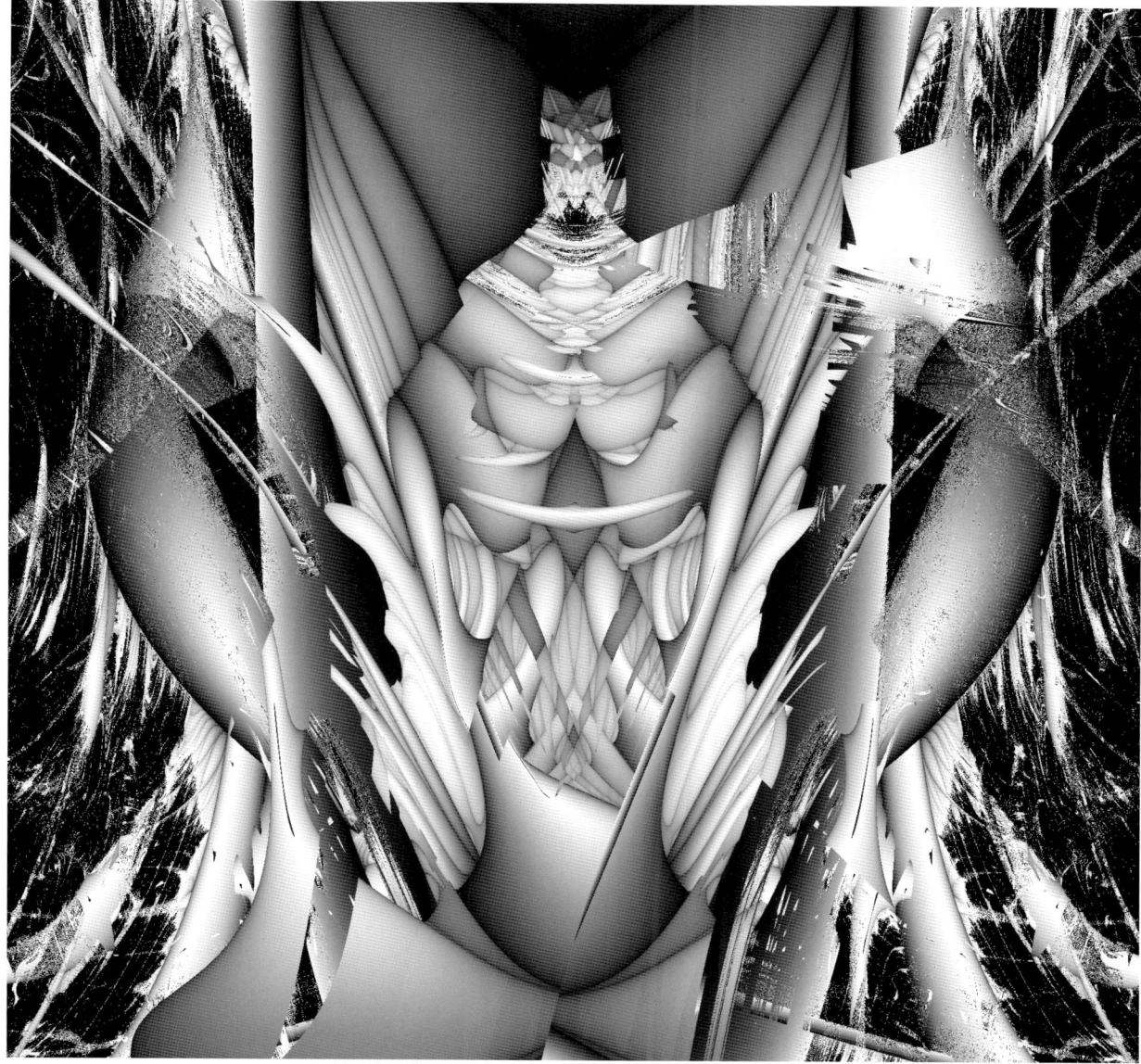

$$x_{n+1} = \begin{cases} 2\sin^2(x_n + r) - 0{,}4\,r & \text{für } [x_n + r]\,mod(\pi) < \dfrac{\pi}{2} \\ 2\sin^2(x_n + r) & \text{sonst} \end{cases}$$

Bild 49:
B gegen A,
r: AABB AABB…

Bild 50:
B gegen A,
r: AABB AABB…

$$x_{n+1} = \begin{cases} 1{,}6\sin^2(x_n + r) + 1{,}5\,r & \textit{für } [x_n + r]\,mod(\pi) < \dfrac{\pi}{2} \\ 1{,}6\sin^2(x_n + r) & \textit{sonst} \end{cases}$$

Bild 51:
B gegen A,
r: AB AB…

$$x_{n+1} = \begin{cases} 2{,}5\sin^2(x_n + r) & \textit{für } [x_n + r]\,mod(\pi) < \dfrac{\pi}{2} \\ 2{,}5\sin^2(x_n + r) + 0{,}5\,r & \textit{sonst} \end{cases}$$

Bild 52: B gegen A,
r: AAABBB AAABBB…

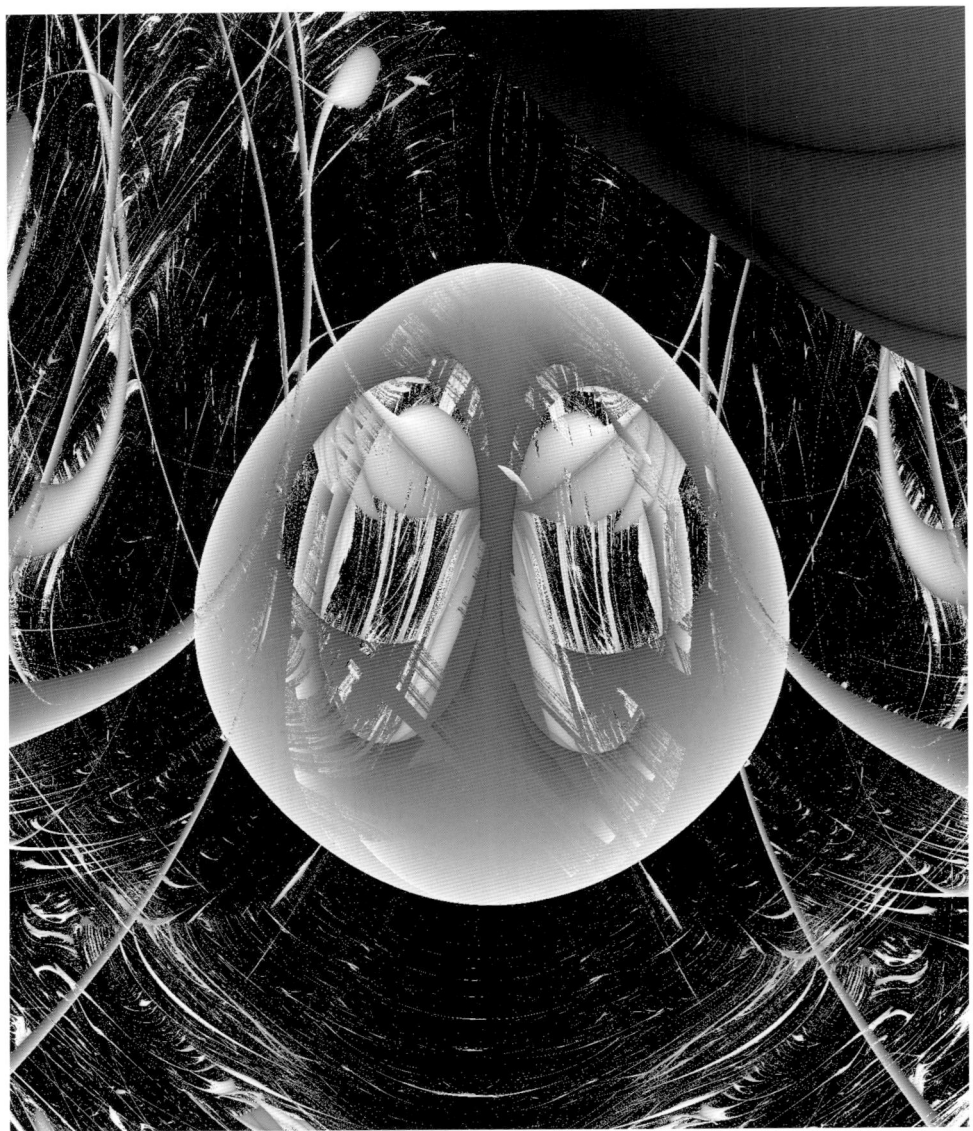

$$x_{n+1} = \begin{cases} 2\sin^2(x_n + r) & \textit{für } [x_n + r]\,mod(2\pi) < \pi \\ 2\sin^2(x_n + r) + 1{,}25\,r & \textit{sonst} \end{cases}$$

Bild 53:
B gegen A,
r: AAABBB AAABBB…

$$x_{n+1} = \begin{cases} 2\sin^2(x_n + r) & \text{für } [x_n + r]\, mod(2\pi) < \pi \\ 2\sin^2(x_n + r) + 1.25\, r & \text{sonst} \end{cases}$$

Bild 54:
B gegen A,
r: AABB AABB…

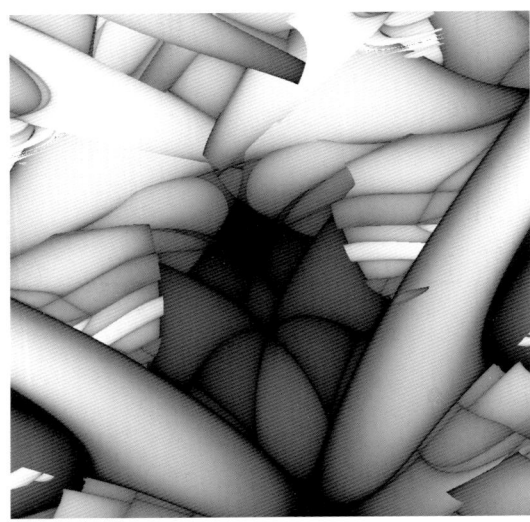

$$x_{n+1} = \begin{cases} 1{,}5\sin^2(x_n + r^2) + 0{,}6\, r & \text{\textit{für}} \;\; [x_n + r^2]\, mod\,(\pi) < \dfrac{\pi}{2} \\ 1{,}5\sin^2(x_n + r^2) & \text{\textit{sonst}} \end{cases}$$

Bild 55:
B gegen A,
r: AABB AABB…

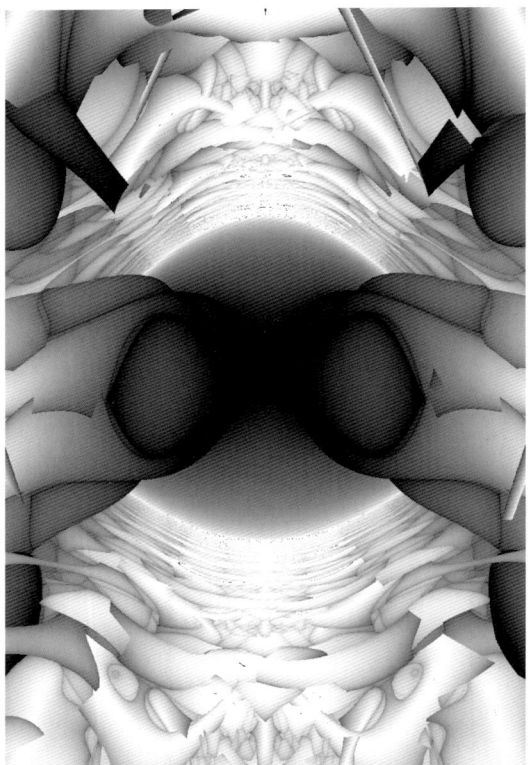

$$x_{n+1} = \begin{cases} 1{,}5\sin^2(x_n + r^2) - 1{,}25\, r & \text{\textit{für}} \;\; [x_n + r^2]\, mod\,(\pi) < \dfrac{\pi}{2} \\ 1{,}5\sin^2(x_n + r^2) & \text{\textit{sonst}} \end{cases}$$

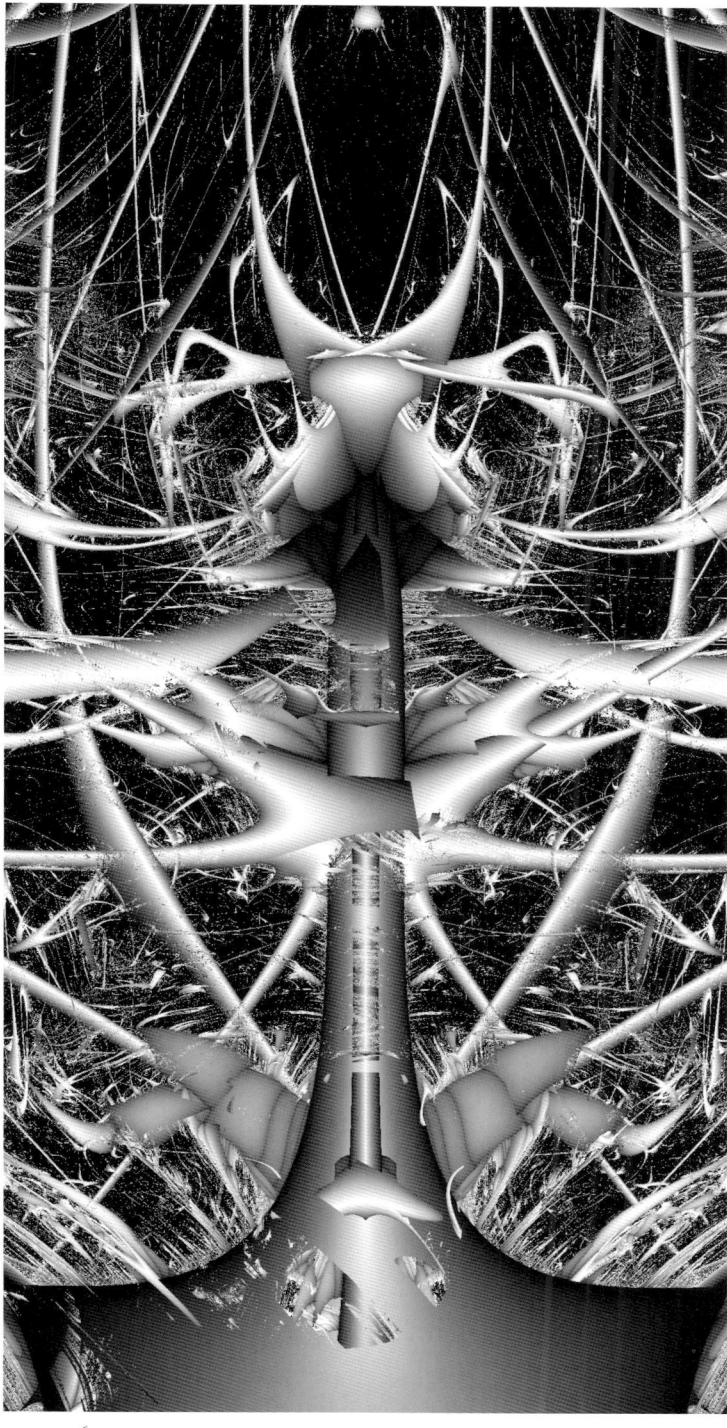

Bild 56:
B gegen A,
r: AABB AABB...

$$x_{n+1} = \begin{cases} 2{,}25 \sin^2(x_n + r^2) - r & \textit{für } [x_n + r^2] \, mod(\pi) < \dfrac{\pi}{2} \\ 2{,}25 \sin^2(x_n + r^2) & \textit{sonst} \end{cases}$$

Bild 57:
B gegen A,
r: AABB AABB…

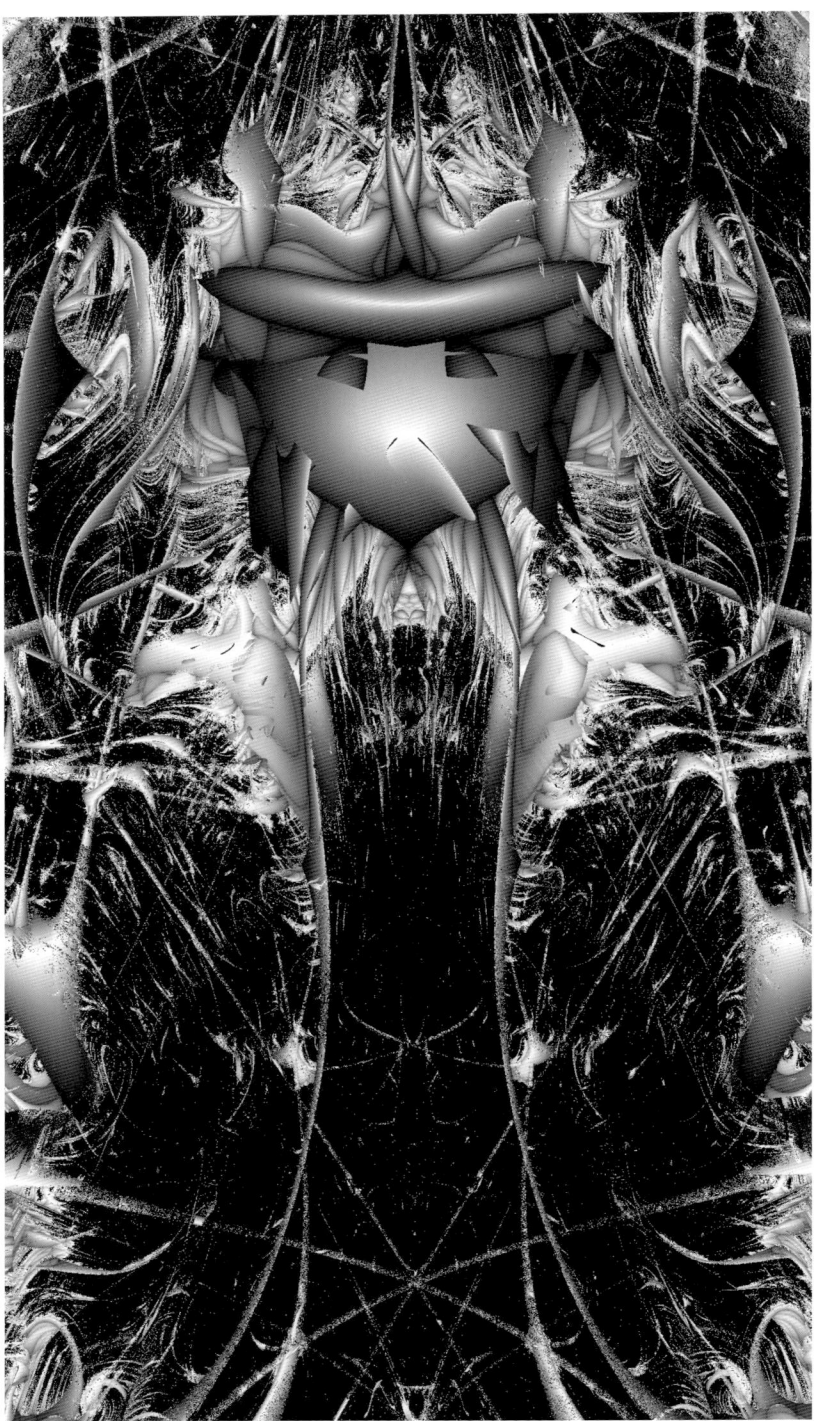

$$x_{n+1} = \begin{cases} 2{,}25\sin^2(x_n + r^2) - r & \textit{für } \; [x_n + r^2]\,mod\,(\pi) < \dfrac{\pi}{2} \\ 2{,}25\sin^2(x_n + r^2) & \textit{sonst} \end{cases}$$

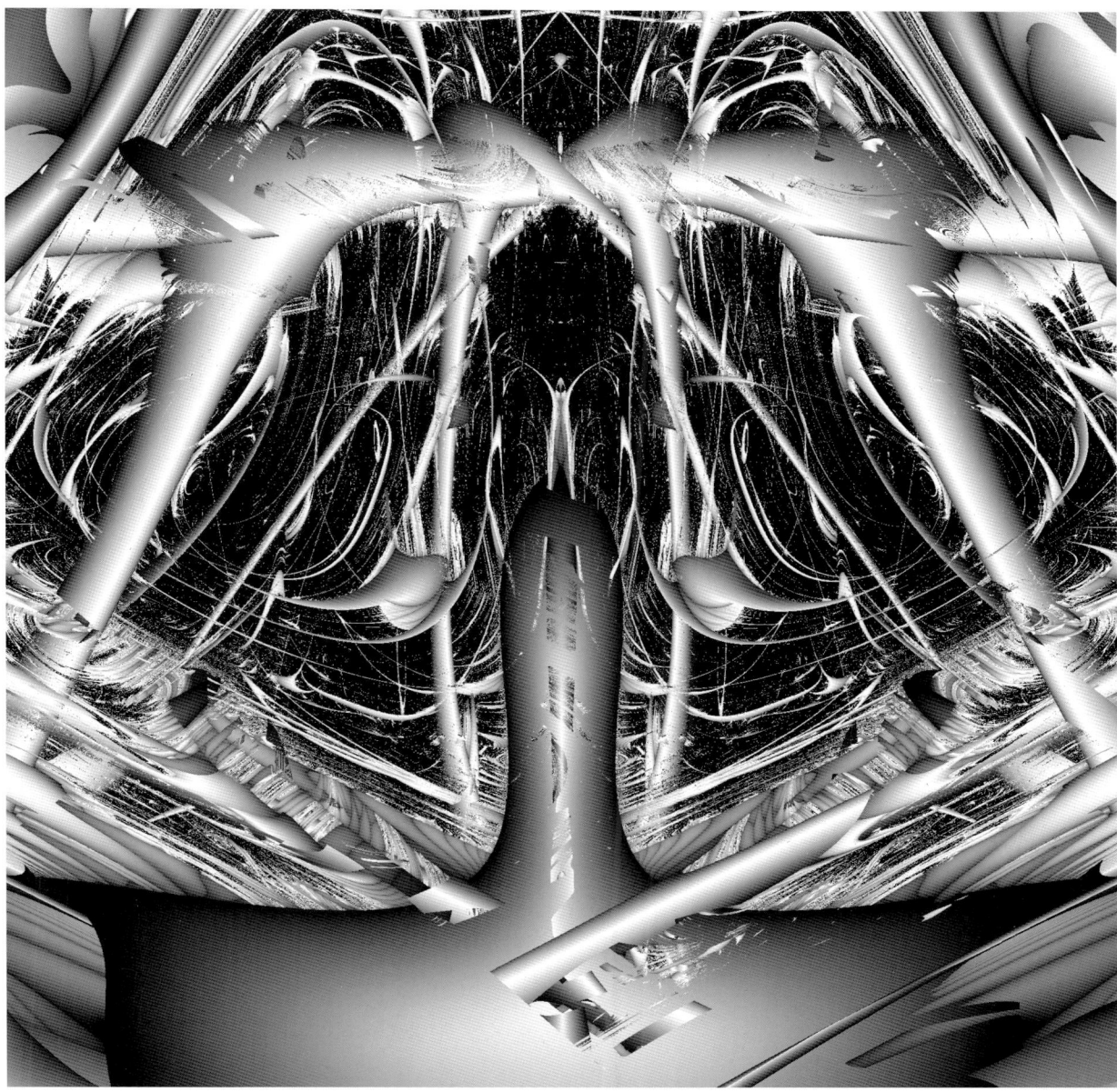

$$x_{n+1} = \begin{cases} 2\sin^2(x_n + r^2) + 0{,}7\,r & \textit{für } [x_n + r^2]\,mod(\pi) < \dfrac{\pi}{2} \\ 2\sin^2(x_n + r^2) & \textit{sonst} \end{cases}$$

Bild 58:
B gegen A,
r: AABB AABB…

Bild 59:
B gegen A,
r: AABB AABB…

$$x_{n+1} = \begin{cases} 1{,}6\sin^2(x_n + r^2) & \text{\textit{für}} \ \ [x_n + r^2]\,mod(\pi) < \dfrac{\pi}{2} \\ 1{,}6\sin^2(x_n + r^2) + 1{,}5\,r & \text{\textit{sonst}} \end{cases}$$

Bild 60:
B gegen A,
r: AAABBB AAABBB…

$$x_{n+1} = \begin{cases} 1{,}8\sin^2(x_n + r^2) & \text{für } [x_n + r^2]\,mod\,(\pi) < \dfrac{\pi}{2} \\ 1{,}8\sin^2(x_n + r^2) + 1{,}5\,r & sonst \end{cases}$$

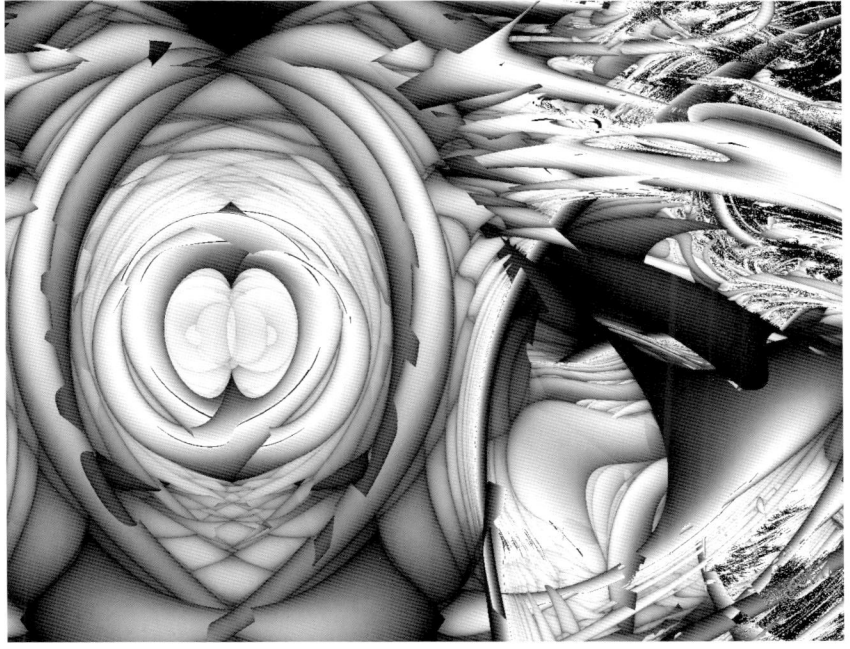

Bild 61:
B gegen A,
r: AAABBB AAABBB…

$$x_{n+1} = \begin{cases} 1{,}8\sin^2(x_n + r^2) & \text{für } [x_n + r^2]\,mod\,(\pi) < \dfrac{\pi}{2} \\ 1{,}8\sin^2(x_n + r^2) + 1{,}5\,r & sonst \end{cases}$$

Bild 62:
B gegen A,
r: AABB AABB…

$$x_{n+1} = \begin{cases} 2\sin^2(x_n + r^2) - 0{,}4\,r & \text{\textit{für} } [x_n + r^2]\,mod(\pi) < \dfrac{\pi}{2} \\ 2\sin^2(x_n + r^2) & \text{\textit{sonst}} \end{cases}$$

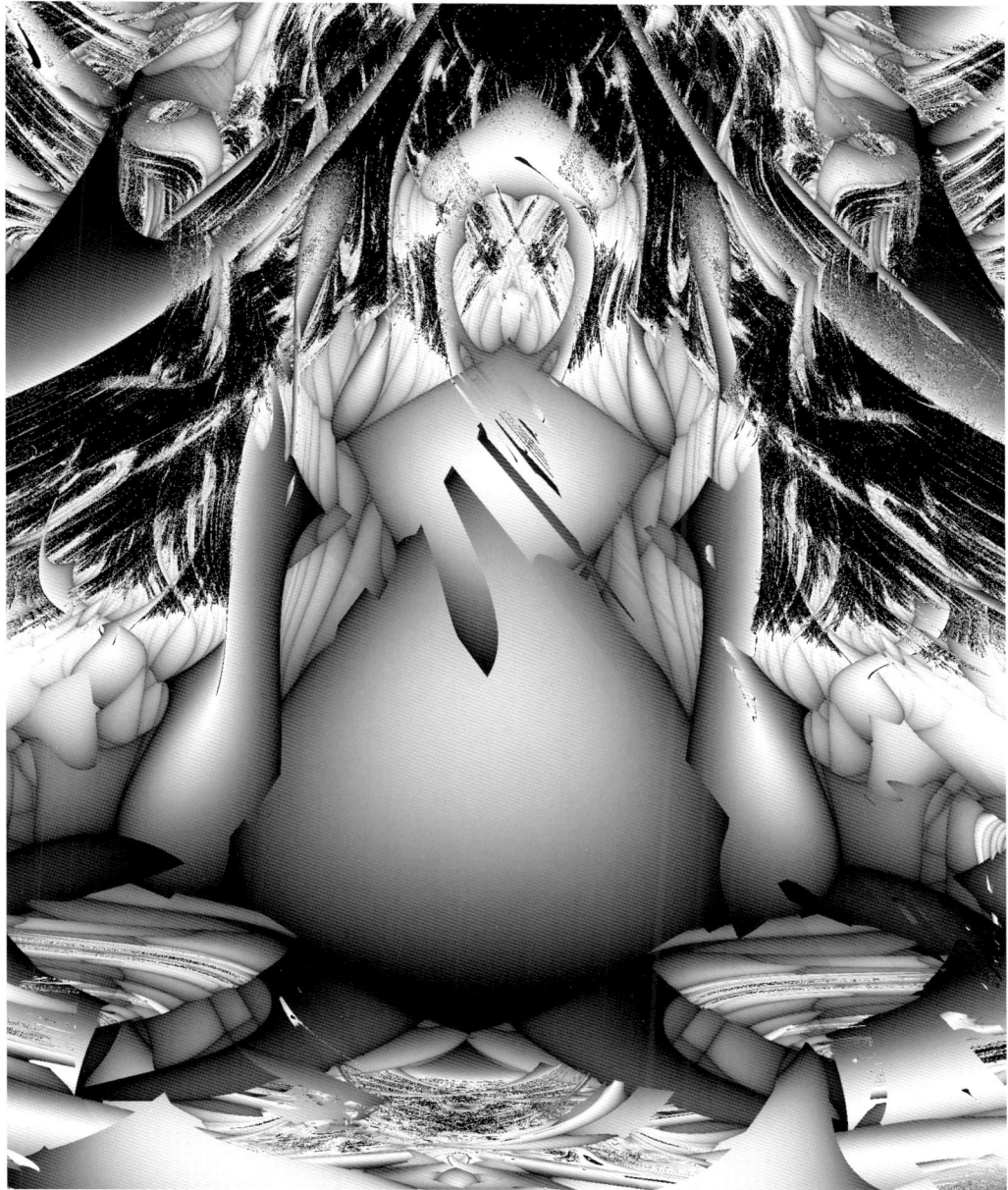

Bild 63:
B gegen A,
r: AABB AABB...

$$x_{n+1} = \begin{cases} 1{,}7\sin^2(x_n + r^2) & \textit{für } [x_n + r^2]\,mod\,(\pi) < \dfrac{\pi}{2} \\ 1{,}7\sin^2(x_n + r^2) + 1{,}5\,r & \textit{sonst} \end{cases}$$

Bild 64:
B gegen A,
r: AAABBB
AAABBB…

$$x_{n+1} = \begin{cases} 2\sin^2(x_n + r) & \textit{für } [x_n + r]\,mod(2\pi) < \dfrac{\pi}{2} \\ 2\sin^2(x_n + r) + 1{,}25\ r & \textit{sonst} \end{cases}$$

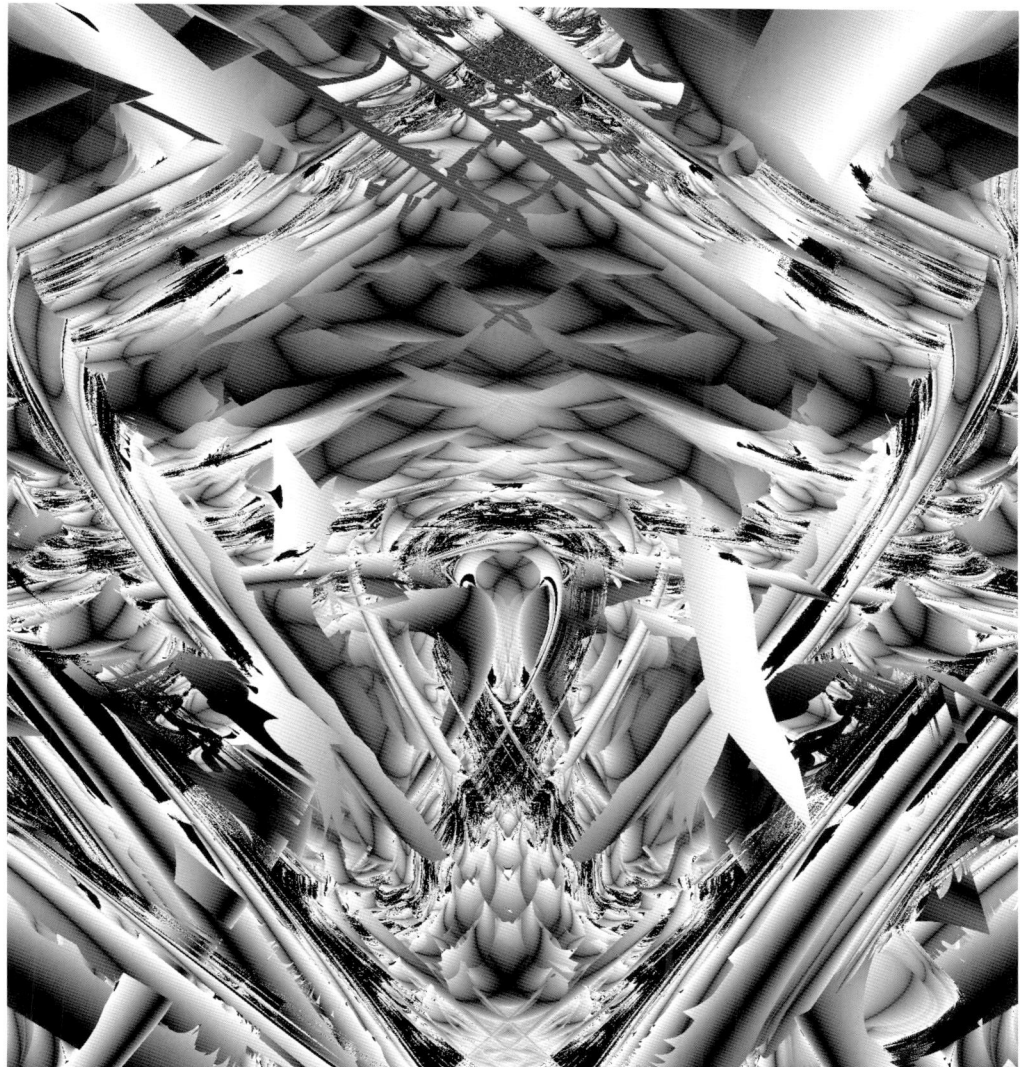

Bild 65:
B gegen A,
r: AABB AABB…

$$x_{n+1} = \begin{cases} 1{,}6\sin^2(x_n + r) & \textit{für } [x_n]\,mod(\pi) < \dfrac{\pi}{2} \\ 1{,}6\sin^2(x_n + r) - 2{,}8\,r & \textit{sonst} \end{cases}$$

Bild 66:
B gegen A,
r: AB AB…

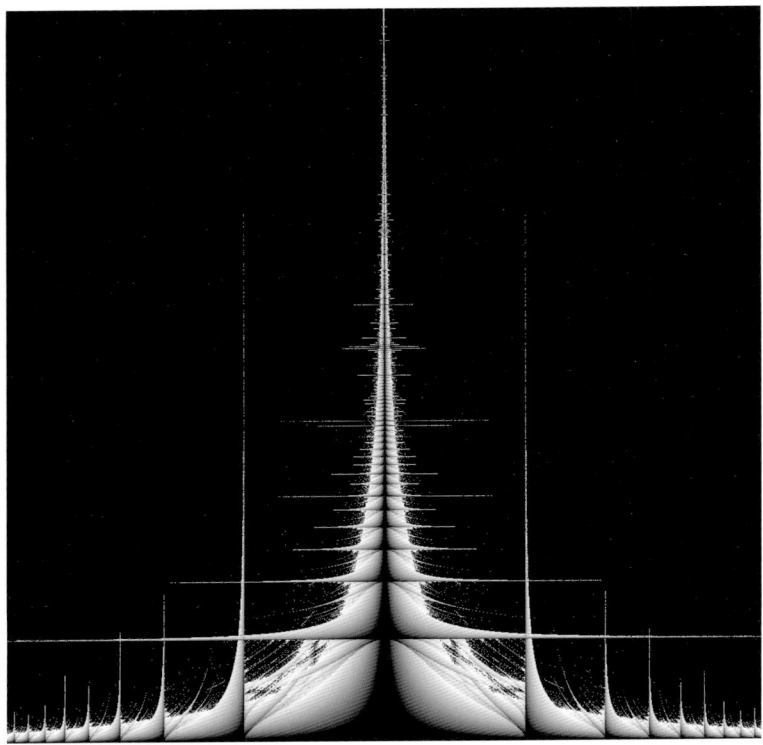

$$x_{n+1} = [\, 1,9 \cosh (r\, x_n) \,] mod (3,8)$$

Bild 67:
B gegen A,
r: AB AB…

$$x_{n+1} = [\, \cosh (r\, x_n) \,] mod \left(\frac{2}{1,9} \right)$$

$$x_{n+1} = 0{,}6\, r\, e^{\sin(1-x_n)^3 \cos(x_n-r)^2} - 1$$

Bild 68: B gegen A, *r*: AB AB…

Bild 69:
B gegen A, *r*: AB AB…

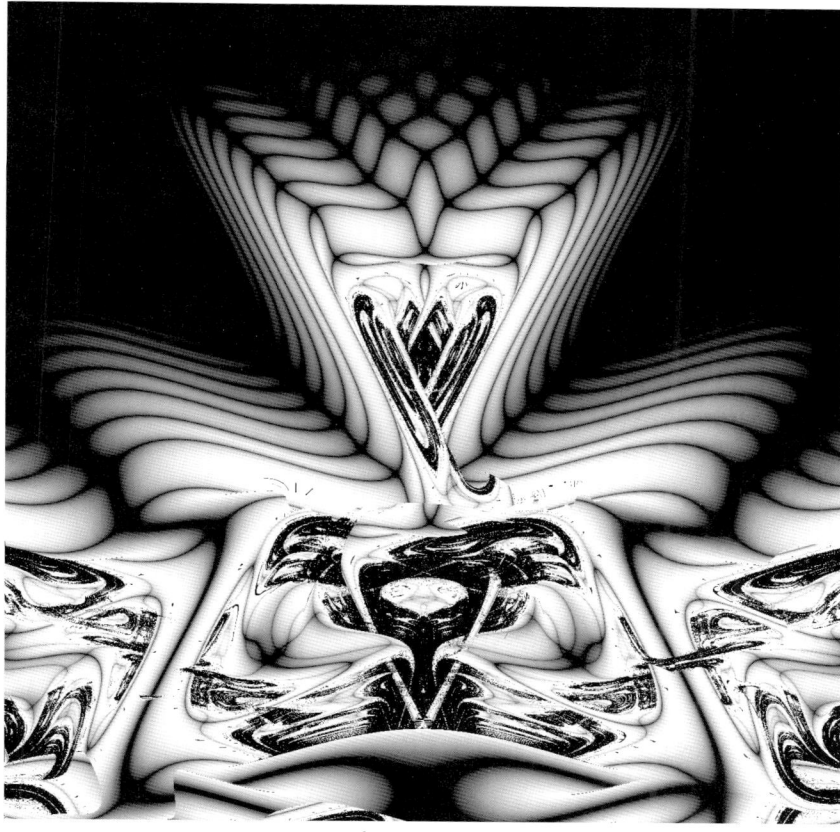

$$x_{n+1} = 3{,}2 \sin\left[(x_n - r)^3\right] e^{-(x_n - r)^2}$$

Bild 70:
B gegen A,
r: AAABBB AAABBB…

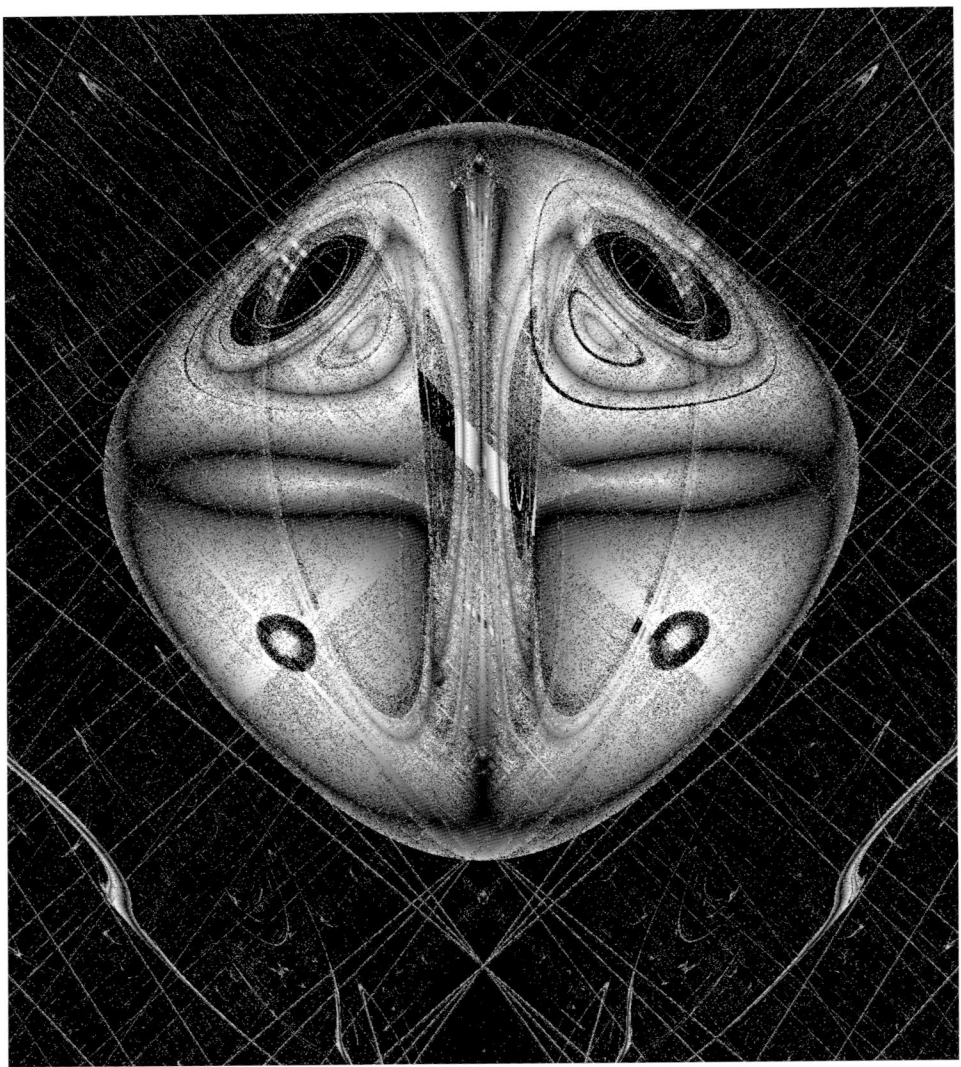

$$x_{n+1} = 4\sin^4(x_n - r)$$

$$x_{n+1} = 1{,}5\cos(x_n + r)\cos(1 - x_n)$$

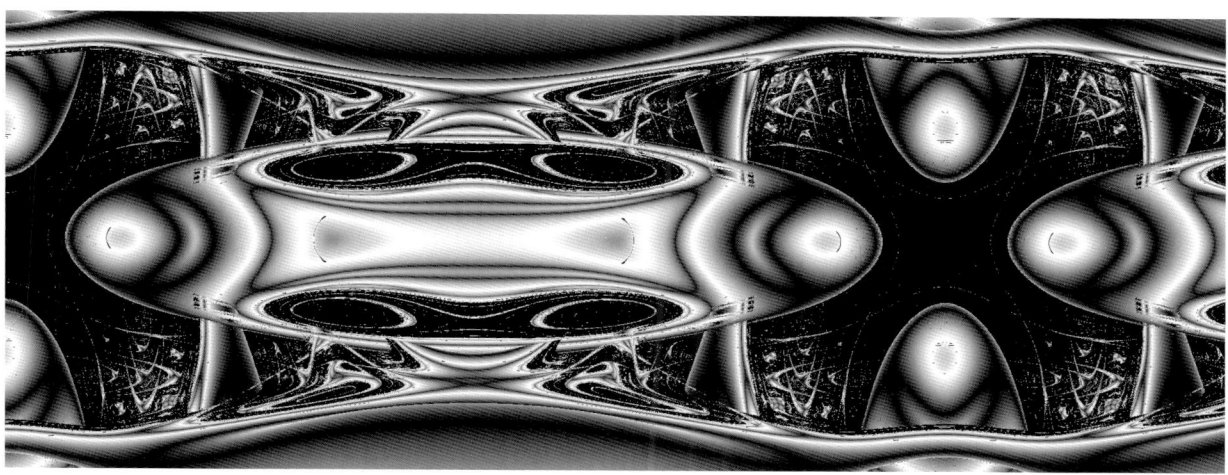

$$x_{n+1} = 1{,}5\, e^{\cos(1-x_n)+\sin(r)}$$

Bild 72: B gegen A,
r: AB AB…

Bild 73:
B gegen A,
r: AABB AABB...

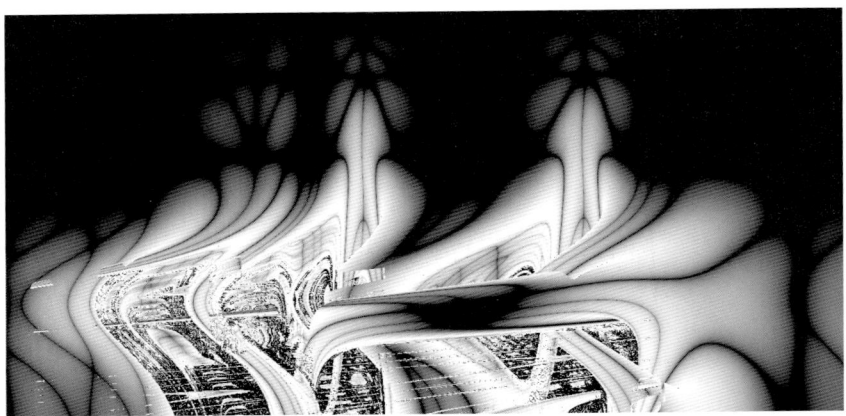

$$x_{n+1} = r\, e^{\cos^3(1-x_n)\,\sin^2(\pi-x_n)}$$

Bild 74:
B gegen A,
r: AAABB AAABB...

$$x_{n+1} = 1{,}2\,\sin(x_n)\,\sin(r_n x_n)$$

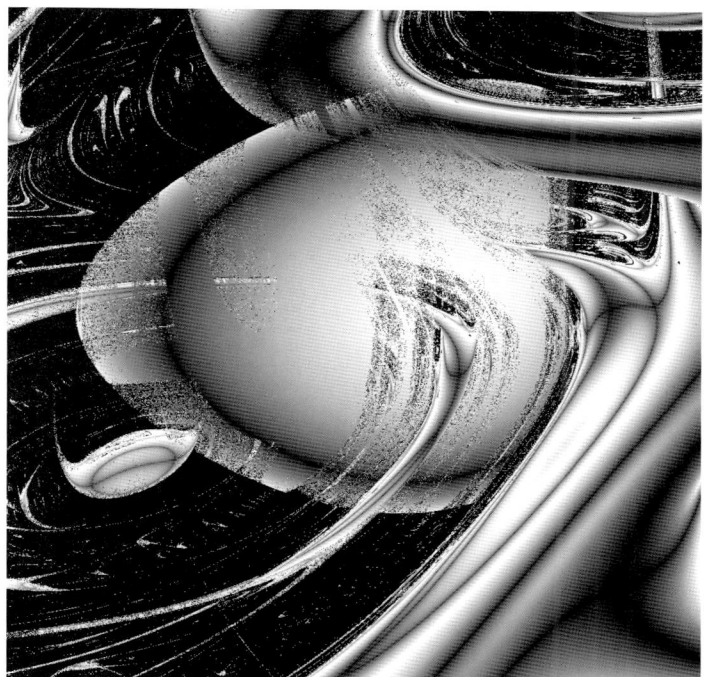

$$x_{n+1} = (1{,}1+r)\, e^{\sin(1-x_n)^3 \cos(x_n-r)^2}$$

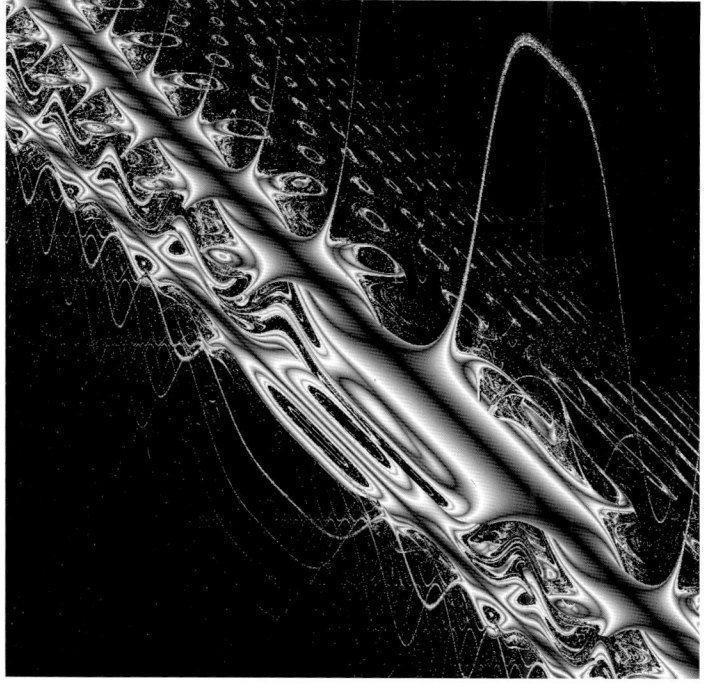

$$x_{n+1} = (b+r)\, e^{\sin(1-x_n)^3 \cos(x_n-r)^2} - 1$$

Bild 77:
B gegen A,
r: AB AB…

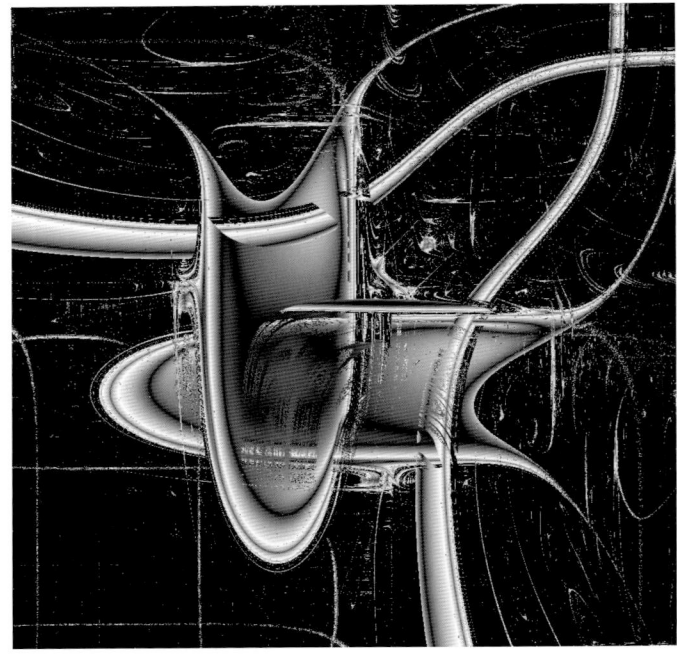

$$x_{n+1} = e^{\sin(1-x_n)^3} e^{\cos(x_n-r)^2}$$

Bild 78:
B gegen A,
r: AB AB…

$$x_{n+1} = (0{,}8 + r)\, e^{\sin(1-x_n)^3 \cos(x_n-r)^2}$$

$$x_{n+1} = 5 \cos[e^{-(x_n - r)^2}]$$

$$x_{n+1} = 0{,}75 \, e^{\sin^3(1 - x_n)} + r$$

Bild 81:
B gegen A,
r: AB AB...

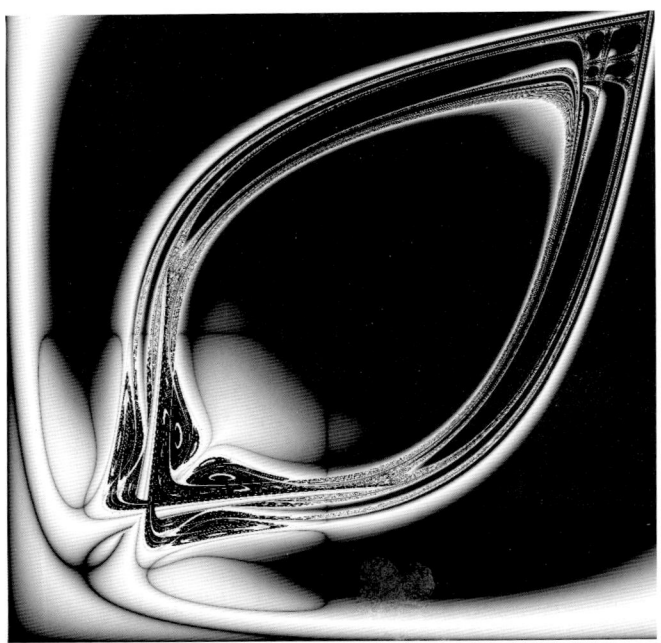

$$x_{n+1} = r\, e^{-(x_n - 1{,}2\,)^2}$$

Bild 82:
B gegen A,
r: AABB AABB...

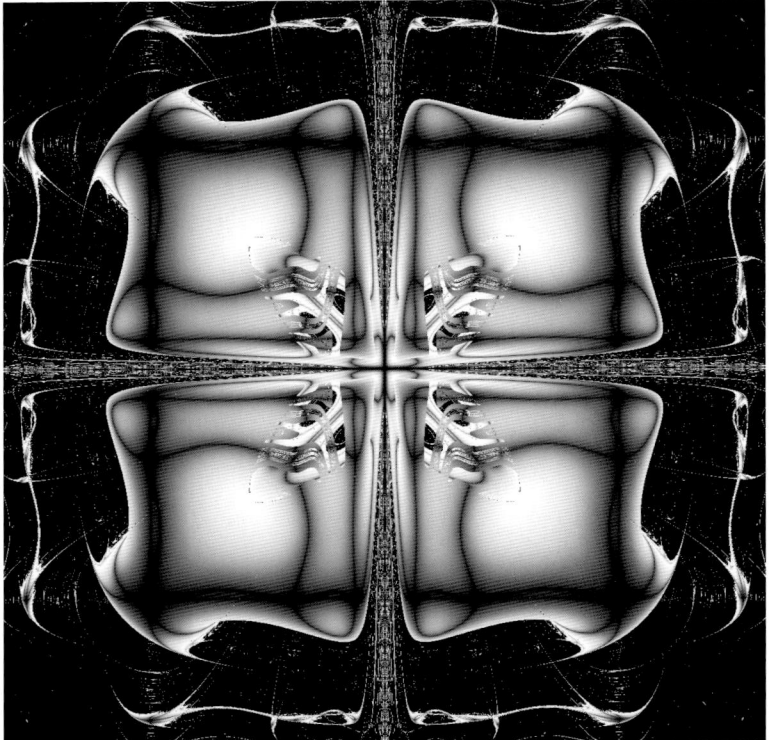

$$x_{n+1} = [0{,}1 + \sin(r\,x_n)^2]^{-1}$$

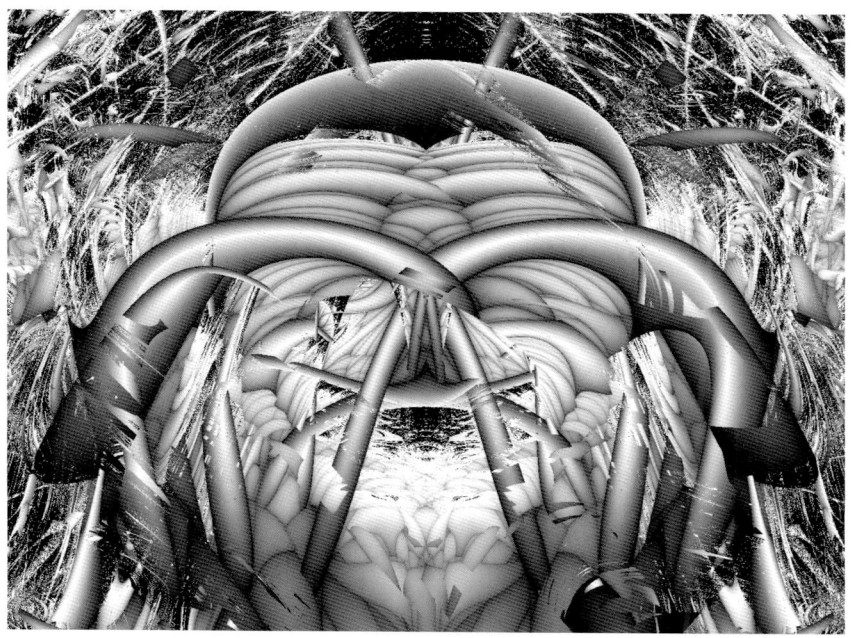

$$x_{n+1} = \begin{cases} 2\sin^2(x_n + r) - 0{,}2\,r & \textit{für } [x_n + r]\,mod(\pi) < \dfrac{\pi}{2} \\ 2\sin^2(x_n + r) & \textit{sonst} \end{cases}$$

$$x_{n+1} = \begin{cases} 2{,}25\sin^2(x_n + r) - r^2 & \textit{für } [x_n + r]\,mod(\pi) < \dfrac{\pi}{2} \\ 2{,}25\sin^2(x_n + r) & \textit{sonst} \end{cases}$$

Bild 85:
B gegen A,
r: A⁶BB A⁶BB...

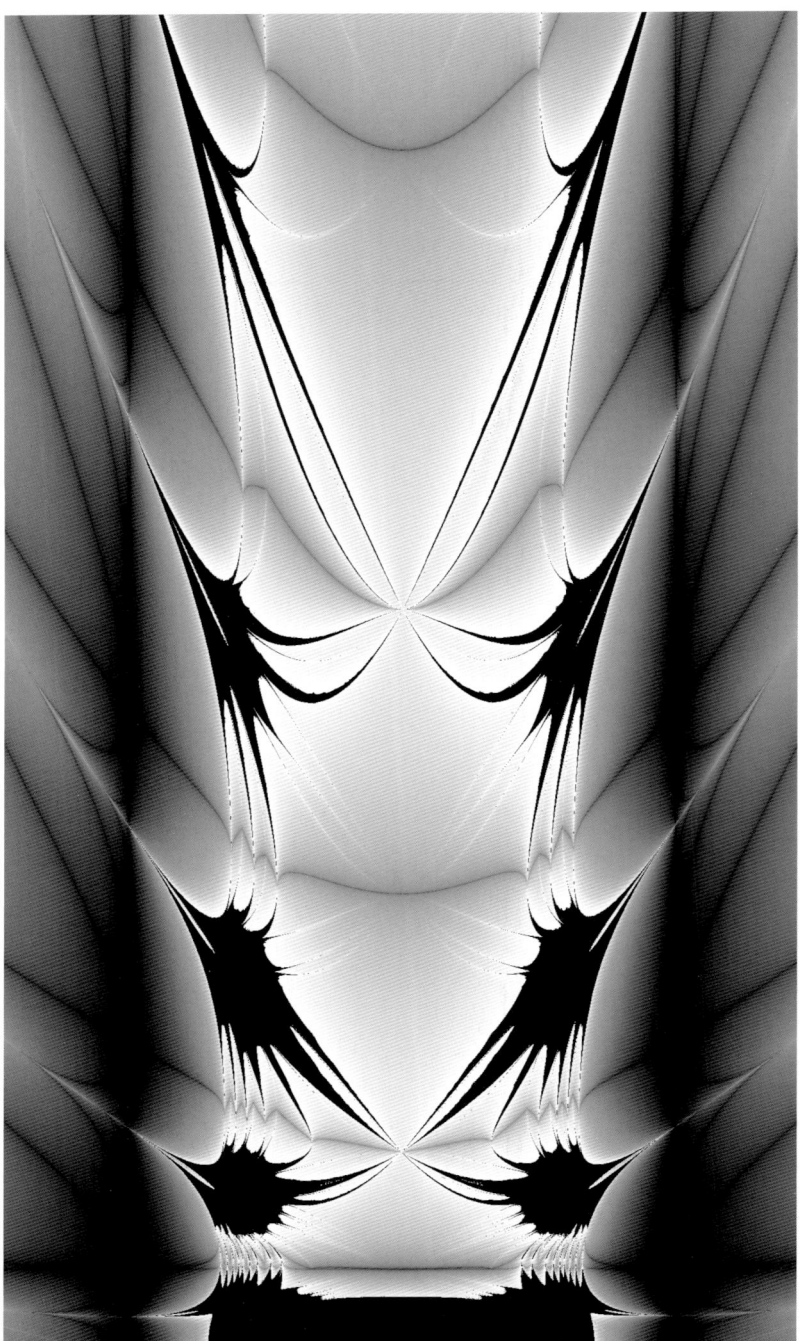

$$x_{n+1} = |\ r^2 - (x_n - 1{,}8)^2\ |^{\frac{1}{2}}$$

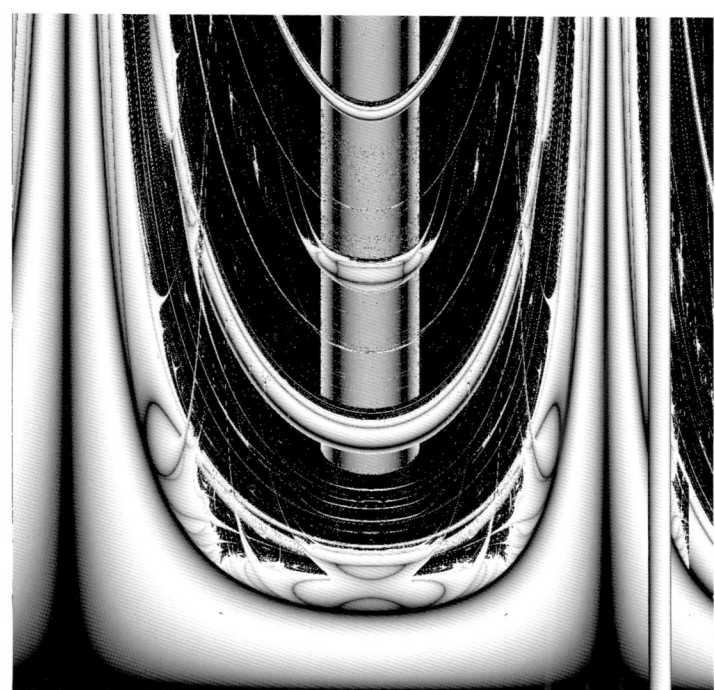

$$x_{n+1} = \begin{cases} r\sin(\pi r)\sin(\pi x_n) & \text{\textit{für}} \quad x_n > 0{,}5 \\ br\sin(\pi r)\sin(\pi x_n) & \text{\textit{sonst}} \end{cases}$$

$$x_{n+1} = r\sin(\pi r)\sin\left[\pi(x_n - 0{,}5)\right]$$

Bild 88:
B gegen A,
r: AB AB…

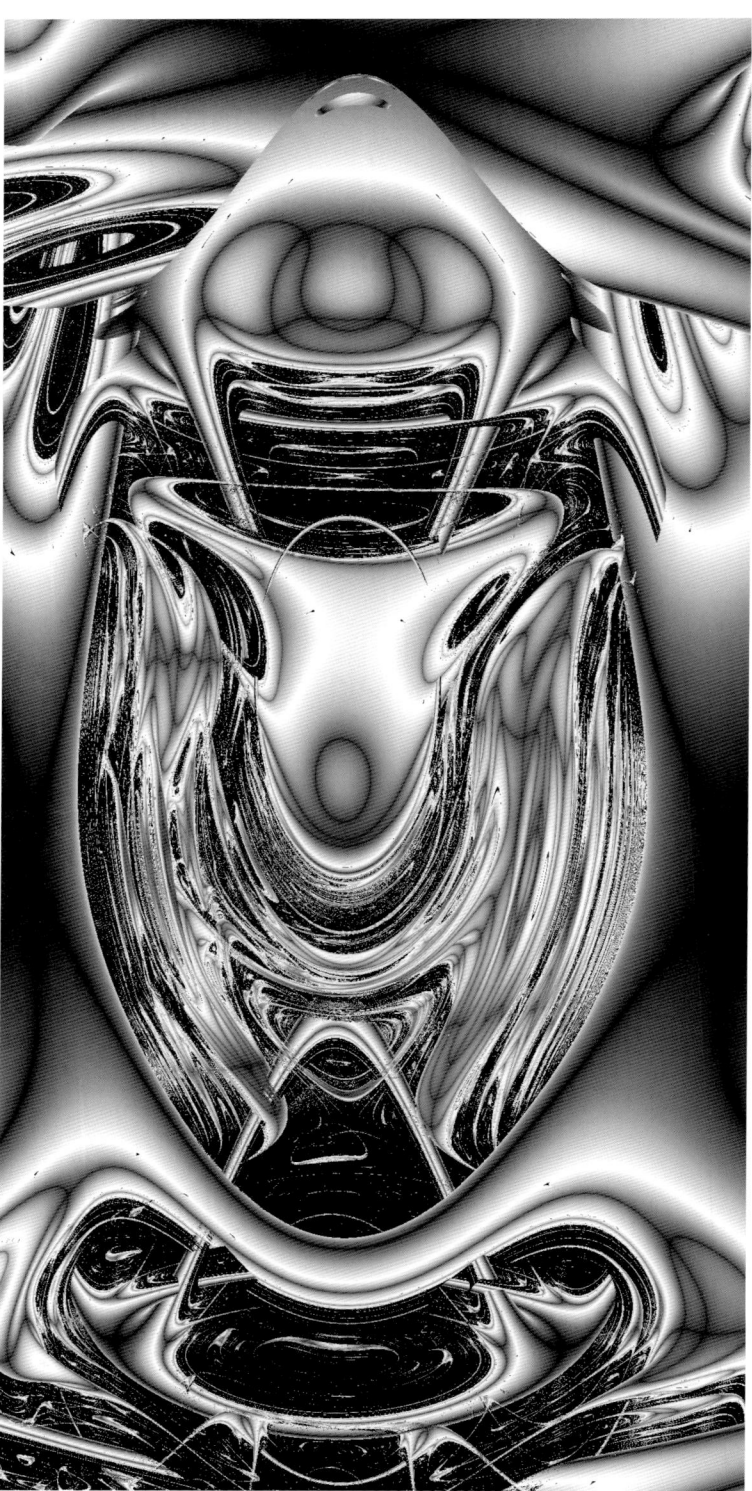

$$x_{n+1} = r \sin^2(x_n + r^2)\cos^2(x_n - r^2) - r$$

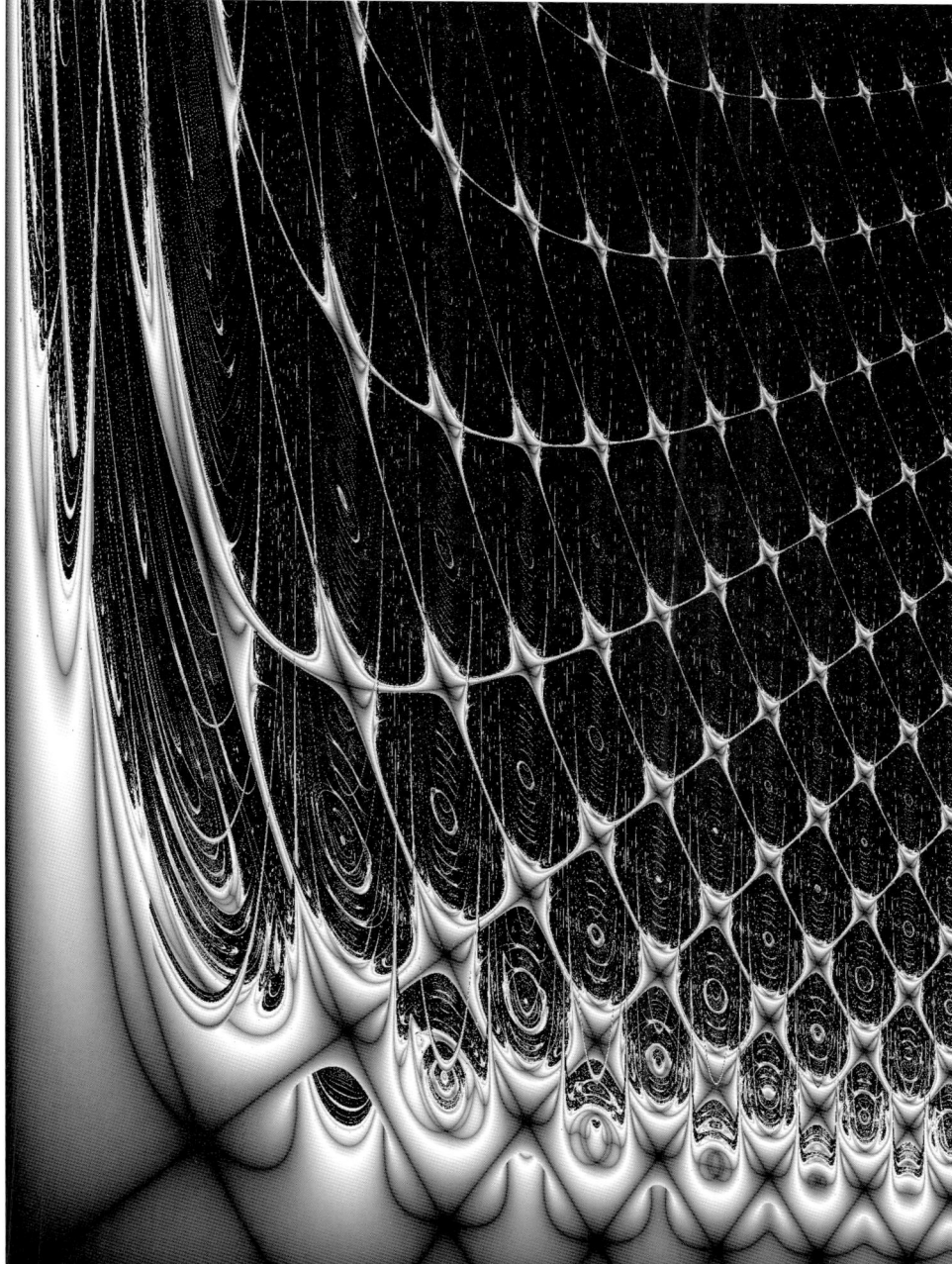

$$x_{n+1} = br\sin^2(bx_n + r^2)\cos^2(bx_n - r^2) - r$$

Bild 90:
B gegen A,
r: AB AB…

$$x_{n+1} = 0{,}9\,r\,\sin^2(0{,}9x_n + r^2)\cos^2(0{,}9x_n - r^2) - 1$$

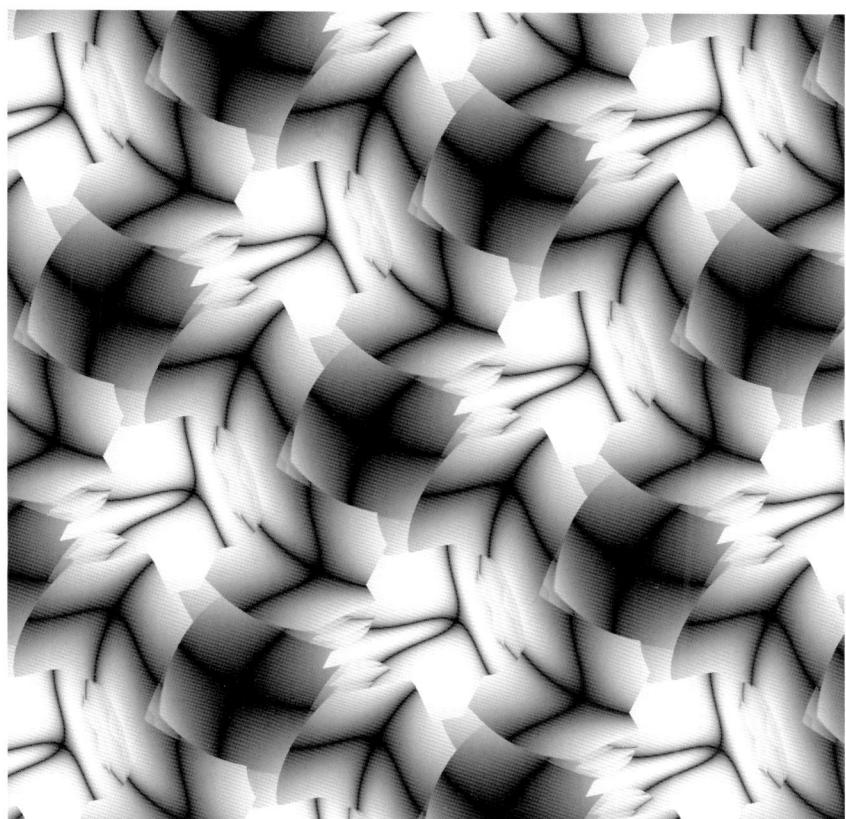

Bild 91:
B gegen A,
r: AB AB...

$$x_{n+1} = 2\,[\,2 + \sin((x_n \bmod 1) - r)\,]^{-1}$$

Bild 92:
r gegen b

$$x_{n+1} = b\,[\,2 + \sin((x_n \bmod 1) - r)\,]^{-1}$$

Bild 93:
B gegen A,
r: AB AB...

$$x_{n+1} = 0{,}2r \exp\{\exp\{\exp\{x_n^3\}\}\}$$

Bild 94:
B gegen A,
r: AB AB...

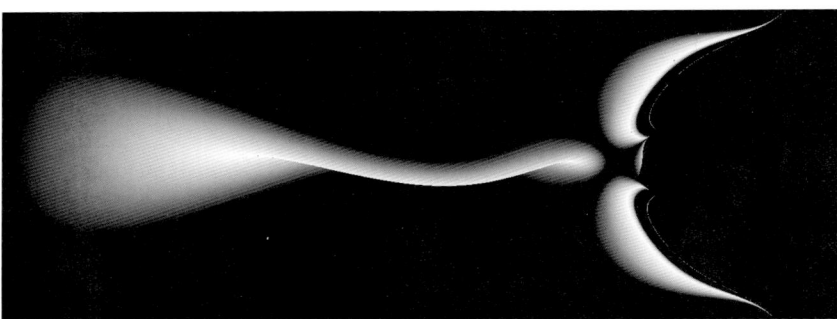

$$x_{n+1} = r \exp\{\exp\{\exp\{x_n^3\}\}\}$$

Bild 95:
B gegen A,
r: AB AB…

$$x_{n+1} = 0{,}5\, e^{\tan\,(r x_n) - x_n}$$

Kapitel 8

Formeln und Bilder mit
wissenschaftlicher Bedeutung

8.1 Der getriebene elektronische Oszillator

Im Bereich der Elektronik findet man Oszillatoren, die durch periodische Stöße getrieben (»gekickt«) werden. Solche Oszillatoren gibt
es beispielsweise in Sprach- bzw. Tongeneratoren, die zwecks Überlagerung im Takt bleiben müssen; dies kann man durch periodische
Stöße erreichen – und dabei ist es wichtig zu wissen, wann Chaos
auftritt, sonst könnte man es nicht vermeiden.

Es lässt sich die Formel herleiten, die unter Bild 96 angegeben
ist.[65] Dort ist θ_n die Phase der elektrischen Schwingung unmittelbar
nach dem n-ten Stoß. Bild 96 zeigt die Ebene, die durch die Parameter α (Stoß-Amplitude) und T (Stoß-Periode) definiert ist. Bild 97
zeigt die Wirkung einer periodischen Änderung von T bei festem
$\alpha = 0{,}7$.

$$\theta_{n+1} = \tan^{-1}\left[\frac{\sin(\theta_n + T)}{(2\alpha + \cos(\theta_n + T))}\right]$$

Bild 96: α gegen T.

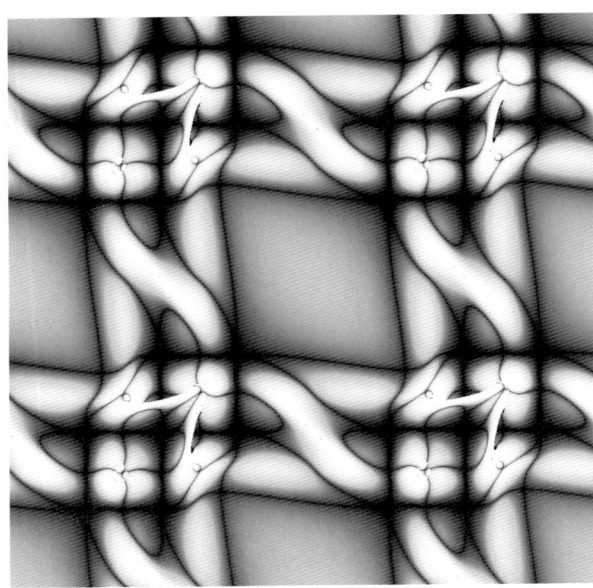

Bild 97:
Formel wie
in Bild 96.
B gegen A. :
T: AABB AABB …

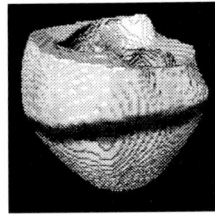

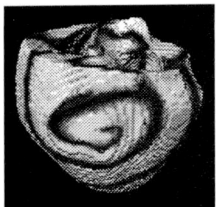

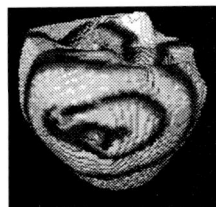

NORMALER UND GESTÖRTER
HERZRHYTHMUS
Oben: Normale Wellenfront im
Herzmuskel. Mitte: Spiralen-
förmige Wellenfront (Tachykardie).
Unten: Chaotische Front (Herz-
fibrillation). Unter den Herz-
muskelbildern (nach Arun Holden
et al.[115]) stehen die jeweiligen
EKGs (nach Daniel Kaplan et al.[116]).

8.2 Schwingungen des Herzmuskels

Der Herzmuskel wird normalerweise durch ein periodisches elektri-
sches Signal vom Sinus-Knoten getrieben. Falls diese Anregung eine
krankhaft hohe Frequenz hat, können chaotische Herzrhythmen
entstehen. Solche chaotischen Rhythmen führen zu der tödlichen
ventrikularen Fibrillation, die von Michael Guevara[66] untersucht
wurde. Er hatte gezeigt, dass die gemessene Herzdynamik durch
die Formel unter Bild 98 beschrieben werden kann. In dieser Gleichung gilt: $t_n = k_n r - x_n$. x_n ist die Dauer des Aktionspotentials in der
Membran der Herzzellen, r ist die Anregungsperiode und k_n ist die
kleinste ganze Zahl, und zwar derart, dass $k_n r - x_n > t_{min}$, wobei t_{min}
das Minimum der Relaxations-
zeit (Erholungszeit nach einem
Stoß) ist.

In Bild 98 (t_{min} gegen r) ist
$A = 270$, $B_1 = 2441$, $B_2 = 90{,}02$,
$\tau_1 = 19{,}6$, $\tau_2 = 200{,}5$. Ein periodischer Wechsel von r bei fes-
tem $t_{min} = 53{,}5$ wird in Bild 156
gezeigt.

$$x_{n+1} = A - B_1\, e^{-t_n/\tau_1} - B_2\, e^{-t_n/\tau_2}$$

Bild 98: t_{min} gegen r.

8.3 Ein Modell für den Straßenverkehr

Im Straßenverkehr wechseln sich häufig ein »passiver Zustand« (extrem langsame Bewegung) und ein »aktiver Zustand« (normale, schnellere Bewegung) ab. Solch ein Wechsel wurde von Ashok Erramilli et al.[67] mit dem sogenannten »doppelt intermittenten Modell« simuliert. Die entsprechende Formel steht bei Bild 99. Tritt der erste Fall in der Formel ein ($0 \leq x_n < d$), dann ist der Verkehr im langsamen, passiven Zustand. Bei Eintreten des zweiten Falls ($d \leq x_n < 1$) gilt der aktive Zustand, das heißt, es tritt kein Stau auf. Die Ergebnisse aus dieser Formel entsprechen tatsächlichen Beobachtungen der Verkehrsdynamik. Für das Bild 99 wurde (für $\varepsilon_1 = \varepsilon_2 = 0{,}3$ und $m = 3{,}1$) der Parameter d periodisch verändert.

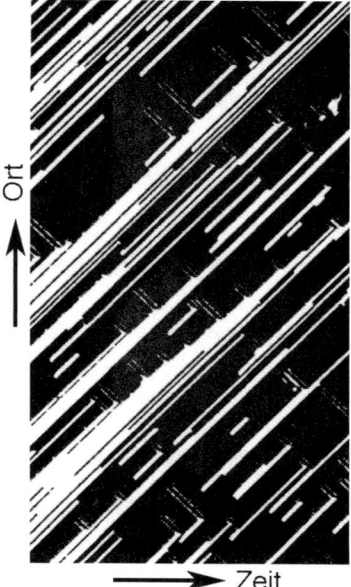

Computersimulation von
VERKEHRSCHAOS:
Regionen mit Autos im Stau sind schwarz angegeben. Weiße Regionen sind autofrei. (nach Takashi Nagatani[117])

Bild 99:
B gegen A.
Links d: AB AB....
Rechts d: AABB AABB...

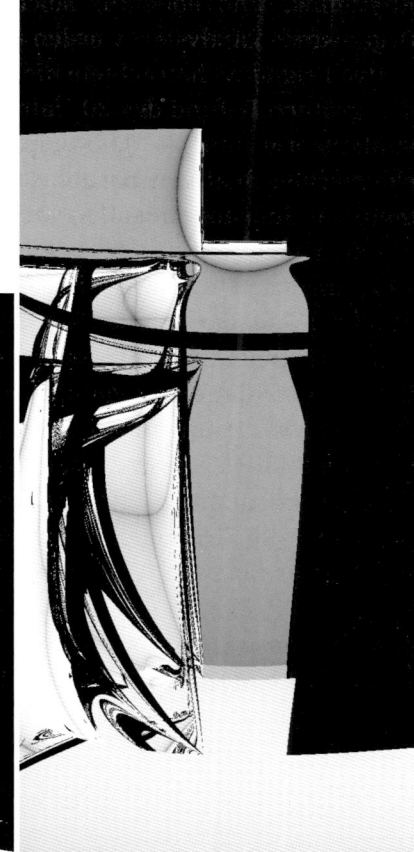

$$x_{n+1} = \begin{cases} \varepsilon_1 + x_n + ((1-\varepsilon_1-d)/d^m)x_n^m & 0 \leq x_n < d \\ -\varepsilon_2 + x_n + ((\varepsilon_2-d)/(1-d)^m)(1-x_n)^m & d \leq x_n < 1 \end{cases}$$

Durch die BELOUSOV-ZHABO-
TINSKY-REAKTION entstehen in
einer Schale (6 cm Durchmesser)
konzentrische Wellen (oben) und
Spiralwellen (unten).

ILYA PRIGOGINE (1917–2003)
begründete die Theorie der biologischen SELBSTORGANISATION.
Er erhielt 1977 den Chemie-Nobel-
preis. Beeindruckt von der Entdeckung chaotischer Schwingungen in der Biologie, katapultierte
Prigogine den Autor dieses
Buches zu einer Professur. Zu
den computergenerierten Bildern,
die in diesem Buch gezeigt
werden, schrieb Prigogine:
»Die Wissenschaft hat die Träume
des Menschen wiederentdeckt,
und die Kunst ... beschreibt eine
Kosmologie, in welcher die Zeit
in der Materie eingefangen ist.«[1]

8.4 Die Belousov-Zhabotinsky-Reaktion

1950 entdeckte der sowjetische Biophysiker Boris Belousov (1893
bis 1970) ganz zufällig, während er Stoffwechselexperimente durch-
führte, dass eine chemische Reaktion periodisch schwingen kann.
Sein Bericht wurde von wissenschaftlichen Zeitschriften abgelehnt,
und zwar mit der Begründung, dass eine Reaktion in ihr (statisches)
chemisches Gleichgewicht laufen muss. Nachdem sich Belousov aus
der Wissenschaft zurückgezogen hatte, nahm 1961 sein Student
Anatol Zhabotinsky (1938–2008) diese Untersuchungen wieder auf
und konnte das Phänomen reproduzieren, jedoch wurden solche
Schwingungen erst 1968 auf einer Konferenz in Prag von den Kollegen weltweit anerkannt. Man spricht seitdem von der Belousov-
Zhabotinsky-Reaktion und nennt diese Schwingungen im Allgemeinen »chemische Uhren«. Biorhythmen, wie etwa der Wach-Schlaf-
Rhythmus, sind ebenfalls solche »Uhren«, die von Enzymen im
Organismus katalysiert werden (vgl. 4.1).

Ilya Prigogine betrachtete die Belousov-Zhabotinsky-Reaktion als
den größten Befund des 20. Jahrhunderts[105] – größer als die Relati-
vitätstheorie und die Quantenphysik –, denn die Erklärung dieser
chemischen Reaktion beruht auf jenen Prinzipien, die ganz allgemein der Selbstorganisation von Lebewesen zugrunde liegen.

Experimente mit der Belousov-Zhabotinsky-Reaktion wurden
1981 in der Gruppe von Harry Swinney[68] (Austin, Texas) derart
durchgeführt, dass die Reaktionspartner (Malonsäure, Natriumbro-
mat, Natriumbromid, Schwefelsäure und Ferroin) mit der gleichen
Rate in eine Kammer zugeführt wurden, wie die Lösung daraus ent-
fernt wurde. Dadurch konnte man die Bedingungen in der Kammer
konstant halten. Zu ihrer Überraschung fanden die Forscher heraus,
dass bei bestimmten »Aufenthaltszeiten« τ (τ = Kammervolumen/
Flussrate) die Schwingungen chaotisch wurden, das heißt, die chemische Uhr tickte mit unvorhersagbaren Perioden und Amplituden.
Später fand man,[69] dass diese Verhaltensweise mit einer Formel
beschrieben werden kann, wie sie unter Bild 157 steht. In diesem
wurde $b = 0{,}0232885279$ und $c = 0{,}063633 + 0{,}1137635r$ gesetzt.

8.5 Das internationale Wettrüsten

1984 präsentierte die renommierte Zeitschrift *Nature* ein einfaches
verblüffendes Modell von Alvin Saperstein über die Entstehung von
Kriegen.[70] In diesem Modell wurde angenommen, dass ein bilatera-
les Wettrüsten in Etappen stattfindet. Diese Etappen, die mit ganzen

Zahlen bezeichnet werden, können aufeinanderfolgende Jahre oder Haushaltszyklen sein. Die Anteile des Etats, welche jedes Land für Verteidigungszwecke zur Verfügung stellt, wurden mit x_n und y_n bezeichnet. Man traf auch die Annahme, dass x_{n+1} proportional zu y_n und y_{n+1} proportional zu x_n ist, denn die Mittel, die man für die nächste Etappe zur Verfügung stellt, hängen vom Wissen über den Feind in der aktuellen Etappe ab. Ferner nahm man x_{n+1} als proportional zu $1-y_n$ (und umgekehrt) an, denn die Bedrohung hängt davon ab, welchen Anteil am Etat der Feind für Rüstung noch übrig hat. (Im Extremfall: Falls ein Land in der aktuellen Etappe seinen ganzen Etat für Rüstung ausgibt, wird es in der nächsten Etappe kein Geld mehr dafür haben.) Aufgrund dieser Überlegungen erhielt Saperstein die Formeln neben Bild 100. Die Parameter r und b wurden von ihm für verschiedene europäische Länder in den 30er Jahren abgeschätzt, und so fand er genau für jene Länderpaare Chaos (instabiles Verhalten), die später zu Kriegsgegnern wurden. Im Unterschied dazu fand er stabiles Verhalten zum Beispiel für das Länderpaar Sowjetunion/USA im Jahr 1984.

Bild 100 gilt für alternierendes r bei festem b = 3,865. Dieses Bild zeigt sehr nahe beieinander liegende Regionen der Instabilität (schwarz) und der Stabilität (heller). Mit anderen Worten: Unvorhergesehene Fluktuationen machen es extrem schwierig zu behaupten, dass eine aktuelle friedliche Situation stabil sei.

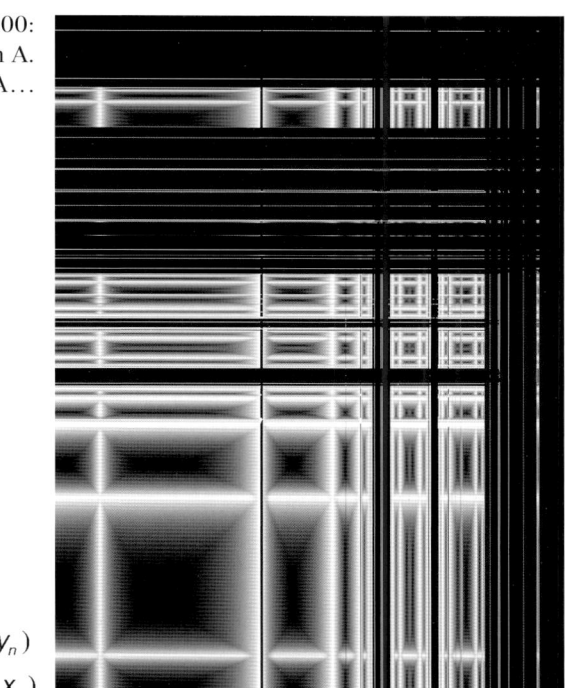

Bild 100:
B gegen A.
r: BA BA...

$$x_{n+1} = r\,y_n(1-y_n)$$
$$y_{n+1} = b\,x_n(1-x_n)$$

8.6 Verflochtene Märkte

Shahriar Yousefi et al.[71] untersuchten Märkte für zwei Güter, welche
die Bedingung der »perfekten Ersetzbarkeit« erfüllen. Diese Bedingung besagt, dass Güter einer Art und aus einem Land vollkommen
durch die gleiche Art von Gütern aus einem anderen Land ersetzt
werden können. Sie erhielten die Formeln, wie sie neben Bild 101
stehen. x_n und y_n sind proportional zu den Preisen der Güter. μ_1 und
μ_2 sind komplizierte Funktionen der Stückkosten, Steuern usw., die
als fix angenommen werden. γ_1 und γ_2 sind Parameter, die von der
Handelspolitik abhängen. Hier wird der symmetrische Fall, also
$\gamma_1 = \gamma_2$, $\mu_1 = \mu_2$, angenommen. Dies bedeutet, dass Preise sowie Werte,
die sich aus der Innen- und der Außenpolitik ergeben, für beide
Länder gleich sind, beispielsweise in einer Föderation von Ländern.
Shahriar Yousefi und seine Kollegen fanden heraus, dass es unter
solchen symmetrischen Bedingungen bei bestimmten Parametern
zu $x_n = y_n$, das heißt zu einer volkswirtschaftlichen Verschmelzung
kommen kann. Bei anderen Parametern ist diese Verschmelzung
instabil, das heißt, kleinste Störungen führen zu Abweichungen zwischen x_n und y_n; dabei kann die Dynamik der x_n und y_n periodisch,
also vorhersagbar, oder chaotisch sein. Interessant ist auch, dass es
bei gleichen Anfangsbedingungen (z. B. $x_0 = y_0 = 0{,}4$) zur Synchroni-
sation mit einem Verhalten ähnlich der logistischen Gleichung (vgl.
7.2) kommt; bricht man die Symmetrie am Anfang (z. B. durch $x_0 =$
$0{,}4001$ und $y_0 = 0{,}3999$), so kommt es zu neuartigem Verhalten, wie
in Bild 101 dargestellt. Dieses Bild zeigt Chaos und Periodizität aus
diesen Gleichungen für $\gamma_1 = \gamma_2 = 0{,}43$ und periodisch veränderliches μ.

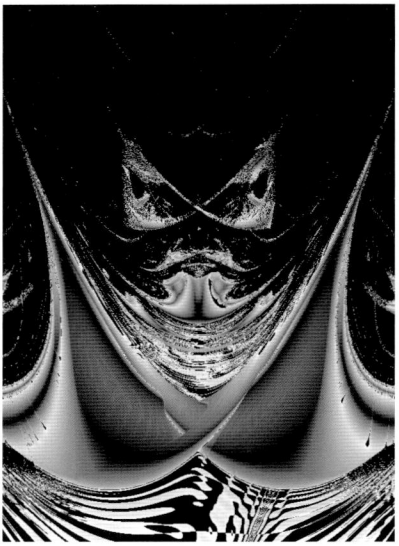

Bild 101:
B gegen A.
$\mu = \mu_1 = \mu_2$: BA BA...

$$x_{n+1} = \mu_1 x_n (1 - x_n) + \gamma_1 y_n$$

$$y_{n+1} = \mu_2 y_n (1 - y_n) + \gamma_2 x_n$$

8.7 Unsymmetrischer wirtschaftlicher Wettbewerb

Das mikroökonomische Modell von Gustav Feichtinger[72] beschreibt die Wechselwirkung zweier Firmen X und Y mit Jahresumsätzen x_n und y_n, die auf dem gleichen Markt konkurrieren. Die Firmen investieren nach unterschiedlichen Strategien: X investiert, sofern sie Y gegenüber im Vorteil ist, während Y investiert, wenn sie sich gegenüber X nicht im Vorteil befindet. Das Modell liefert die Formeln unter Bild 102. Die Konstanten $1 - \alpha$ und $1 - \beta$ sind die Verkaufsminderungsraten beider Firmen, falls sie nicht investieren. c (die sogenannte Elastizität) ist eine große Zahl (etwa tausendmal größer als x_n und y_n), die als Schalter zwischen den Fällen $x_n < y_n$ und $x_n > y_n$ wirkt. Im letzteren Fall investiert X bzw. Y nahezu a bzw. b. Es wurde gezeigt, dass notwendige Bedingungen für das Auftreten von Chaos, also von Unvorhersagbarkeit, $\alpha < \beta$ und $a < b$ sind. Bild 102 gilt für $\alpha = 0{,}46$, $\beta = 0{,}7$, $c = 105$ und $b = 4$.

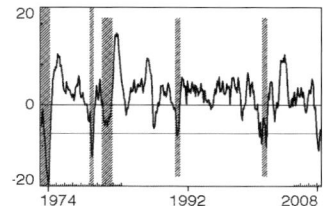

CHAOTISCHE WIRTSCHAFTSZYKLEN
Das Diagramm zeigt das Wirtschaftswachstum (weekly leading index) der USA (in Prozent) zwischen 1974 und 2008. Die vertikalen Balken bezeichnen Perioden der Rezessionen (Bild aus: www.businesscycle.com).

$$x_{n+1} = (1 - \alpha)\, x_n + a/[1 + e^{-c(x_n - y_n)}]$$

$$y_{n+1} = (1 - \beta)\, y_n + b/[1 + e^{-c(x_n - y_n)}]$$

Bild 102:
B gegen A.
a: AABAB AABAB…

→| |← 5 cm

DUNGENESS-KRABBE
(Cancer magister), sie misst
bis zu 25 cm.
(Foto: California Department of Fish
and Game)

KRABBEN-FALLE
(Bild: California Department of Fish
and Game)

8.8 Ökonomisch-ökologische Rückkopplung in der Fischerei

Alan Berryman von der Washington State University untersuchte die Wechselwirkungen zwischen Investitionen in die Krabbenfischerei und den Krabbenbestand.[73] Genauer gesagt, er analysierte Aufzeichnungen aperiodischer Bestände der »Dungeness«-Krabbe in Nordkalifornien zwischen 1950 und 1978. Die folgenden Wechselwirkungen finden statt: (1) Konkurrenz zwischen den Krabben vermindert die Vermehrung. (2) Erfolg in der Krabbenernte in einem Jahr erhöht die Investitionen in Krabbenfallen für das nächste Jahr. (3) Falls die Zahl der Fallen zu groß wird, wird ein Teil davon weggenommen.

Das Modell von Berryman ergibt die Formeln neben Bild 103. D_n ist die Biomasse der Krabben und P_n die Zahl der aufgestellten Fallen. $b_D < 0$ und $b_P < 0$ entsprechen Selbsthemmungen von D_n und P_n. $c_D < 0$ entspricht der Krabbenernte mit Fallen. $c_P > 0$ steht für die Investition in neue Fallen nach erfolgreicher Ernte. $a_P > 0$ beschreibt das Investitionswachstum unabhängig vom Erfolg. $a_D > 0$ entspricht der natürlichen Vermehrungsrate der Krabben.

In Bild 103 ist a_P gegen a_D aufgetragen, wobei $b_D = -0{,}005$, $c_D = -0{,}05$, $b_P = -0{,}04$, $c_P = 0{,}007$. Man beachte, dass man aus einem solchen Bild den Einfluss der Fischereistrategie auf die Voraussagbarkeit des Ökosystems ablesen kann.

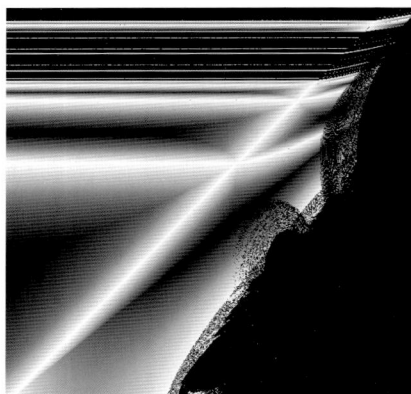

Bild 103:
a_P gegen a_D.

$$D_{n+1} = D_n\, e^{a_D + b_D D_n + c_D P_n}$$

$$P_{n+1} = P_n\, e^{a_P + b_P P_n + c_P D_n}$$

8.9 Laserpulse in einem Ringresonator

In diesem Abschnitt betrachten wir die zeitlichen Veränderungen eines Laserpulses in einem Ringresonator, wie er in Abbildung 104 schematisch dargestellt ist.[74] Als dieser Resonator in den 1970er Jahren entwickelt wurde, war im Labor auftretendes Chaos, also unvorhersagbares Verhalten, eine beachtenswerte Rarität. Umso erstaunlicher war die Erkenntnis, dass es eine Anordnung gibt, nämlich diesen Resonator, in der Licht chaotisch pulsiert.

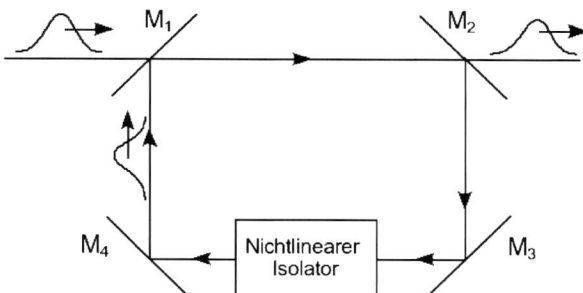

Abb. 104: Schema der Trajektorie eines Laserpulses in einem Ringresonator.

Ein Lichtpuls trifft auf den Halbspiegel M_1. Amplitude A_n und Phase φ_n rechts neben M_1 sind durch die komplexe Zahl $z_n = x_n + iy_n = A_n \exp(i\,\varphi_n)$ definiert, wobei n die Zahl der Rundgänge des Pulses im Resonator ist. Kensuke Ikeda[74] hat hierfür die Formel entwickelt, die unter Bild 105 steht. B ist der Energieanteil, der von den Spiegeln M_1 und M_2 durchgelassen wird. Es wurde angenommen, dass M_3 und M_4 100% des Lichtes reflektieren. K ist die Phasenverschiebung pro Rundgang in Abwesenheit des Isolierstoffes. $-\frac{\alpha}{1+|z_n|^2}$ ist die Phasenverschiebung (zeitliche Verzögerung) durch den Isolator. Das Bild 105 zeigt α gegen B für $p = 1$ und $K = 0,4$ (Werte wie bei Henry Abarbanel et al.[102]).

Bild 105:
α gegen B.

$$z_{n+1} = p + Bz_n \exp\left[iK - i\,\frac{\alpha}{1+|z_n|^2}\right]$$

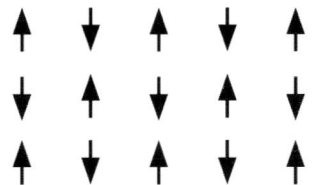

ANTIFERROMAGNETISMUS
ist eine Eigenschaft von Stoffen,
bei der sich die Spins der Atome
(unterhalb der sog. NÉEL-Temperatur) in räumlich wechselnden
Richtungen anordnen; dadurch
verschwindet die Gesamtmagne-
tisierung (Beispiel: Chromoxid
unterhalb von 34 °C). Bringt man
aber einen Magneten in die Nähe,
dann kommt es zu einer Konkurrenz zwischen Gleichrichtung benachbarter Spins (aufgrund des
Magneten) und den räumlich
wechselnden Richtungen.

LOUIS NÉEL (1904–2000),
der Entdecker des ANTIFERRO-
MAGNETISMUS

8.10 Periodisch getriebene Elemente eines antiferromagnetischen Gitters

Leonardo Angelini[75] untersuchte Antiferromagnetismus in einem Gitter und stellte dabei eine Gleichung für das Verhalten eines einzelnen Gitterelementes auf, wie sie unter Bild 106 steht. Magnetische Phänomene werden dadurch beschrieben, dass das Vorzeichen von x_n den Spin des Gitterelementes angibt. Die Spins können stationär sein bzw. periodisch oder chaotisch umklappen, wenn durch ein äußeres Magnetfeld eine Konkurrenz zwischen paralleler und antiparalleler Anordnung benachbarter Spins entsteht. Louis Néel erhielt 1970 den Nobelpreis für seine Untersuchungen magnetischer Phänomene, insbesondere für die Entdeckung des Antiferromagnetismus. Er fand heraus, dass das Phänomen unterhalb einer bestimmten Temperatur (der sog. Néel-Temperatur) auftritt. In Bild 106 ist $b = 1$.

$$x_{n+1} = \begin{cases} -\dfrac{r}{3}\exp\left[b\left(x_n + \dfrac{1}{3}\right)\right] & x_n < -\dfrac{1}{3} \\[2mm] r\,x_n & -\dfrac{1}{3} < x_n < \dfrac{1}{3} \\[2mm] \dfrac{r}{3}\exp\left[b\left(\dfrac{1}{3} - x_n\right)\right] & x_n > \dfrac{1}{3} \end{cases}$$

Bild 106:
B gegen A.
r: B⁵AA B⁵AA…

8.11 Wirt-Parasiten-Modelle

Durch ihre Beobachtungen von Insekten und deren Parasiten fanden John Beddington et al.[76] die Gleichungen, die unter Bild 107 stehen. H_n bzw. P_n ist die Populationsdichte der Wirte (z. B. Insekten) bzw. der Parasiten in der Generation n. r ist die Vermehrungsrate und K die ökologische Aufnahmefähigkeit der Wirte. Der Parameter α beschreibt die Sucheffizienz der Parasiten; diese nimmt mit ihrer eigenen Populationsdichte zu und vermindert die Populationsdichte des Wirtes. Bild 107 zeigt die Stabilität von Beddingtons Formel für $K = 2{,}1$; hier ist α gegen r aufgetragen. Man beachte die starke Empfindlichkeit der Parameter (strukturelle Instabilität) im oberen Teil des Bildes.

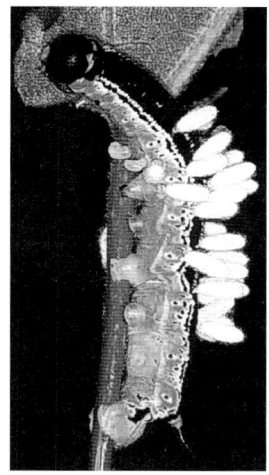

WIRT (Raupe), von PARASITEN befallen.
(Foto: Katie Lee Mansfield)

$$H_{n+1} = H_n \exp\left[r\left(1 - \frac{H_n}{K}\right) - \alpha P_n \right],$$

$$P_{n+1} = H_n [1 - e^{-\alpha P_n}]$$

Bild 107: α gegen r.

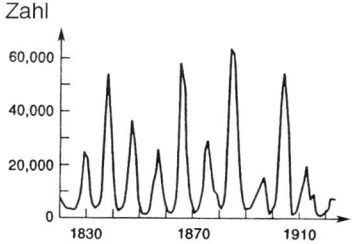

LUCHSE IN KANADA: CHAOS
Das Diagramm zeigt die zeitlich längste Aufzeichnung einer Tierpopulation (Kanada, 1820–1930), basierend auf den gehandelten Luchsfellen. Die Population der Luchse schwingt aufgrund der Wechselwirkung mit ihren Beutetieren, den Hasen.[118]

Ein Alternativmodell für Wirte und Parasiten bzw. für Räuber und Beute, das von Solé et al.[77] zur Beschreibung der Beobachtungen von Hassell und May[78] benutzt wurde, liefert die Gleichung unter Bild 108. In diesem Bild wurde μ gegen α aufgetragen.

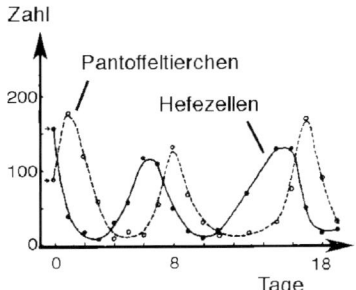

RÄUBER UND BEUTE IM LABOR
Die Grafik zeigt beobachtete
Schwingungen der Populationsdichte von Pantoffeltierchen und
die ihrer Beute, der Hefezellen.
(nach Georgii F. Gause)[119]

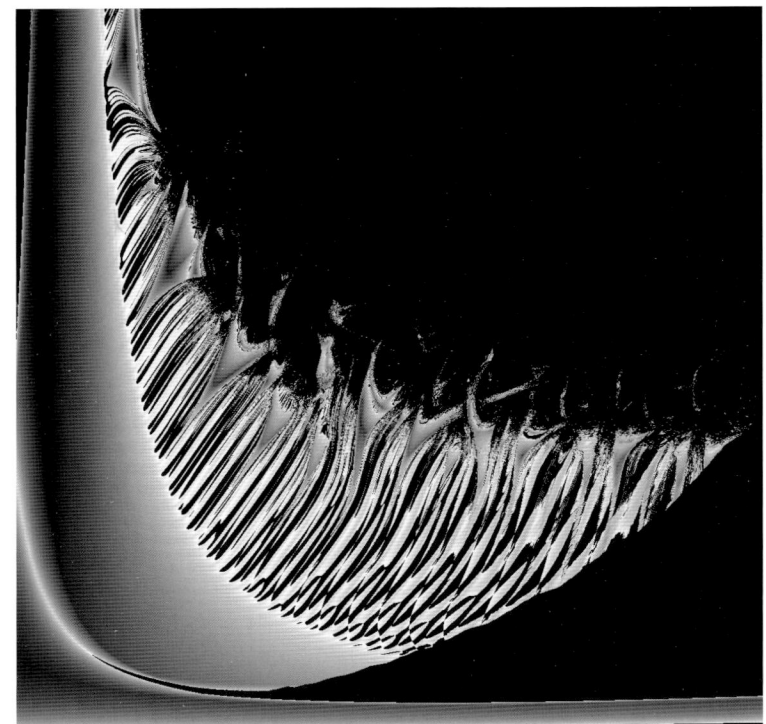

$$H_{n+1} = \mu H_n (1 - H_n) e^{-\alpha P_n}$$

$$P_{n+1} = H_n [1 - e^{-\alpha P_n}]$$

Bild 108: μ gegen α.

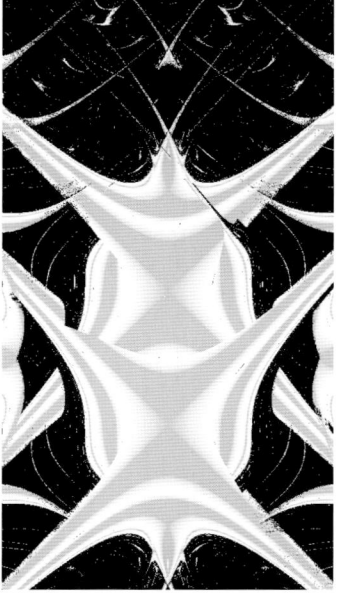

Bild 109:
B gegen A. *K*: BA BA…

$$y_{n+1} = e^{-\gamma T} [y_n + K f(x_n)]$$

$$x_{n+1} = x_n + (1 - e^{-\gamma T}) \frac{y_n + K f(x_n)}{\gamma}$$

8.12 Der periodisch gestoßene Rotator

Man betrachte ein punktförmiges Teilchen, das auf einer Ebene starr mit einem festen Punkt verbunden ist und kreisförmig rotiert. Der Rotationswinkel sei x_n und die Rotationsgeschwindigkeit y_n. Die Reibungskraft, die auf das Teilchen wirkt, sei mit γy_n angesetzt. Zudem wirken Stöße in Form von starken kurzen »Kicks« mit Periode T auf das Teilchen. Es ist die Situation eines vereinfacht dargestellten Elektrons, das um einen Atomkern rotiert und mit Periode T (etwa durch ein kurz wirkendes Magnetfeld) angestoßen wird; dabei wäre »Reibung« als eine pauschalisierte Vereinfachung der Energieverluste durch Strahlung zu verstehen. Die daraus resultierende Dynamik lässt sich mit den Formeln neben Bild 109 beschreiben (vgl. Anhang A.4). Für das Bild wurden $f(x_n) = sin(x_n)$ (gültig, falls die Stoßkraft eine feste Richtung hat), $T = 1$ und $\gamma = 1{,}5$ angenommen.

Das Modell kann für den Fall erweitert werden, dass man zu $f(x_n)$ (Drehmoment) einen konstanten Wert addiert. In der Formulierung von Zaslavsky[79] erhält man dann die Formeln unter Bild 110, wobei $\mu = (1-e^{-\gamma})/\gamma$ gilt. In diesem Bild sind $\varepsilon = 0{,}3$ und $\gamma = 3$.

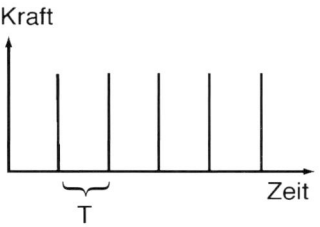

PERIODISCH GESTOSSENER ROTATOR Das punktförmige Teilchen P rotiert, starr verbunden mit dem Mittelpunkt M, und wird mit Periode T durch »Kicks« angestoßen.

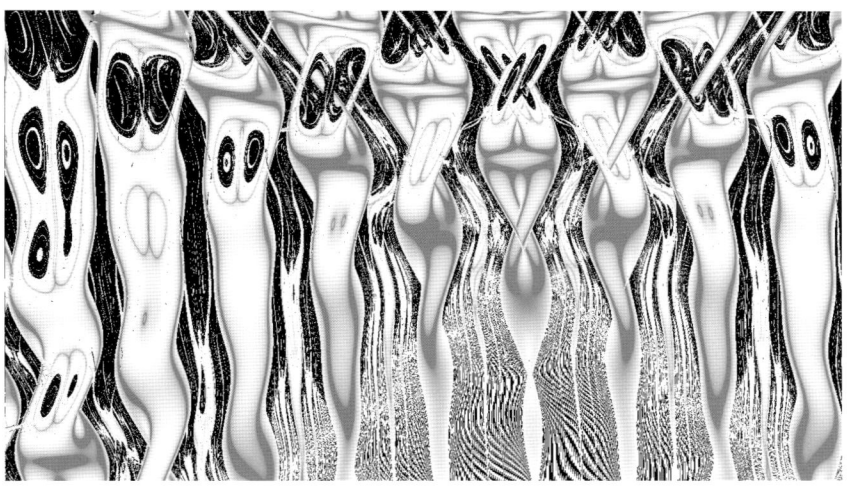

$$x_{n+1} = [\, x_n + r(1+\mu y_n) + \varepsilon\, r\, \mu \cos(2\pi x_n)\,]\, mod\, 1$$

$$y_{n+1} = e^{-\gamma}[\, y_n + \varepsilon \cos(2\pi x_n)\,]$$

Bild 110:
B gegen A.
r: BA BA…

8.13 Das Pohlsche Rad

Das Pohlsche Rad ist vielen bekannt, da es häufig zur Demonstration von Chaos im Physikunterricht eingesetzt wird. Es ist nach seinem Erfinder, dem deutschen Experimentalphysiker und Lehrbuchautor

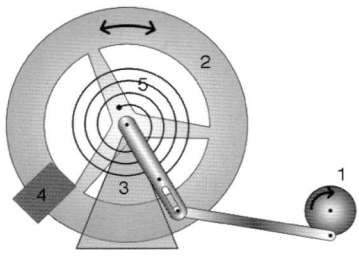

POHLSCHES RAD
(1) Antrieb, (2) Drehpendel,
(3) Lagerblock, (4) Wirbelstrom-
bremse, (5) Spiralfeder
(Bild: Georg Wiora)

Robert Pohl (1884–1976) benannt. Es besteht aus einem Rad mit horizontaler Achse (Drehpendel), gehalten von einer Spiralfeder, die auch mit einem Hebel verbunden ist. Hält man den Hebel vertikal fest, so kommt das Rad entweder rechts oder links zur Ruhe, je nachdem wo man es anfänglich loslässt; das Rad kann auch, aufgrund der Spiralfeder, periodische Schwingungen ausführen. Die Dynamik wird interessant, wenn man die Spiralfeder abwechselnd im und gegen den Uhrzeigersinn periodisch antreibt. Dies ist ein weiteres Beispiel für gekoppelte Schwinger, wie wir sie in Kapitel 4 anhand des Doppelpendels, des Biorhythmus der Hefe und der Saturnringe kennen gelernt haben. Analog zu jenen Systemen erhält man auch hier Chaos oder Periodizität. Eine Analyse von Philip Holmes[80] zeigt, dass die Gleichungen neben Bild 111 eine gute Näherung für die Dynamik des Rades sind. In diesem Bild wurde $b = 1{,}5$ gesetzt.

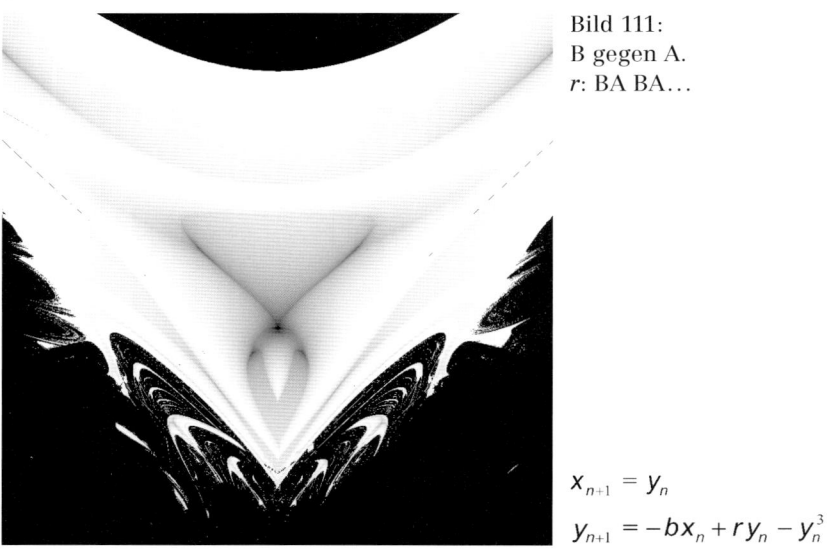

Bild 111:
B gegen A.
r: BA BA…

$$x_{n+1} = y_n$$
$$y_{n+1} = -bx_n + ry_n - y_n^3$$

Kapitel 9

Eine Formel = ein Farbbild

Bild 112: y_n gegen x_n

$$x_{n+1} = y_n + b(1 - Ky_n^2)y_n + F(x_n)$$

$$y_{n+1} = -x_n + F(x_{n+1})$$

$$F(x) = r\,x + 2\,(1-r)\frac{x^2}{1+x^2}$$

Bild 113: Gleiche Formel, wie in 112, y_n gegen x_n.

Bild 114: Gleiche Formel, wie in 112, y_n gegen x_n.

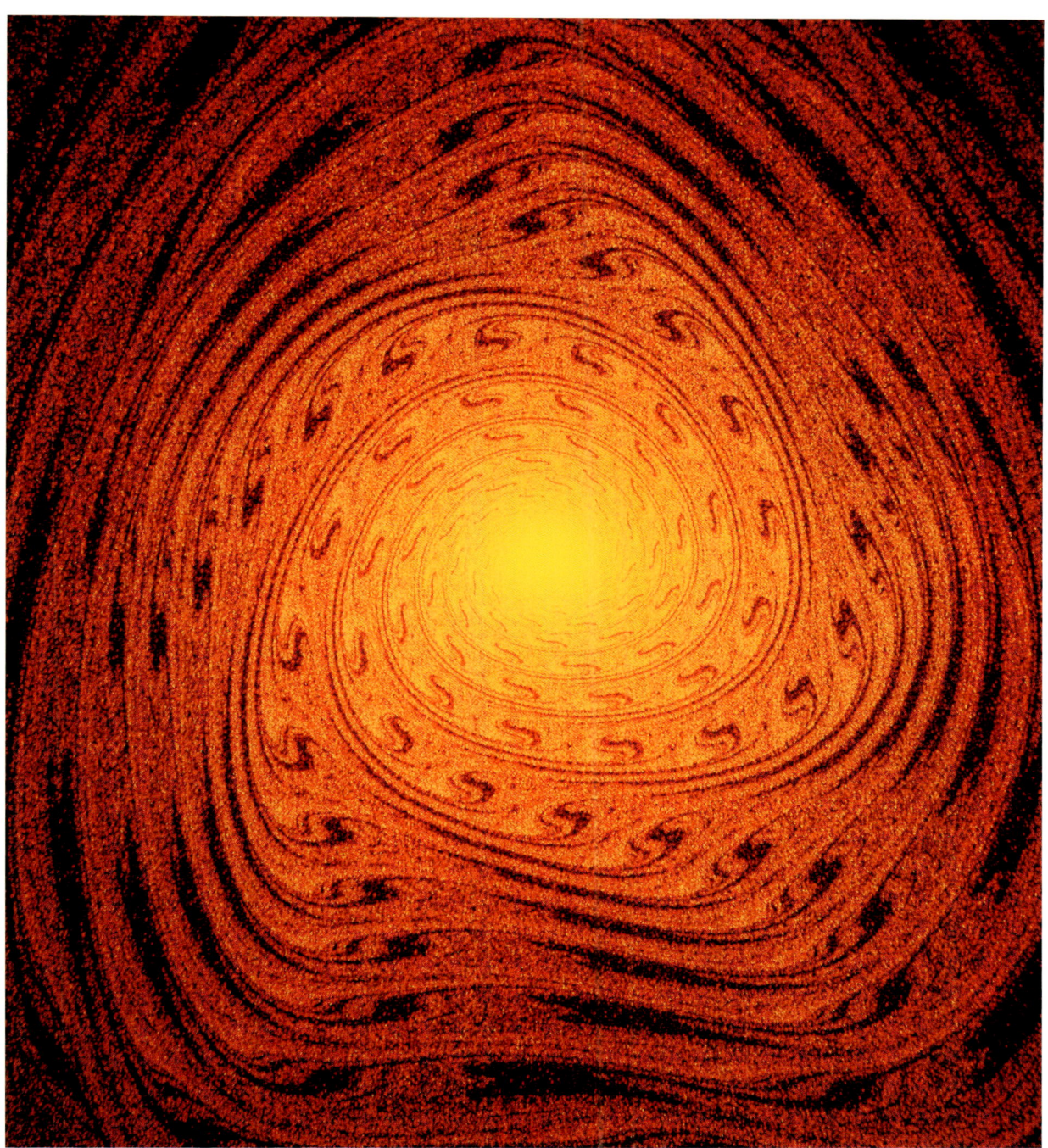

Bild 115: Gleiche Formel, wie in 112, y_n gegen x_n.

Bild 116: Gleiche Formel, wie in 112, y_n gegen x_n.

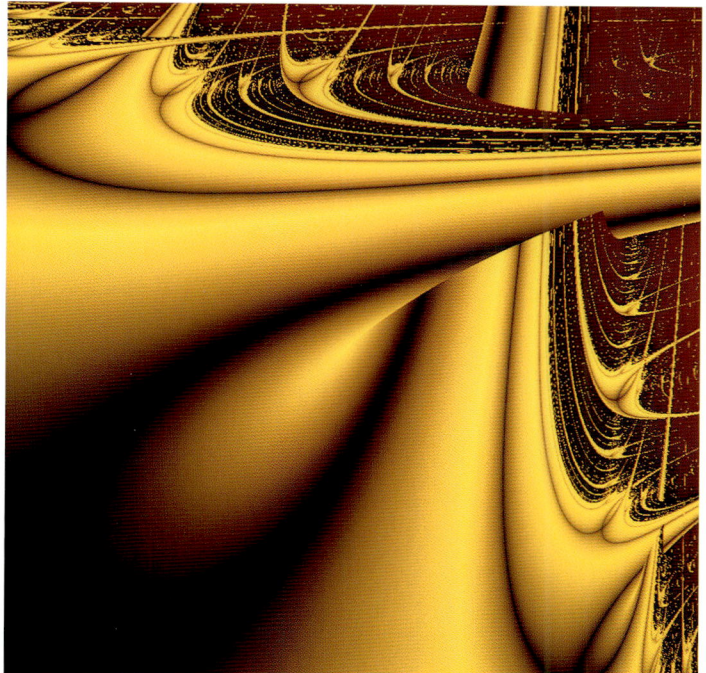

Bild 117: A gegen B, *r:* AB AB… $x_{n+1} = rx_n(1 - x_n)$

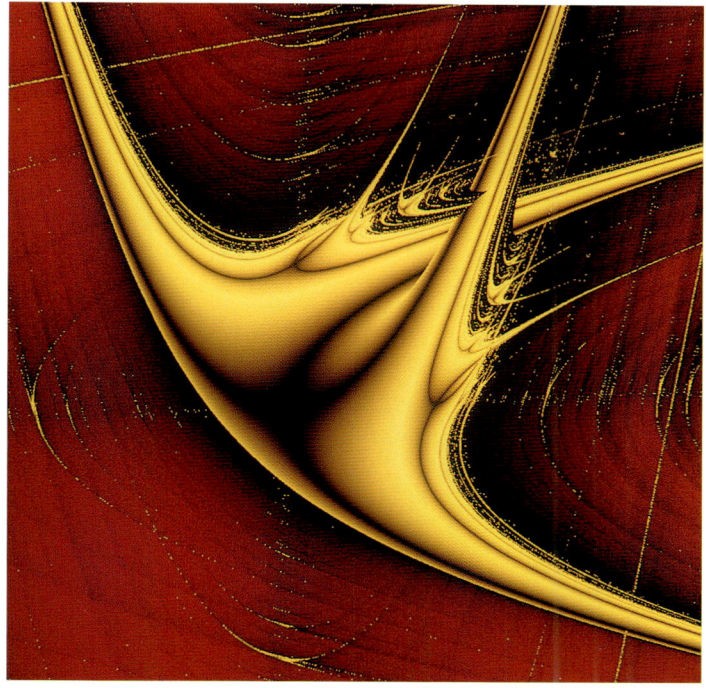

Ich flieg auf Dich…
das All ist klein…
Die Liebe aber
Doppelter Bumerang…

GÜNTHER HORNBERGER,
Gedicht zu Bild 118,
aus: *Verknüpfungen* [8]

Bild 118: Gleiche Formel, wie in 117, A gegen B, *r:* AB AB…

Bild 119: Gleiche Formel, wie in 117, A gegen B, *r*: AAABB AAABB...

Bild 120: Gleiche Formel, wie in 117, A gegen B,
r: ABAABBAAABBB ABAABBAAABBB…

Bild 121: Gleiche Formel, wie in 117, A gegen B, *r*: A⁵B⁵ A⁵B⁵…

SELTSAMER ATTRAKTOR
Minuten-, stunden-, tagelang
gebeugt über das Geländer,
über Millionen
von unlösbaren Gleichungen,
seh ich ins Auge des Zyklons,
der mir ins Auge sieht;
kalkgrün, weißschäumend
rauscht die helle Materie,
hypnotisch kreisend,
die glitzernde Gischt,
in wiederkehrenden Strudeln
nie wiederkehrend…

HANS MAGNUS ENZENSBERGER,
aus: *Verknüpfungen* [8, 126]

Bild 122: Gleiche Formel, wie in 117, A gegen B,
r: ABAABBA³B³AABBAB ABAABBA³B³AABBAB…

Bild 123: Gleiche Formel, wie in 117, A gegen B, *r*: AABABAB AABABAB…

Bild 124: Gleiche Formel, wie in 117, A gegen B, *r*: AABAB AABAB…

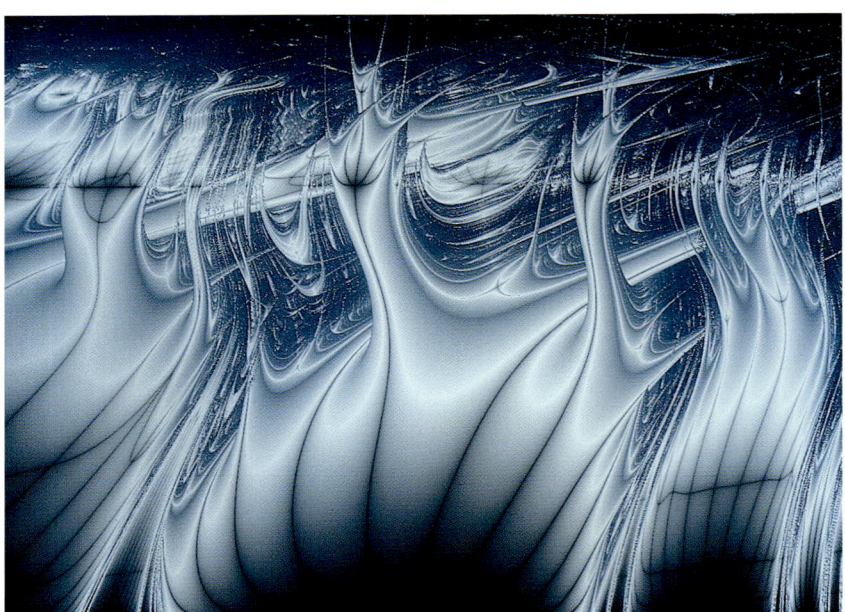

Bild 125: Gleiche Formel, wie in 117, A gegen B, r: $B^{12}A\ B^{12}A\ldots$

Bild 126: Gleiche Formel, wie in 117, A gegen B, r: $A^{6}B^{6}\ A^{6}B^{6}\ldots$

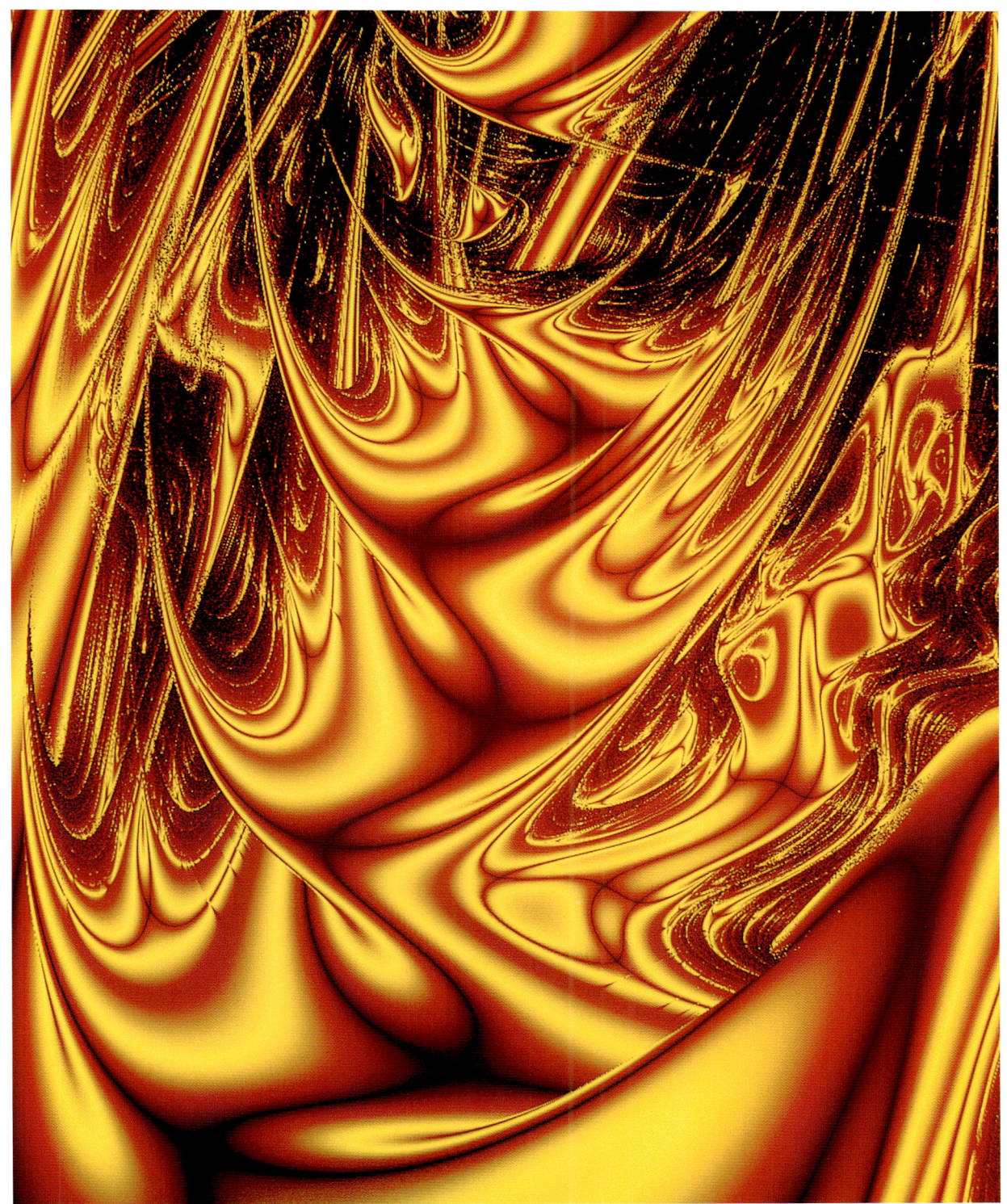

Bild 127: Gleiche Formel, wie in 117, A gegen B, *r*: $B^7A^2B^9(BA)^9A^7B^2A^7\ldots$

Bild 128:
A gegen B,
r: AB AB…

$$x_{n+1} = \begin{cases} r\,x_n(1-x_n) & \textit{für} \quad x_n > 0,5 \\ r\,x_n(1-x_n) + \dfrac{1}{4}(\alpha-1)(r-2) & \textit{sonst} \end{cases}$$

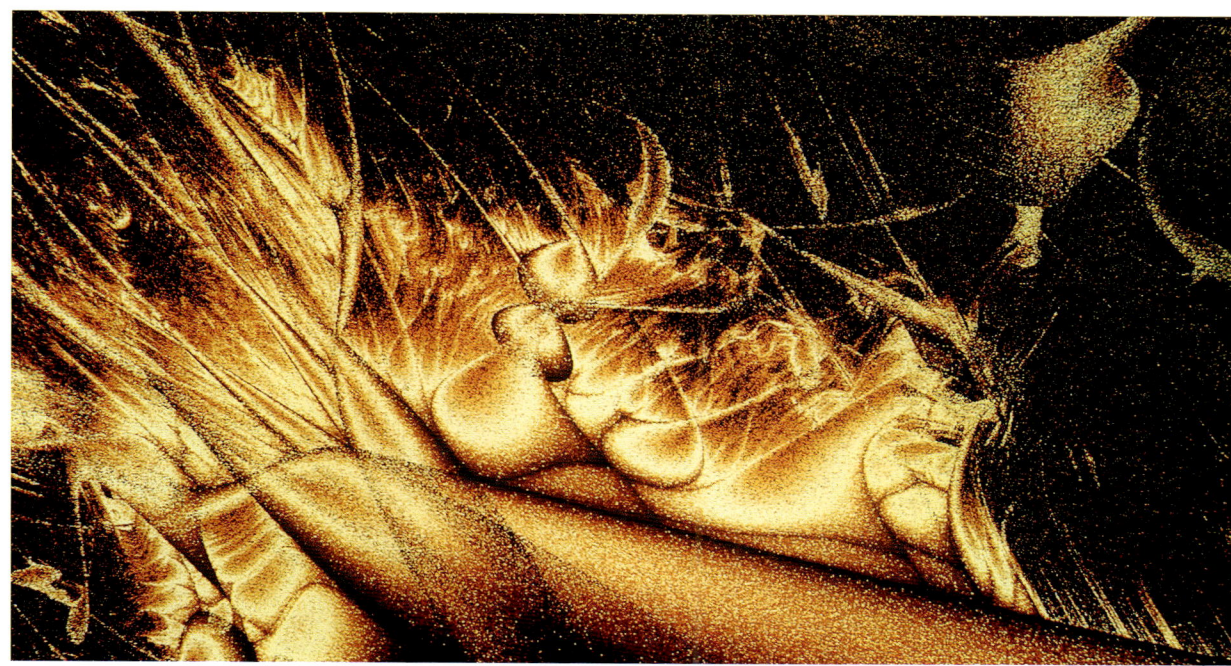

Bild 129: Gleiche Formel, wie in 128, A gegen B, *r*: BBABABA BBABABA…

gegenüber

…Da ist die Hand,
die sich abends
vor dem Einschlafen
zum Partner tastet,
nach einem Konflikt
wortlos um Verständnis,
um Verzeihung
bittet.

JOSEF REDING,
Gedicht zu Bild 128,
aus: *Verknüpfungen*[8]

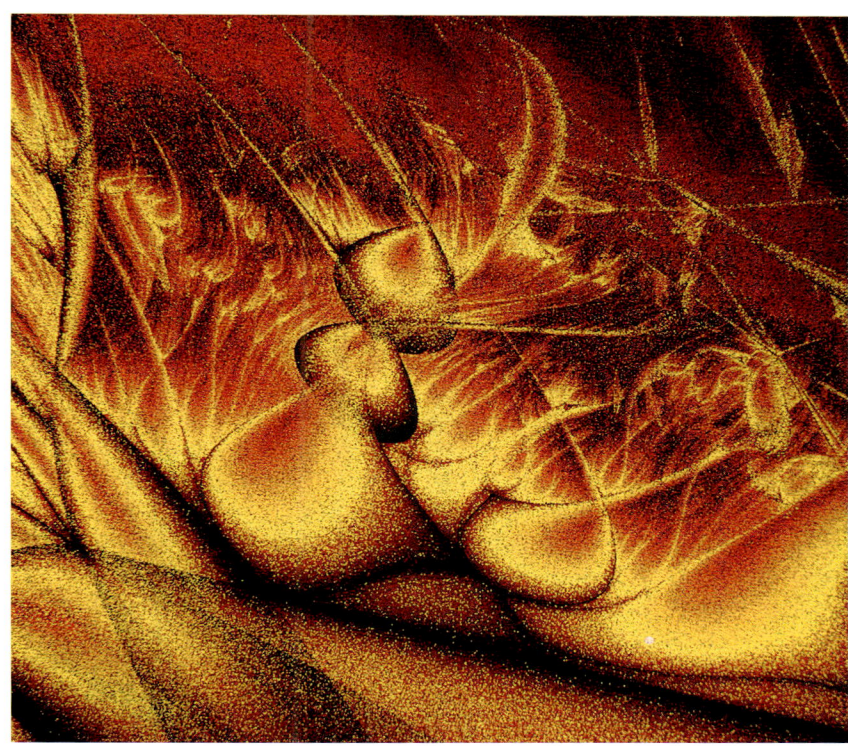

Bild 130: Ausschnitt aus Bild 129

Bild 131: Gleiche Formel, wie in 128, A gegen B, *r*: AB AB…

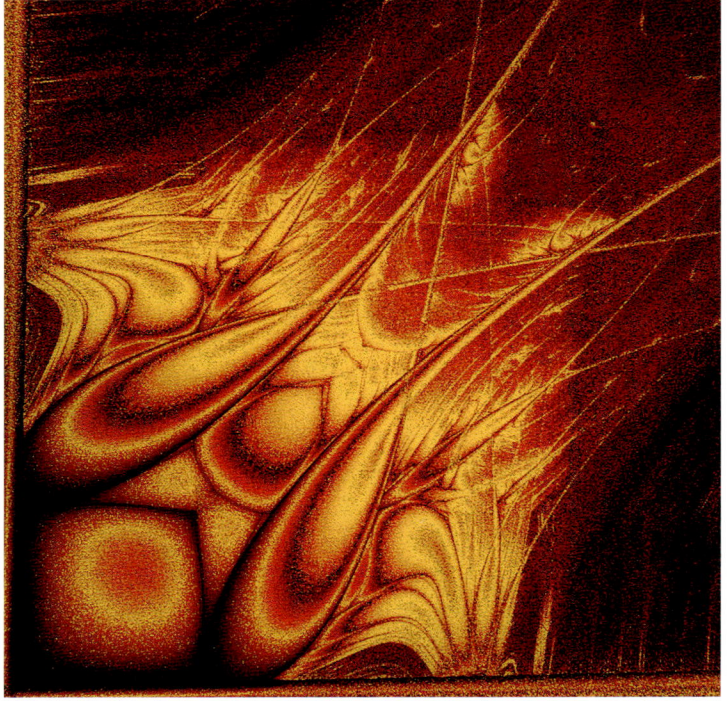

Bild 132: Gleiche Formel, wie in 128, A gegen B, *r*: AB AB…

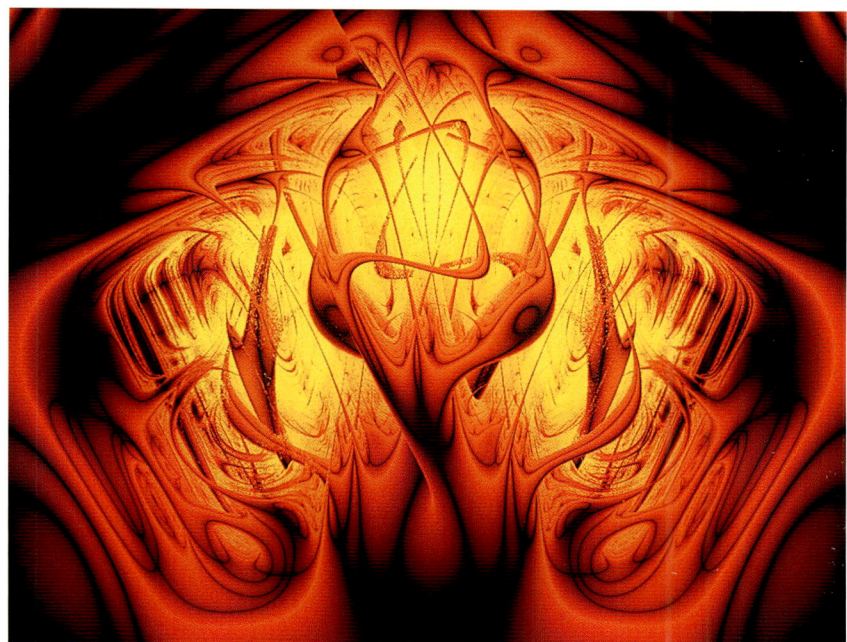

Bild 133: $b = 1{,}95$, r: $A^6B^6\,A^6B^6\ldots$, $x_0 = 0$

$$x_{n+1} = b\sin^2(x_n + r)$$

Bild 134: Gleiche Formel, wie in 133, $b = 1{,}7$, r: $A^{10}B^{10}\,A^{10}B^{10}\ldots$, $x_0 = 0$

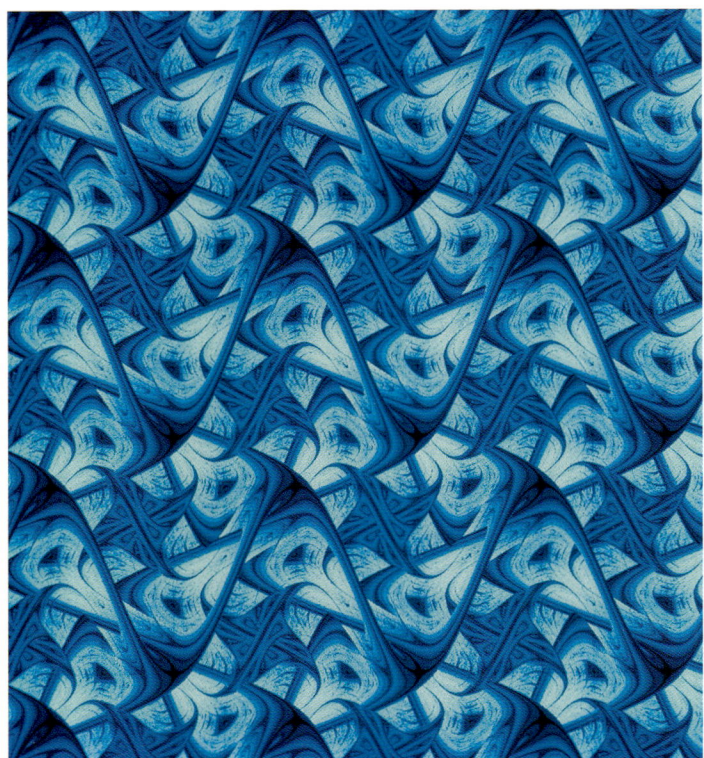

Bild 135: Gleiche Formel, wie in 133, $b = 2,5$, r: AB AB…, $x_0 = 0$

Er ist da:
der Bote ist gekommen
– aus einer Welt,
die der unseren gleicht
und unsere doch nicht ist.
Dort sitzt er
in seinem Fluggerät,
die Hände grüßend …
Diese Geste sagt mehr
als sein Gesicht,
das ihm ja fehlt,
so dass ihm auch die Lüge
fremd ist.

GÜNTER KUNERT,
Gedicht zu Bild 136,
aus: *Verknüpfungen*[8]

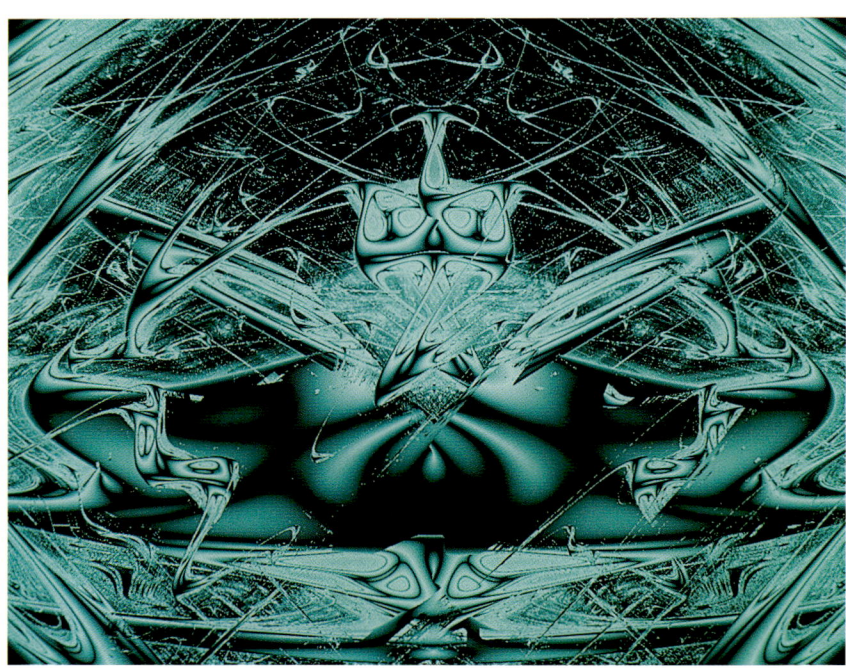

Bild 136: Gleiche Formel, wie in 133, $b = 1,95$, r: A^6B^6 A^6B^6…, $x_0 = 0$

Bild 137: Gleiche Formel, wie in 133, $b = 2$, r: $A^{10}B^{10}\,A^{10}B^{10}\ldots$, $x_0 = 1$

Bild 138: Gleiche Formel, wie in 133, $b = 2{,}6$, r: $A^6B^6\,A^6B^6\ldots$, $x_0 = 0$

Bild 139: Gleiche Formel, wie in 133, $b = 2{,}7$, r: $A^6B^6\,A^6B^6\ldots$, $x_0 = 0$

Bild 140:
Gleiche Formel,
wie in 133, $b = 2{,}8$,
r: AB AB..., $x_0 = 0$

Bild 141: Gleiche Formel, wie in 133

Bild 142: Gleiche Formel, wie in 133, $b = 2{,}05$, r: A³B³ A³B³..., $x_0 = 0$

Bild 143: r: A²B² A²B²… $b = 1{,}6$, β $= 1{,}5$

$$x_{n+1} = \begin{cases} b\sin^2(x_n + r) + \alpha\, r^k & \textit{für } [x_n]\textit{mod}(\pi) < \dfrac{\pi}{2} \\ b\sin^2(x_n + r) + \beta\, r^k & \textit{sonst} \end{cases}$$

Bild 144: Gleiche Formel, wie in 143, r: A²B² A²B²…, $b = 1{,}7$, β $= 1{,}5$

Bild 145: Gleiche Formel, wie in 143, r: A³B³ A³B³..., b = 2,3, β = 0,2

Bild 146: Gleiche Formel, wie in 143, r: A²B² A²B²…, b = 2,3, β = 0,15

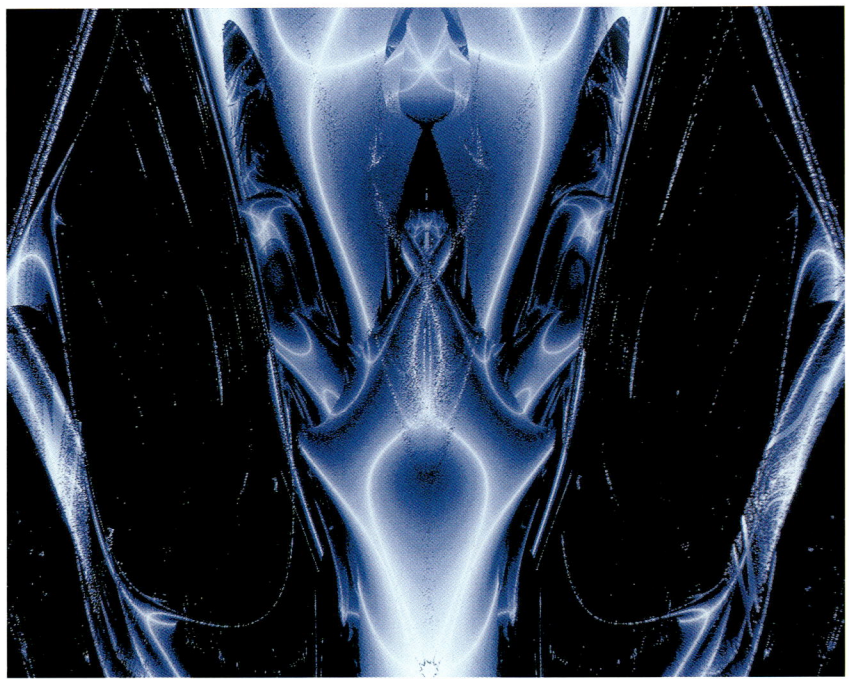

Bild 147: Gleiche Formel, wie in 143, r: A²B² A²B²…, b = 1,9, β = 0,5

Bild 148: Gleiche Formel, wie in 143, r: A²B² A²B²…, $b = 1,6$, $\beta = 2,8$

Bild 149: Gleiche Formel, wie in 143, r: A²B² A²B²…, $b = 2,7$, $\beta = 0$

Bild 150: Gleiche Formel, wie in 143, r: A²B² A²B²…, b = 1,6, β = 1,5

Bild 151: Gleiche Formel, wie in 143, r: A²B² A²B²…, b = 2,1, β = 0

Bild 152: Gleiche Formel, wie in 143, r: $A^7 B^7 A^7 B^7 \ldots$, $b = 2{,}36$, $\beta = 0{,}16$

Bild 153: Gleiche Formel, wie in 143, r: A³B³ A³B³..., $b = 2{,}3$, $\beta = 0{,}15$

Bild 154: Gleiche Formel, wie in 143, r: A²B² A²B²..., $b = 1{,}8$, $\beta = 1{,}5$

Bild 155: Gleiche Formel, wie in 143, r: $A^2B^2\,A^2B^2\ldots$, $b = 2{,}7$, $\beta = 0$

Bild 156: Gleiche Formel, wie in Bild 98, A gegen B, r: AB AB…

Bild 157: A gegen B, *r*: AB AB…

$$x_{n+1} = \begin{cases} [(\frac{1}{8} - x_n)^{\frac{1}{3}} + r]e^{-x_n} + b & \textit{für} \quad 0 \le x_n < \frac{1}{8} \\[2ex] [(x_n - \frac{1}{8})^{\frac{1}{3}} + r]e^{-x_n} + b & \textit{für} \quad \frac{1}{8} \le x_n < \frac{3}{10} \\[2ex] c[10x_n e^{-10x_n/3}]^{19} + b & \textit{für} \quad \frac{3}{10} \le x_n < 1 \end{cases}$$

Bild 158: Simulation (von Mario Markus und Benno Hess[25]) einer dreidimen-
sionalen Welle bei der Belousov-Zhabotinsky-Reaktion (siehe Abschnitt 8.4)[25]

Bild 159: Simulation einer Halluzination, auftretend in einer Nahtodsituation durch Sauerstoffmangel im Sehzentrum des Gehirns.[22]

Kapitel 10

Anleitung zur Benutzung der CD*
Bilder am PC erstellen

Soweit die Erfahrung mit verschiedenen Systemen von Seiten des Autors reicht, verursacht die Anwendung dieses mit der CD mitgelieferten Programms an Hard- und Software unterschiedlicher Plattformen keine Schäden. Gleichwohl können Verlag und Autor keine Haftung übernehmen für Schäden, die möglicherweise durch die Nutzung dieses Programms entstehen könnten.

Inhalt

Hinweise und Erläuterungen zum Arbeiten mit fünffacher Geschwindigkeit (mit der Bibliothek BIB) und mit größeren Bildern findet man in der Datei LIESMICH.PDF auf der CD.

10.1 Allgemeines

Wer die etwas anspruchsvolle Mathematik in Anhang B versteht und eine Programmiersprache beherrscht, der kann ohne diese CD-ROM Bilder auf dem PC generieren. Dies verschafft dem Nutzer mehr Flexibilität über das bildgebende Verfahren.

Einen bequemeren Weg bietet die beigefügte CD-ROM; sie erlaubt die Erstellung von Bildern mit dem Programm »Lyap.jar«. Dieses ist in Java geschrieben und kompatibel mit Windows, MacOS, Linux/Unix[81]. Damit das Programm läuft, muss auf Ihrem Computer die Java Runtime Environment installiert sein. Installationsdateien für

Windows und Linux sowie für das Java Development Kit (um eigene Gleichungen mit beschleunigter Berechnung verwenden zu können) sind auf der CD verfügbar. (Unter MacOS ist Java vollständig installiert.) Für Windows-Nutzer hat die CD eine Autoplay-Funktion. Hiermit wird das Programm beim Einlegen der CD automatisch gestartet; es ist auf der CD im Ordner »Lyapunov-Bilder« zu finden. Nach dem Öffnen dieses Ordners im Dateimanager sollte ein Doppelklick auf »Lyap(.jar)« (oder »Lyap.jar«) das Programm starten. (Für MacOS mache man den Doppelklick auf »Lyap_mac.app« oder »Lyap_mac«). Falls dies nicht funktioniert, öffne man den übergeordneten Ordner in einer Konsole (z.B. »Start«+»Ausführen«+»cmd« für Windows als Betriebssystem) und tippe »java-jar Lyap.jar«. Weitere Hinweise zur Fehlerbehebung gibt es in der Datei »LIESMICH.PDF« im selben Ordner.

Lyap.jar ist eine direkte Implementierung der Algorithmen in Anhang B. Das Programm führt Iterationen aus (so wie sie in diesem Buch beschrieben werden), bestimmt den Lyapunov-Exponenten λ und stellt die λ-Werte als Grauwerte oder Farben dar. Nachdem man die Gleichung(en) eingegeben hat, werden die Ableitungen der Funktionen automatisch berechnet; dafür wird eine adaptierte Version der »Java math tools« von einer Arbeitsgruppe der Hobart and William Smith Colleges[82] benutzt.

10.2 Einfache Übungen mit eingebauten Formeln

Um ein Gefühl dafür zu bekommen, wie das Programm läuft, braucht man nur auf »Start« unten rechts im Hauptfenster (Abbildung 160) zu klicken. Ein Bild mit den Daten von Bild 70, das die Standardeinstellung des Programms beim Start darstellt, erscheint. Durch wiederholtes Klicken auf »Start« (nachdem, wie in % angezeigt, die Berechnungen durchgeführt wurden) wird das Bild verbessert und ähnelt dann Bild 70 in immer kleineren Details.

Wichtig: Falls man hier oder in irgendeinem anderen Fall ein »reset« machen möchte, weil man die bisherigen Berechnungen verwerfen und völlig neu (eventuell mit anderen Eingaben, wie weiter unten angegeben) beginnen will, dann genügt es, während der Berechnungen auf »Start« zu drücken, neue Eingaben (falls erwünscht) zu machen und dann erneut auf »Start« zu drücken.

Im »Färbungsfenster« (Abbildung 164), das wie das »Bildfenster« (Abb. 165) immer geöffnet ist und auch nicht über den x-Button geschlossen werden kann, ist die Option »demokratisch« (als Standard-Einstellung) mit einem Haken versehen; dadurch wird jedem

Grauton die gleiche Anzahl von Pixeln zugeordnet. Man kann den Haken vor »demokratisch« durch Anklicken löschen und die R-, G- und B-Färbungsschieber betätigen; nach Bewegung der Schieber muss man »Neufärben« anklicken, um das Färben in den Bildern sichtbar zu machen. (R ist Rot, G Grün, B Blau, R+G Gelb, R+B Magenta, G+B Cyan und R+G+B ist Weiß.) Man kann auch die Berechnung bei anderen Einstellungen von Bildbreite und -höhe (in Pixel) im Hauptfenster neu starten. Macht man diesbezüglich keine Angabe, wird bei jeder neuen Bildberechnung der kleinste Wert von Breite und Höhe automatisch auf 200 Pixel gesetzt. Da die Rechenzeit proportional zur Bildfläche zunimmt, ist es ratsam, zur Einübung zunächst mit kleineren Flächen zu experimentieren.

Die gerade beschriebene Aufwärmübung mit Bild 70 ist die erste einer Sammlung von vier 1D-Gleichungen. Sie entspricht der Standard-Einstellung bei Programmstart (mit Haken bei »1D« und mit der Eingabe der Zahl 1 nach »benutzte BIB-Gleichung Nr.«). Weitere 1D-Beispiele – ebenfalls als Aufwärmübungen eingebaut – erhält man durch Eingabe der Zahlen 2 oder 3 bzw. 4 (wenn »1D« oben angeklickt ist). Man bekommt damit die Bilder 54 oder 32 bzw. 67. Nach der Wahl dieser Optionen drückt man »Start«, wartet auf das Bild, drückt wieder »Start« usf. Mit jedem weiteren Bild erhält man eine verfeinerte Darstellung des vorherigen. Sollte sich das Bild nach wiederholtem Drücken von »Start« drastisch verändern, ist es ratsam, auf »Exponenten zurücksetzen« zu klicken. Danach führt das Programm automatisch weitere Iterationen durch. Sind diese beendet, kann man wieder auf »Start« drücken und wie oben geschildert weiter verfahren. Hat sich ein Bild stabilisiert, das heißt, verändert es sich nach weiterem Drücken von »Start« nicht mehr wesentlich, kann man im »Färbungsfenster« die Standard-Einstellung »demokratisch« durch Anklicken (des Hakens davor) löschen und die Schieber betätigen, um die Bilder individuell zu färben. Man darf aber nicht vergessen, nach jeder neuen Schieber-Einstellung »Neufärben« anzuklicken!

Man kann Aufwärmübungen auch mit 2D-Gleichungen durchführen, indem man oben im Hauptfenster »2D« anklickt und entsprechend verfährt. In diesem Fall erhält man die folgenden Bilder: (1) Bild 110; (2) Bild 6; (3) Bild 102 und (4) ein Bild, das nicht im Buch vorkommt. Dieses letzte Bild (4) erhält man aus den gleichen Formeln und Parametern wie Bild 110, allerdings in einem anderen Ausschnitt der Ebene; diesen Ausschnitt kann man durch Klicken auf »Eingabe Parameter-Ebene« nachlesen (danach nicht vergessen, das geöffnete Fenster mit Klick auf »Ok« zu schließen). Vergleicht man nun Bild (1) – also Bild 110 – mit Bild (4), bekommt man einen

Vorgeschmack dafür, was man beim Wechsel des Ausschnitts in der Parameter-Ebene an Überraschungen erleben kann!

Noch einige Hinweise: Bei Bild (2) in 2D sollte man nach etwa 200 Iterationen »Exponenten zurücksetzen« drücken und erneut mehrmals durch Klicken auf »Start« rechnen lassen; dies eliminiert Transienten (d. h. vorübergehende Ergebnisse), bevor das endgültige Bild erreicht wird; ferner sollte man es bei diesem Bild unbedingt bei der Standard-Einstellung »demokratisch« im Färbungsfenster belassen, um guten Kontrast zu erzielen. Hingegen wirkt Bild (1) in 2D, meiner Meinung nach, besser ohne die voreingestellte Option »demokratisch«.

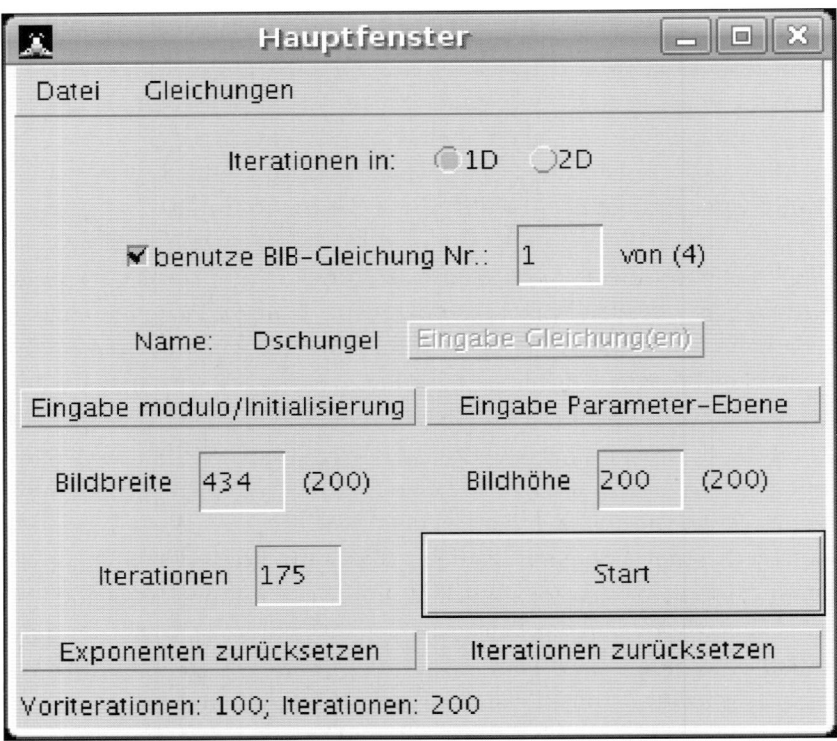

Abb. 160: Hauptfenster

Um selbstständig und kreativ arbeiten zu können, sollte man die Eingabe eigener Gleichungen probieren, was etwas anspruchsvoller ist als in den oben beschriebenen vorgefertigten Aufwärmübungen.

Im nächsten Abschnitt 10.3 wird mit einfachen konkreten Beispielen Schritt für Schritt die Vorgehensweise bei der Bildgenerierung mit eigenen Gleichungen veranschaulicht. Und in den Abschnitten 10.4 bis 10.6 wird diese Vorgehensweise formeller und allgemeiner dargestellt.

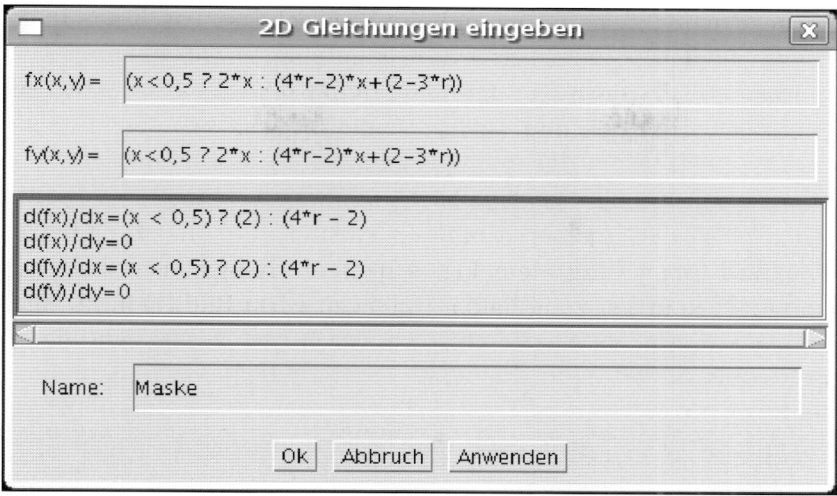

Abb. 161: Fenster für die Gleichungseingabe

10.3 Einfache Übungen mit individuellen Formeln

Nach Programmstart erscheinen zunächst das Hauptfenster, das Bildfenster und das Färbungsfenster auf dem Bildschirm. Wir entscheiden uns zunächst für die bildliche Bearbeitung der logistischen Formel (vgl. 7.2): $x_{n+1} = r\,x_n\,(1-x_n)$. Im Hauptfenster lassen wir oben die Standardeinstellung »1D« angeklickt (»2D« benutzt man, wenn man noch eine Gleichung $y_{n+1} = \dots$ einsetzt). Den Haken vor »benutze BIB-Gleichung Nr.« lassen wir durch Anklicken verschwinden, da wir nun keine Formel aus der Bibliothek, sondern eine eigene Formel benutzen wollen. Bildbreite und Bildhöhe setzen (oder lassen) wir zunächst auf 200 und die Zahl der Iterationen auf 25. Im Färbungsfenster belassen wir es vorerst bei der Standardeinstellung »demokratisch«, denn das garantiert gleichmäßig verteilte Grautöne. Nun klicken wir auf »Eingabe Gleichung(en)«. Es erscheint das entsprechende Fenster (Abb. 161). Die Standard-Eingaben dort (sie entsprechen Bild 9) müssen wir löschen. Bei »f(x)« setzen wir die rechte Seite unserer Gleichung, in diesem Fall also r*x*(1-x) ein (Multiplikation wird mit * ausgedrückt; statt x_n schreibt man hier einfach x). Unter »Name« tragen wir einen Namen unserer Wahl ein, etwa »logistische, Test 1«. Klicken wir nun auf »Anwenden«, so erscheint automatisch die Ableitung im Feld f'(x). Falls wir uns vertippt haben, erscheint dort »(unbestimmt)«; dann muss der Fehler korrigiert und wieder auf »Anwenden« geklickt werden. Wenn wir dann auf »Ok« drücken, wird diese Formel übernommen und das Fenster verschwindet.

Hauptfenster, Färbungsfenster und Bildfenster sind immer zu sehen. Von den anderen Fenstern darf jeweils nur eins geöffnet werden und muss, um Bilder berechnen zu können, mit »Ok« geschlossen werden.

Nun gehen wir zum Hauptfenster zurück und klicken auf »Eingabe Parameter-Ebene«. Es erscheint das entsprechende Fenster (Abb. 163). Falls wir das Bild 118 in diesem Buch reproduzieren wollen, geben wir 3,817 und 3,817 nach »unten links«, 3,817 und 3,868 nach »oben links«, 3,868 und 3,817 nach »unten rechts« ein. (Das sind die Koordinaten auf drei Eckpunkten des Bildes; man findet sie für Bild 118 in Anhang E: »Liste der Bilddaten«.) Wichtig: Immer Kommas, nicht Punkte in den Zahlen benutzen (z. B. 3,8 statt 3.8). Da wir mit r: AB AB … arbeiten wollen, klicken wir »A(Abs)-B(Ord)« an und setzen »AB« nach »AB-Sequenz«. Den »Parameter b« setzen wir auf einen beliebigen Wert, da er in der Formel nicht erscheint. Klicken wir auf »Anwenden« und dann »Ok«, verschwindet das Fenster. Dann klicken wir auf »Eingabe modulo/Initialisierung«, schreiben 0,5 nach »Startwert x« und klicken auf »Anwenden« und »Ok«. Wieder im Hauptfenster drücken wir auf »Start«. Im Bildfenster entsteht dann ein Bild, das vage wie Bild 118 aussieht. Wenn die 25 Iterationen beendet sind, drücken wir wieder auf »Start« und sehen dann, wie sich das Bild verbessert. Wir können mehrmals zwischen Bildentstehung und »Start« wechseln. Es empfiehlt sich allerdings, nach etwa 300 Iterationen (deren Anzahl wird ganz unten rechts angezeigt) auf »Exponenten zurücksetzen« zu klicken, um das Bild sozusagen »von Transienten zu reinigen«; dies tut man, weil man im Bild noch Punkte mitschleppt, die am Anfang nicht zur endgültigen Konfiguration gehörten und die man daher eliminieren sollte, weil sie bei der Berechnung des Lyapunov-Exponenten stören. Nach dieser »Reinigung« wechseln wir wieder mehrmals zwischen »Start« und Bildentstehung. Wir sehen dann, wie die Konturen des Bildes immer schärfer und detaillierter werden.

Sobald sich bei dieser Prozedur kaum noch etwas ändert (nach etwa 400 weiteren Iterationen), gehen wir zur Färbung über. Als Standard war »demokratisch« angeklickt, was eine ausgewogene Grauwertverteilung erzeugt. Diese Einstellung widerrufen wir, indem wir auf den Haken vor »demokratisch« klicken. Wünschen wir ähnliche Farben wie auf Bild 118, so lassen wir das linke Farbschieber-Tripel, wie es ist, also auf Schwarz. Den Wert darunter setzen wir auf – 0,38 (man klickt auf »+« bzw. »–«). In der zweiten Triade von Schiebern setzen wir R und G ganz rechts (durch Drücken der linken Maustaste) und lassen B ganz links: das ergibt Gelb, das aber noch nicht sichtbar ist. Klicken wir nun auf »Neufärben«, so sehen wir den aus den Stellungen der ersten zwei Schieber-Tripel resultierenden schwarz-gelben Vorderteil des Bildes (negative Lyapunov-Exponenten). Zum Färben des Bildhintergrundes lassen wir den dritten Schieber-Tripel wie er ist, also Schwarz; in dem vierten Tripel (ganz rechts) schieben wir nur den Schieber R nach rechts: das ergibt Rot. Günstige Werte für die Zahl darunter liegen um 0,9; diese Zahl kann man durch Klicken auf »+« bzw. »−« setzen. Danach drücken wir »Neufärben« und sehen die resultierende rotschwarze Färbung des Bildhintergrundes.

Nun könnten wir einen Bildausschnitt bearbeiten, zum Beispiel ein kleines »Vögelchen« rechts oder links des großen vogelähnlichen Bildes. Dazu verschieben wir den roten Rand des Bildfensters mit gehaltener linker Maustaste: Bewegung der oberen rechten Ecke verschiebt nur diese Ecke; Bewegung der unteren linken Ecke verschiebt den ganzen Rand; Bewegung der anderen Ecken erlaubt Drehungen, Stauchungen und Streckungen des Randes. Der rote Rand bestimmt den Ausschnitt.

Haben wir einen Ausschnitt gewählt, kehren wir zum Hauptfenster zurück, klicken auf »Iterationen zurücksetzen« (gleichbedeutend mit: »fangen wir ganz von vorne zu rechnen an«) und verfahren wie zuvor, als wir Bild 118 erstellten. Beim Färben können wir andere Einstellungen der Schieber ausprobieren. Allerdings sollten die Zahlen unter den Schiebern (durch Ausprobieren) auch verändert werden, um die eingestellten Farben sichtbar zu machen. Bei besagten »Vögelchen« beispielsweise ist rechts die Zahl 0,4 günstig. Überraschend bei den Ausschnitten aus Bild 118 ist das Auftreten von »Vögelchen« mit noch kleineren »Vögelchen« usw., da wir es mit einem Fraktal (genauer gesagt: einem »fetten Fraktal«) zu tun haben (vgl. Anhang C).

Nun lasst uns unserem »Vogel« Gewalt antun, indem wir seine Symmetrie (durch Änderung der A-B-Sequenz) stark brechen! Dafür klicken wir wieder auf »Eingabe Parameter-Ebene« im Hauptfenster. Wir ersetzen die Koordinaten durch 3,822 und 3,822 (unten links) 3,822 und 3,873 (oben links) 3,86 und 3,822 (unten rechts) und setzen nun AABAB als AB-Sequenz. Im Hauptfenster ist es jetzt günstig, die Bildhöhe auf 250, statt auf 200 zu setzen. Verfahren wir nun wie vorher (zwischendurch »Exponenten zurücksetzen« nicht vergessen!), so erhalten wir einen »plattgedrückten Vogel«, der eher wie ein Käfer aussieht. Er kommt in diesem Buch nicht vor, wohl aber im Ausstellungskatalog.[1]

Weitere interessante Veränderungen erhalten wir, indem wir die AB-Sequenz AAAAAABBBBBB ausprobieren. Hierzu: Bildhöhe 200, Bildbreite 250. Unten links: 2,516 und 3,394. Oben links: 2,516 und

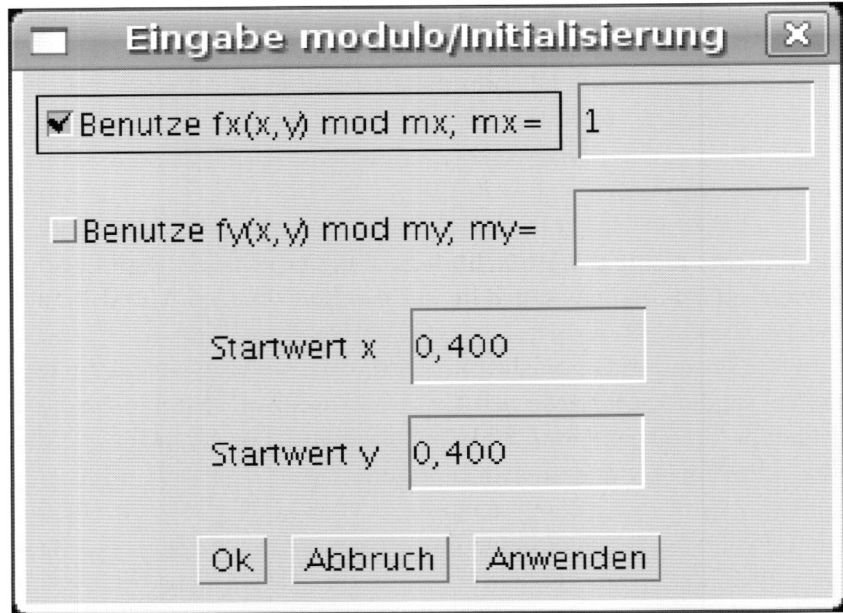

Abb. 162: Fenster für »Eingabe modulo/Initialisierung«

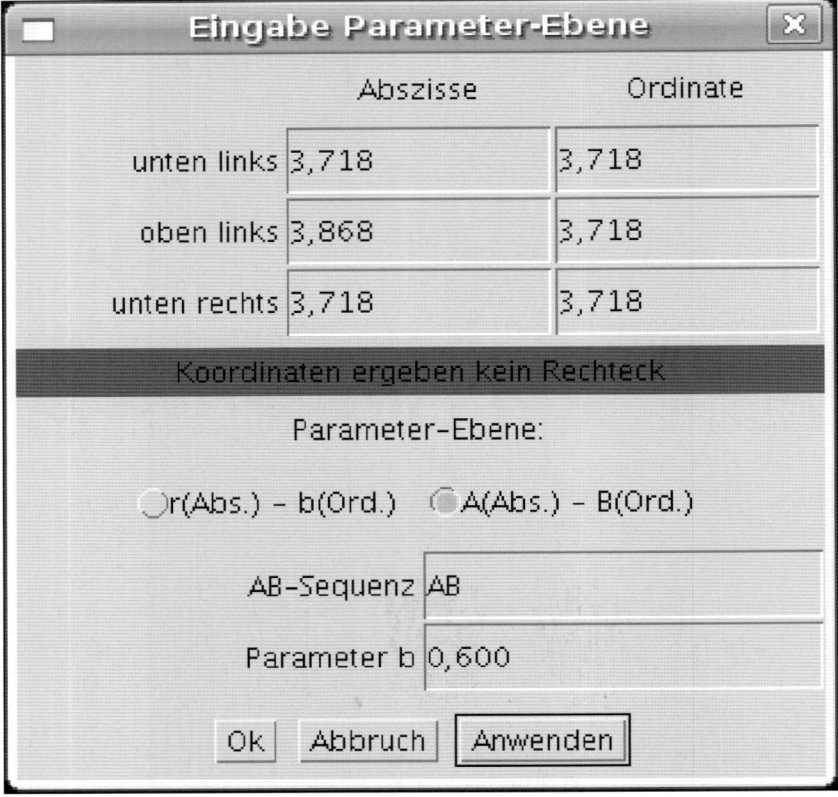

Abb. 163: Fenster für »Eingabe Parameter-Ebene«

4,0. Unten rechts: 3,647 und 3,394. (»Anwenden« und »Ok« nie vergessen!) Es entsteht Bild 126; dieses ergibt übrigens viele interessante Ausschnitte, die ich hier nicht verraten möchte und die es daher zu entdecken gilt.

Weitere Veränderungen: AB-Sequenz: AABABAB. Bildhöhe: 200. Bildbreite: 250. Unten links: 2,759 und 3,21. Oben links: 2,759 und 4,0. Unten rechts: 3,744 und 3,21. Dies ergibt Bild 123. Zur Übung die Aufgabe: rechts den Ausschnitt finden, der Bild 181 ergibt! (Man beachte allerdings, dass in Bild 181 die Koordinaten A und B vertauscht sind).

Mehr Veränderungsspielraum ergibt sich, wenn wir nicht nur die AB-Sequenz, sondern auch die Formel ändern. Nehmen wir zum Beispiel die Formel unter Bild 71, das heißt $1,5*\cos(x+r)*\cos(1-x)$. Aber bitte nicht vergessen: Immer Kommas statt Punkte (1,5 statt 1.5) benutzen und immer x statt x_n. Ohne die Parameter-Ebene und den Startwert zu verändern, benutzen wir die Sequenz AB statt AABABAB, setzten den Startwert auf 0,5 und ändern den Faktor 1,5 vor der Gleichung, sagen wir zu 1,8 (oder 2,0), so ergibt sich ein Bild, das in diesem Buch nicht vorkommt. (Im Zweifelsfall immer »demokratisch« färben!) Man kann auch die ganze Gleichung mit einem Fantasiefaktor multiplizieren – sei das nun $\sin(x+r)$ oder $\sin(x+r)*\cos(x-r)$. Aber Achtung: Nach jeder Änderung der Gleichung unbedingt »Iterationen zurücksetzen« anklicken, sonst wird mit der alten Gleichung weitergerechnet. Interessant ist auch, wenn man einfach $+r$ oder $-r$ der Gleichung unter Bild 71 hinzufügt. Man

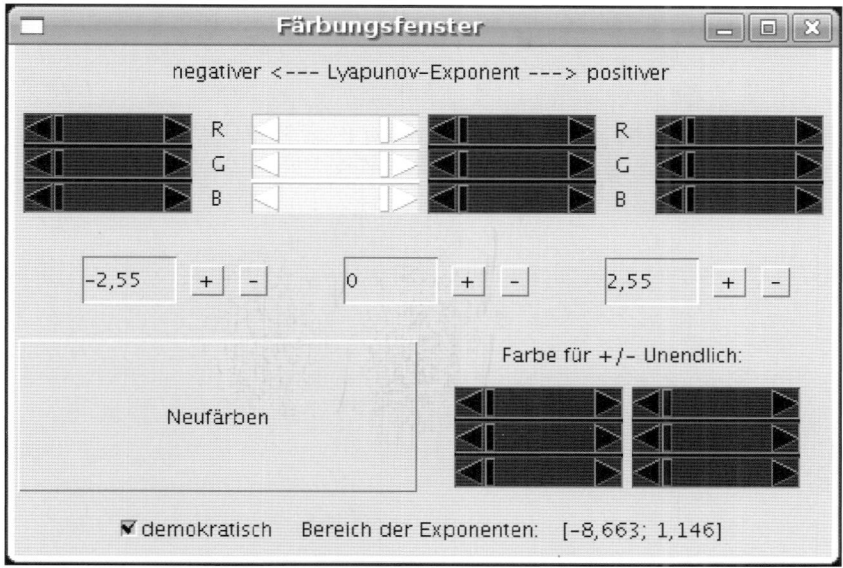

Abb. 164: Färbungsfenster

erforsche dabei auch Bildausschnitte! Und Ähnliches kann man mit anderen Gleichungen in diesem Buch durchführen. Eine schier unerschöpfliche Quelle von Bildern ist die in 7.11 angegebene Formel.

Man kann aber auch Gleichungen frei erfinden. Einer meiner Schüler-Praktikanten hatte gerade die Laune, folgende Eingabe zu machen: f(x) = x*cos(r*x)−r mit AB-Sequenz AAABBB, wobei sowohl A wie B zwischen 0,0 und 3,0 (im Fenster für die Eingabe der Parameter-Ebene) und Startwert 0,5 gesetzt wurden: Eine Languste! Dann addierte er sin(r*x) dazu, nahm den Bildausschnitt mit A und B zwischen 1,1 und 1,9 und klickte »Iterationen zurücksetzen« nach ca. 100 Iterationen: Ein hubschraubendes Monster mit großen Kulleraugen!

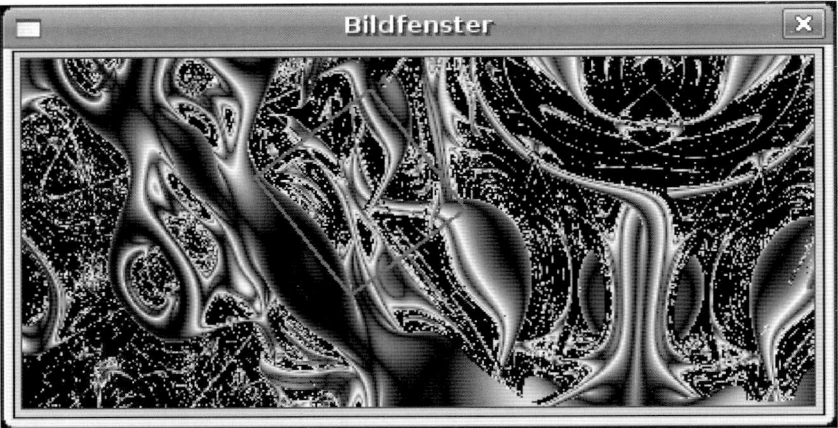

Abb. 165: Bildfenster. Das Rechteck (hier grau, etwa in der Mitte) erscheint rot auf dem Bildschirm

10.4 Allgemeine Anweisungen für die Erstellung individueller Bilder

Zunächst muss man sich entscheiden, ob man mit 1D- oder 2D-Iterationen (vgl. Kapitel 6 und Anhang B) arbeiten möchte; diese Entscheidung wird oben im Hauptfenster markiert. Die nächste Option »benutze BIB-Gleichung Nr.« sollte man jetzt, durch Anklicken des Hakens vor dieser Option, löschen, wodurch »Eingabe Gleichung(en)« aktiviert wird. Als Nächstes fügt man die Gleichung(en) seiner Wahl ein, indem man »Eingabe Gleichung(en)« anklickt. Damit öffnet sich ein Fenster, wie in Abbildung 161 gezeigt. Als Standard-Eingabe findet man dort die Gleichungen unter Bild 8, welche auch für Bild 9 (»Maske«) gelten:

$$
x_{n+1} = \begin{cases} 2\,x_n & \text{für } x_n \leq \dfrac{1}{2} \\[2mm] (4r-2)\,x_n + (2-3\,r) & \text{für } x_n > \dfrac{1}{2} \end{cases}
$$

Dies ist eine spezielle Gleichungsform, die häufig in diesem Buch vorkommt: Man setzt unterschiedliche Formeln ein, abhängig von einer Bedingung. (Im Beispiel oben ist diese Bedingung $x_n \leq 1/2$, wobei $x_n > 1/2$ sonst gilt). Um eine solche Gleichungsform in das Fenster für die Gleichungseingabe einzutippen, muss man sie folgendermaßen umformen: f(x)=(x<0,5?2*x:(4*r-2)*x+(2-3*r)). (Man kann dabei die einzelnen Ausdrücke auch durch Leerzeichen trennen.) In dieser Kodierung liest man die Gleichung wie folgt: Ist die Bedingung x<0,5 erfüllt?; wenn »ja«, dann setze f(x) gleich 2*x; wenn »nein« (d.h. x>0,5), dann setze f(x) gleich (4*r-2)*x+(2-3*r). (Man beachte, dass sich bei den numerischen Berechnungen $\leq$ nicht von < unterscheiden lässt.) Die gerade benutzte Kodierung ist von allgemeiner Gültigkeit: Schreibt man f(x)= (A?a:b), dann bedeutet dies, dass man f(x)=a setzt, falls die Bedingung A gilt; sonst setzt man f(x)=b. In diesem Sinne lautet die Kodierung für die Ableitung f'(x) der Gleichungen für Bild 9, welche automatisch vom Programm berechnet wird und unter f(x) erscheint: (x<0,5)?2:(4*r-2).

Diese gerade genannten Gleichungen, die für Bild 9 als Standard eingegeben sind, kann man zur Übung benutzen, aber im Sinne unserer Kreativitätsvorsätze sollten wir bald eigene Gleichungen eingeben können. Ich empfehle, mit irgendwelchen Gleichungen dieses Buches zu beginnen und zunächst die »Magie« der Ausschnittsvergrößerungen und des Einfärbens zu erkunden. Danach kann man die Formeln in kleinen Schritten variieren.

Zur grafischen Vereinfachung wurden im Eingabefenster für die Gleichungen folgende Umbenennungen vorgenommen. Für 1D-Gleichungen stehen x = x_n, f(x) = x_{n+1} und für die Ableitung (vgl. Anhang B) steht f'(x) = $\frac{dx_{n+1}}{dx_n}$. Für 2D-Gleichungen stehen x = x_n, y = y_n, fx(x,y) = x_{n+1}, fy(x,y) = y_{n+1} und für die Ableitungen d(fx)/dx = $\frac{\delta x_{n+1}}{\delta x_n}$, d(fx)/dy = $\frac{\delta x_{n+1}}{\delta y_n}$, d(fy)/dx = $\frac{\delta y_{n+1}}{\delta x_n}$, d(fy)/dy = $\frac{\delta y_{n+1}}{\delta y_n}$.

Gemäß diesen Umbenennungen gebe man im Eingabefenster für die Gleichungen im Falle von 1D nach f(x) die rechte Seite $f(x)$ der Gleichung für x_{n+1} ein. Im Falle von 2D gibt man nach fx(x,y) und fy(x,y) die rechten Seiten $f_x(x,y)$ und $f_y(x,y)$ der Gleichungen für x_{n+1} und y_{n+1} ein. Achtung: Bei der Eingabe von Zahlen immer Kommas, nicht Punkte (z.B. 2,3 statt 2.3); handelt es sich um eine ganze Zahl, sollte zum Beispiel nur 2 und nicht 2,0 eingegeben werden. Die Ableitungen (vgl. Anhang B) werden automatisch berechnet, weiter unten angezeigt und dann in die Berechnung eingesetzt, nachdem man erst die Gleichungen einsetzt und dann auf »Anwenden« drückt. Rechts von »Name« kann man die eingegebene(n) Gleichung(en) beliebig benennen. Das Programm erkennt als Eingabe in den Gleichungen die folgenden mathematischen Ausdrücke:

- x, y: Variable
- r: Parameter, der als periodische Sequenz von A- und B-Werten alternieren kann
- b: Parameter
- e: Eulersche Zahl 2,7182818…; pi: 3,1415927…
- +,−,*,/: elementare Rechenarten (plus, minus, mal, geteilt durch)
- **: Exponentierung (z. B. 3**5 bedeutet »3 hoch 5«)
- sqrt(x): Quadratwurzel von x; cubert(x): dritte Wurzel von x
- abs(x): Absolutwert
- sin(x): Sinus; cos(x): Cosinus; sec(x): Sekans; csc(x): Kosekans
- tan(x): Tangens; cot(x): Kotangens
- arcsin(x): Arkussinus; arccos(x): Arkuscosinus
- arctan(x): Arkustangens
- exp(x): Exponentialfunktion
- ln(x): natürlicher Logarithmus; log2(x): Logarithmus zur Basis 2; log10(x): Zehnerlogarithmus
- trunc(x): verwerfe die Dezimalstellen; round(x): runde auf die nächste ganze Zahl; floor(x): runde auf die nächst kleinere ganze Zahl; ceiling(x): runde auf die nächst größere ganze Zahl
- =, <>, <, >, <=, >=: Vergleichsoperatoren (gleich, ungleich, kleiner, größer, kleiner oder gleich, größer oder gleich)
- (): Klammern
- AND, OR, NOT: logische Operatoren
- (Bedingung)?(dann):(sonst) : falls (Bedingung) wahr ist, setze (dann), sonst setze (sonst). Beispiel: die Funktion abs(x) (Absolutwert von x) oben kann man auch wie folgt schreiben: »(x>0)? x:−x« (falls x>0 dann setze x, sonst setze −x)

Um festzustellen, ob die eingegebenen Gleichungen zulässig sind, kann der »Anwenden«-Knopf benutzt werden; dann wird (werden) die Ableitung(en) berechnet und angezeigt. Falls »unbestimmt« angezeigt wird, hat man entweder einen Tippfehler gemacht (z. B. wurde eine Klammer vergessen) oder es wurde eine unbekannte Funktion benutzt. In solch einem Fall reagiert »Ok« nicht; man muss die Eingabe korrigieren oder auf »Abbruch« klicken. Durch »Abbruch« werden alle Änderungen in diesem Fenster rückgängig gemacht, das Fenster wird geschlossen, und die Eingaben, wie sie vor dem Öffnen des Fensters angezeigt waren, werden wieder gültig. Die Fenster für die Eingabe der Gleichungen (Abbildung 161), für »Eingabe modulo/Initialisierung« (Abbildung 162) und für »Eingabe Parameter-Ebene« (Abbildung 163) können nicht gleichzeitig geöffnet werden. Man muss das eine schließen, um das andere zu öffnen. Außerdem müssen diese drei Fenster geschlossen werden, wenn man zum »Hauptfenster« zurückkehren möchte.

Eventuelle modulo-Operationen sowie das Festlegen der Startwerte x_0 (und für 2D auch y_0) werden durch Anklicken von »Eingabe modulo/Initialisierung« gesetzt; es öffnet sich damit das Fenster, wie in Abbildung 162 gezeigt. Um einen modulo-Wert einzusetzen, muss erst das entsprechende Ankreuzfeld bei »Benutze …« markiert werden. Klickt man erneut auf das Ankreuzfeld, wird der Haken gelöscht. Ein leeres Ankreuzfeld bedeutet, dass die modulo-Operation nicht benutzt wird. Außer Zahlen kann man dort eine beliebige Formel mit den oben aufgelisteten mathematischen Ausdrücken, einschließlich x und y, einsetzen. Um zum Beispiel Bild 5 zu berechnen, muss »1/b« nach »my=« eingesetzt werden. Auch hier, wie bei den Gleichungen, muss man in den Zahlen Kommas setzen, keine Punkte; ganze Zahlen ohne Komma und folgende Null (z. B. 2 aber nicht 2,0). Um sicherzugehen, dass die Eingabe zulässig ist, drückt man »Anwenden«. Um die Eingabe zu übernehmen und dabei das Fenster zu schließen, klickt man auf »Ok«. Zum Wiederherstellen der Eingabe vor dem Öffnen des Fensters klickt man auf »Abbruch«.

Mit Klick auf »Eingabe Parameter-Ebene« (vgl. Abb. 160) öffnet man das in Abbildung 163 gezeigte Fenster (zur Bedeutung von »Parameter-Ebene« vgl. 6.2). Zuerst werden die Koordinaten unten links, oben links und unten rechts gewählt (wie gehabt mit Kommas statt Punkten in den Zahlen, wenn es keine ganze Zahlen sind). Zur Definition eines Rechtecks sind nur fünf Koordinaten notwendig; die sechste Koordinate wird automatisch berechnet, so dass die sechs Koordinaten ein Rechteck bilden. Falls die eingegebenen Werte kein Rechteck definieren, erscheint die Warnung: »Die Koordinaten ergeben kein Rechteck«. Man kann die Zulässigkeit der Eingabe wieder durch Anklicken von »Anwenden« kontrollieren. Als Nächstes muss man wählen, ob die Koordinaten auf der Parameter-Ebene als r in der Abszisse und b in der Ordinate zu verstehen sind oder ob r periodisch alterniert (bei konstantem b und gemäß der weiter unten angegebenen AB-Sequenz). Falls zum Beispiel die AB-Sequenz AAAB eingegeben wird, ändert sich r periodisch in der Form AAAB AAAB… (vgl. 6.2). Wie zuvor nimmt man die Änderung mit »Ok« an oder stellt durch Klicken auf »Abbruch« die vorherigen Werte wieder her.

Die Breite und die Höhe des Bildes (in Pixel) sollte im Hauptfenster festlegt werden. Die Zahl von durchzuführenden Iterationsschritten muss vor dem Anklicken von »Start« eingesetzt werden; bei Bildern mit AB-Sequenzen ist hier die Zahl der Wiederholungen der AB-Sequenz (z. B. AAB oder AABAB) gemeint. Nach Klick auf »Start« wird der Iterationsverlauf angezeigt und die Berechnungen können dann durch erneuten Klick auf »Start« unterbrochen werden. Es erscheint »Unterbrochen!«, wo vorher »Start« stand. (Abhängig vom internen Rechenstatus erscheinen auch ungewohnte Zeichen, was für den Benutzer gleichbedeutend mit »Unterbrochen!« ist.) Drückt man abermals »Start«, werden die Berechnungen weitergeführt. Ändert man irgendeine Eingabe, während die Berechnungen unterbrochen wurden, werden diese durch neuen »Start« wieder von vorne begonnen. Wenn die gewünschte (eingetragene) Anzahl von Iterationen durchgeführt ist, wird das Bild aktualisiert. Danach hat man folgende Optionen: (a) durch Klick auf »Start« die eingetragene Zahl von Iterationen ein weiteres Mal durchzuführen; (b) durch Klick auf »Exponenten zurücksetzen« alle durchgeführten Iterationen als Voriterationen zu betrachten und λ auf Null zu setzen; oder (c) durch Klick auf »Iterationen zurücksetzen« die Iterationen und die Berechnung von λ von neuem zu beginnen. Die Änderung der gewünschten Iterationszahl ist die einzige Änderung, die nicht die vorausgegangenen Iterationen löscht, während jede andere Änderung von Gleichungen, Parametern oder anderen Eingaben alle bis dahin errechneten Ergebnisse löscht. Die Zahl der berechneten Iterationen und Voriterationen wird ganz unten im »Hauptfenster« angezeigt (Abbildung 160).

10.5 Auswahl der Farben oder Grauwerte

Das Färbungsfenster (Abbildung 164) ist immer zu sehen. Man kann hier Farben für drei λ wählen: 1.) das kleinste (negative) λ, das für das Einfärben berücksichtigt wird (links in Abbildung 164); 2.) ein mittlerer λ-Wert (in der Mitte von Abbildung 164); dieser Wert kann positiv oder negativ sein; eine Farbe wird für zunehmendes und eine für abnehmendes λ gesetzt, wenn man von diesem mittleren λ ausgeht); und 3.) das höchste (positive) λ (rechts in Abbildung 164). Auch hier sind nur Kommas erlaubt. Für jede Farbe gibt es drei Schieber (oberer Teil von Abbildung 164), und zwar für Rot (obere Schieber), Grün (mittlere Schieber) und Blau (untere Schieber), entsprechend dem RGB-Code. Obwohl in den Bildern in diesem Buch (bis auf Ausnahmen wie Bild 136) das mittlere λ gleich Null gesetzt wurde, werden interessante Strukturen sichtbar, wenn man diesen Wert in der Nähe von Null verändert. Für ein gegebenes λ zwischen zwei Farbtripeln, die als Grenzen angegeben sind, wird eine lineare Interpolation der Farbe zwischen diesen Grenzen durchgeführt. Liegt λ nicht zwischen solchen Grenzen, dann wird das nächstliegende Farbtripel verwendet. Die drei λ-Werte (kleinstes negatives, mittleres und höchstes positives λ) werden unter den Schiebern angegeben; ein Klick auf »+« erhöht den λ-Wert um 10%; ein Klick auf »−« vermindert ihn um 10%; dabei unterschreiten positive λ-Werte nie 0,005 und negative λ-Werte überschreiten nie −0,005.

Es kommt vor, dass λ nach +∞ oder −∞ divergiert. Diese Werte liegen außerhalb der Farbbereiche, so dass man die Werte gesondert (unten rechts) im Färbungsfenster setzen muss. Der Bereich der berechneten λ-Werte (ausgenommen λ → ±∞) wird ganz unten rechts im Färbungsfenster angegeben; diese Werte sind hilfreich bei der Wahl der drei λ-Werte (weiter oben). Nachdem man seine Änderungen eingegeben hat, klickt man auf »Neufärben«, um die Änderungen im Bild wirksam zu machen.

10.6 Vergrößerungen von Bildausschnitten, Streckungen, Stauchungen und Rotationen

Abbildung 165 zeigt als Beispiel ein Bild im »Bildfenster«, das immer geöffnet ist. Das rote Rechteck (das anfangs das Bild umrahmt) erlaubt die Wahl der Koordinaten auf der Parameter-Ebene. Man kann mit diesem Rechteck interessante Bildausschnitte vergrößern, strecken, stauchen oder rotieren. Dafür »zieht« man eine der vier Ecken des roten Rechtecks (nicht zwischen den Ecken!) mit gedrückter linker Maustaste. Die obere rechte Ecke vergrößert oder verkleinert das Rechteck; die untere linke Ecke verrückt es; die anderen zwei Ecken rotieren es und verändern die Längen der jeweiligen Achse. Zunächst sollte man die Rechteckgröße mit der oberen rechten Ecke verkleinern, dann das Rechteck an den gewünschten Ort mit der unteren linken Ecke bewegen und schließlich mit den anderen zwei Ecken rotieren, stauchen oder strecken; zwischendurch kann man das Rechteck mit der oberen rechten Ecke nochmals verkleinern oder vergrößern; auch die anderen Operationen sind austauschbar.

Abhängig von dem sich so ergebenden Verhältnis der Achsen des Rechtecks ist es ratsam, die Bildhöhe bzw. die Bildbreite im Hauptfenster zu verändern. Hierzu sind in diesem Fenster neben den jeweiligen Eingabefeldern in Klammern passende Werte für Bildhöhe und -breite angegeben. Diese ändern sich, während man das rote

Rechteck manipuliert, und zwar so, dass die Gesamtfläche des Bildes konstant bleibt. Nach Berechnungen mit einem Bildausschnitt kann man zum ursprünglichen größeren Bild nur zurückkehren, wenn man das ganze Programm neu startet oder aber ein völlig anderes Bild berechnet und danach mit dem ursprünglichen größeren Bild wieder von vorne beginnt.

10.7 Speichern, Laden, Abbrechen und Ergänzen einer persönlichen Bibliothek

Das Menu des Hauptfensters erlaubt:

- das Speichern von Zahlen und Gleichungen aus allen Eingabefeldern (mit Ausnahme des Färbungsfensters) mit »Datei → Datendatei speichern«;
- das Laden von vorher gespeicherten Zahlen und Gleichungen mit »Datei → Datendatei laden«;
- das Speichern eines Bildes als Bilddatei im PNG-Format mit »Datei → Bilddatei speichern«;
- das Programm mit »Datei → Programm beenden« verlassen;
- mit »Gleichungen → Bearbeite BIB« die BIB (vgl. Abschnitt 10.8 auf der CD) anzeigen sowie Gleichungen editieren oder hinzufügen.

Nutzer mit Programmierkenntnissen finden, neben Hinweisen zur Fehlerbehebung, die folgenden Ergänzungen in der Datei LIESMICH. PDF auf der CD:

- **Erweiterung der BIB als persönliche Bibliothek**: Bilder können etwa fünfmal schneller berechnen werden, wenn man eine eigene Bibliothek (hier BIB genannt) mit Gleichungen und Ableitungen erstellt. Eine automatische Berechnung der Ableitungen ist nicht möglich, wenn die BIB benutzt wird. Außerdem erfordert die BIB einige Eingaben in Java und die Fähigkeit, ein Java-Programm zu kompilieren. (Siehe »Java Online Documentation«[83])
- **Größere Bilder:** Als Standard-Einstellung reserviert Java 64 MB im Arbeitsspeicher. Dies kann für Bilder bis zu ca. 1000×1000 Pixel ausreichen. Wird die maximale Größe überschritten, so erscheinen nicht die üblichen zunehmenden %-Werte im Eingabefeld von »Start«, das heißt, es werden keine Berechnungen ausgeführt. Klickt man nochmals auf »Start«, erscheint eine Fehlermeldung: »Speicher überfüllt! Breite und Höhe sind zu groß...« Mit Programmiergeschick kann man jedoch diese Grenzen erweitern.

Mathematischer Anhang

Anhang A: Weshalb iterative Gleichungen?

In diesem Buch werden nur Formeln untersucht, die iterativ sind, das heißt bei denen die Variablen x_n und y_n zum Zeitpunkt n sprunghaft zu neuen Werten im nächsten Zeitpunkt $n+1$ übergehen. Man spricht in diesem Fall auch von »diskreten Abbildungen«. Es werden eindimensionale (1D) Abbildungen der Form

$$x_{n+1} = f(x_n),$$

oder zweidimensionale (2D) Abbildungen der Form

$$x_{n+1} = f(x_n, y_n),$$
$$y_{n+1} = g(x_n, y_n),$$

beginnend mit Startwerten x_0 bzw. (x_0, y_0), untersucht.

Im Unterschied zu diesen Unstetigkeiten sind Vorgänge in der Natur oder im Alltag kontinuierlich, das heißt, es findet eine stetige Veränderung der Variablen in der Zeit statt. Ich werde hier anhand verschiedener exemplarischer Fälle erklären, warum unstetige Prozesse für die Darstellungen dieses Buches interessant sind und wie sie stetige Prozesse in vereinfachter Form beschreiben können.

A.1 Vorgänge, die von Natur aus diskret sind

Als erstes Beispiel betrachte man ein Sparkonto mit einer festen jährlichen Zinsrate. In den Jahren $n = 0, 1, 2, \ldots$ wächst das Guthaben in der Form

$$x_{n+1} = (1+z)\,x_n.$$

z ist hier so definiert, dass $100z\%$ gleich der Zinsrate in Prozent ist. Man stelle sich nun eine Regierung vor, die ein Gesetz erlässt, nach dem Zinsen nur bei einem Guthaben unterhalb x_c gezahlt werden. Reichere Investoren mit einem Guthaben oberhalb x_c müssen stattdessen Steuern zahlen. Die jährliche Zins- bzw. Steuerrate sei durch folgende Formel beschrieben:

$$z = z_0 \left(1 - \frac{x_n}{x_c}\right).$$

Einfügen dieser Gleichung für z in die Gleichung für x_{n+1} ergibt

$$x_{n+1} = (1+z_0)\,x_n - z_0\,\frac{x_n^2}{x_c}.$$

Man kann leicht nachrechnen, dass zum Beispiel bei $x_c = 0{,}72$ und $z_0 > 2{,}57$ das Guthaben chaotisch schwanken wird. Mit anderen Worten: Wird den Armen zu viel gegeben, dann ähnelt die Bank einem Spielkasino für die Reichen.

Ein zweites Beispiel sei die biomathematische Beschreibung von Blätterwachstum auf einem Kreis. Da Blätter nur zu bestimmten Zeiten wachsen, ist dieses System inhärent diskret in der Zeit.

Blätter in einem Kreis findet man in manchen flach wachsenden sukkulenten Pflanzen und – sofern der Vorgang von einem vertikalen Wachstum begleitet wird – zum Beispiel auch in Ananasfrüchten, Tannenzapfen und einigen Disteln. Die nun folgenden Berechnungen basieren auf der Arbeit von Hans-Joachim Scholz.[84] Man beginne mit einem Blatt, das gerade auf einem Kreis entstanden ist. Dieses Blatt erzeugt einen Hemmstoff (meistens ein Peptid), der die Entstehung eines anderen Blattes verhindert, bis dieser Hemmstoff eine gewisse Schwelle unterschreitet (die sog. »laterale Inhibition«). Die räumliche Verteilung h_i der Konzentration des Hemmstoffes lässt sich durch eine Gaußverteilung approximieren:

$$h_i = b\,e^{-\left(\frac{x}{a}\right)^2},$$

wobei a und b charakteristische Parameter der betrachteten Pflanze sind, i der Index ist, der die Sequenz des Blätterwachstums angibt ($i = 0$ für das erste Blatt, $i = 1$ für das zweite usw.) und x der euklidische Abstand zwischen einem Punkt am Rande des Kreises und dem gerade entstandenen Blatt (siehe Abbildung 166).

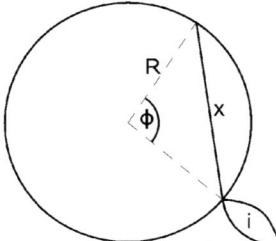

Abb. 166: Ein Blatt i, das auf einem Kreis wächst.

Eine günstige Variable ist der Winkel Φ, der gegeben ist durch

$$\frac{x}{2R} = \sin\frac{\Phi}{2},$$

wobei R der Radius des Kreises ist. Hiermit kann man h_i als Funktion von Φ ausdrücken. Nach der Entstehung von n Blättern ist die Gesamtkonzentration des Hemmstoffes an einem beliebigen Winkel Φ gleich

$$H_n(\Phi) = \sum_{i=1}^{n} h_i(\Phi - \Phi_i),$$

wobei Φ_i der Winkel von Blatt i ist. Es wird nun angenommen, dass $H_n(\Phi)$ auf dem gesamten Kreis mit einer Rate abklingt, die unabhängig von Φ ist. Ein neues Blatt entsteht zur Zeit t_n an einem Winkel Φ_n genau dann, wenn die Gesamtkonzentration des Hemmstoffes dort die Schwelle θ unterschreitet (θ ist ein weiterer Parameter, der die Pflanze charakterisiert).

Zur Zeit t_{n-1} ist die Gesamtkonzentration des Hemmstoffes bei dem Winkel Φ_n gleich $H_{n-1}(\Phi_n)$ und überall sonst gleich $H_{n-1}(\Phi)$. Zur Zeit t_n ist die Hemmstoffkonzentration gleich θ am Winkel Φ_n und gleich $x(\Phi)$ überall sonst. Da der Zerfall des Hemmstoffes unabhängig von Φ ist, kann man schreiben

$$\frac{H_{n-1}(\Phi)}{H_{n-1}(\Phi_n)} = \frac{x(\Phi)}{\theta}.$$

Löst man diese Gleichung nach $x(\Phi)$ auf und addiert dazu den Beitrag $h_n(\Phi)$ des neuen Blattes zur Hemmstoffkonzentration, dann erhält man

$$H_n(\Phi) = \theta\,\frac{H_{n-1}(\Phi)}{H_{n-1}(\Phi_n)} + h_n(\Phi).$$

Dies ist die gesuchte diskrete Abbildung. Jedoch muss noch ein zusätzlicher Schritt durchgeführt werden: Φ_{n+1} muss durch Minimierung von $H_n(\Phi)$ bezüglich Φ bestimmt werden. Dieses Minimum von $H_n(\Phi)$ tritt an jenem Winkel auf, an dem die Schwelle θ, während der Hemmstoff zerfällt, erstmals erreicht wird. Dann kann eine neue Iteration mit der diskreten Abbildung durchgeführt und die Gesamtkonzentration des Hemmstoffes erneut minimiert werden – und so weiter.

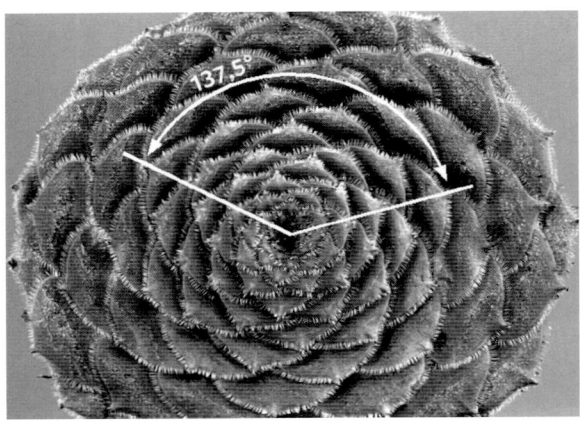

Abb. 167:
Blätter von *Aeonium tabulaeforme* (Kanarische Inseln). Der Winkel zwischen zwei aufeinander folgenden Blättern (auf der Abbildung exemplarisch angegeben) ist annähernd gleich dem »goldenen Winkel« *137,5°* (Foto: Wilhelm Barthlott).

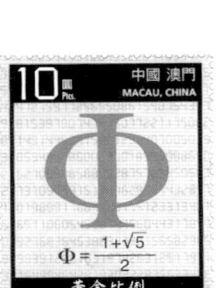

GOLDENE ZAHL Φ
Die »irrationalste« aller irrationalen Zahlen ist das Verhältnis des goldenen Schnitts (bei dem sich eine längere Strecke *a* zu einer kürzeren Strecke *b* verhalten wie $a + b$ zu *a*). Berechnen kann man die goldene Zahl wie folgt: $\Phi = a/b = (a+b)/a = 1 + 1/\Phi$. Hieraus ergibt sich die quadratischen Gleichung $\Phi^2 - \Phi - 1 = 0$ und daraus die Lösung: $\Phi = (1+\sqrt{5})/2$

FIBONACCI-ZAHLEN
Wie viele andere Pflanzen weist auch ein Pinienzapfen in seinem Bauplan Spiralen auf, deren Anzahl gleich aufeinanderfolgende Fibonacci-Zahlen sind (im Bild sind es 8 links- und 13 rechtsdrehenden Spiralen; jeweils eine von beiden ist im Bild durch eine schwarze Kurve gekennzeichnet).

Verändert man die Parameter θ, $\frac{a}{R}$ und *b*, so erhält man (nach Abklingen der Transienten) die Grenzwerte $\Phi_{n+1} - \Phi_n = 137,5°$ oder $99,5°$ für viele realistische Parameterkombinationen. Der erste dieser Winkel (der »goldene Winkel«) hängt mit dem goldenen Schnitt des Kreises zusammen: $137,5° \approx 360° - 360°/\Phi$, wobei $\Phi = (1+\sqrt{5})/2$ als goldene Zahl bekannt ist. Man konnte zeigen, dass beide Grenzwerte für $\Phi_{n+1} - \Phi_n$ »demokratische« Blätterverteilungen ergeben, im Sinne minimaler Lichtblockade durch ein Blatt auf ein anderes.[85] Wenn Sie also das nächste Mal eine Distel oder eine andere Pflanze mit kreisförmigem Blätterwachstum (z. B. Springkraut) sehen, dann überprüfen Sie den Winkel von 137,5° und beeindrucken Sie Ihre Begleitung mit der Geschichte über Hemmstoffe, Demokratie usw. – Winkelmesser nicht vergessen! Alternativ kann man einfach Abbildung 167 betrachten.

Noch etwas Interessantes: Wann immer der goldene Winkel erscheint und die Pflanze vertikal wächst, entstehen *n* Spiralen im Uhrzeigersinn und *m* Spiralen gegen den Uhrzeigersinn (sog. Parastichen) derart, dass *n* und *m* aufeinander folgende Fibonacci-Zahlen (1, 2, 3, 5, 8, 13, 21, ...) sind. Diese Zahlen erhält man durch Addition der vorherigen zwei Zahlen, beginnend mit 1 oder 2.[86] Zählen Sie also auch die Spiralen der Tannenzapfen im Wald oder die einer Ananas im Supermarkt und beeindrucken Sie Ihre Begleitung erneut!

Dieser »magische« Abschnitt endet mit der Bemerkung, dass der Quotient von aufeinander folgenden Fibonacci-Zahlen sich der goldenen Zahl Φ nähert, wenn die Fibonacci-Zahlen gegen unendlich gehen. Und wie sieht es mit dem anderen Winkel zwischen Blättern, also mit 99,5°, aus? Dieser Winkel ergibt Spiralen, die der »kleinen Fibonacci-Menge« entsprechen (beginnend mit 1 und 3, statt mit 1 und 2: 1, 3, 4, 7, 11, 18, ...)

A.2 Daten, die man in einem kontinuierlichen Vorgang zu diskreten Zeiten erhält

Ein bekanntes Beispiel ergeben die ökologischen Untersuchungen von William Ricker.[87] Er zählte Populationen x_n (n entspricht dem Jahr) von Lachsen an der Pazifikküste Kanadas und konnte seine Beobachtungen an die folgende Gleichung anpassen:

$$x_{n+1} = x_n e^{r(1-x_n)}.$$

Eine ähnliche Gleichung, und zwar

$$x_{n+1} = a x_n e^{-bx_n},$$

wurde an die Zahl der Personen (über mehrere Dekaden) mit Mumps oder Röteln in verschiedenen Städten angepasst.[103] Allerdings geben diese epidemiologischen Anpassungen Anlass zu Zweifel.[36]

LEONARDO FIBONACCI (1180–1241) Der »Rechenmeister« aus Pisa gilt als der bedeutendste Mathematiker des Mittelalters. Mit der Reihe sich selbst hinzu addierender Zahlen (1, 2, 3, 5, 8, 13...) beschrieb er als 22-Jähriger das Wachstum einer Kaninchenpopulation.

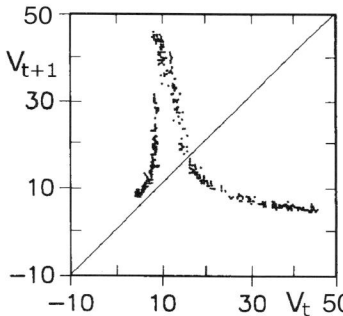

Abb. 168: Potenzial an der Membran eines Neurons der Schnecke *Onchidium verruculatum* bei periodischer elektrischer Anregung. Die Abszisse zeigt das Potenzial für eine bestimmte Anregungsphase; die Ordinate zeigt das Potenzial eine Anregungsperiode später.[88]

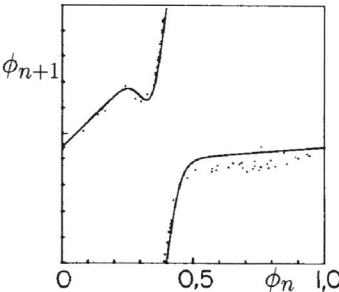

Abb. 169: Abhängigkeit der Schwingungsphase von der vorherigen Phase für Experimente (Punkte) und Computersimulationen (Kurven) mit embryonalen Hühner-Herzzellen, die durch elektrische Pulse stimuliert wurden.[89]

Überzeugendere Beispiele findet man bei den physiologischen Rhythmen, die den Abbildungen 168 und 169 entsprechen. Im ersten Fall sieht man eine (ungefähr) eindimensionale Iteration für das Potenzial (in Milivolt) an einem Schneckenneuron[88]; die diskreten Zeitpunkte entsprechen einer festen Phase der periodischen Anregung. Im zweiten Fall sieht man eine angepasste eindimensionale Iteration für elektrisch stimulierte Herzzellen.[89]

A.3 Poincaré-Schnitte

Ein Poincaré-Schnitt wird durch einen Schnitt des Phasenraumes durch eine Ebene definiert. Dies wird in Abbildung 170 veranschaulicht. Durch einen solchen Schnitt wird ein Punkt (x_n, y_n) in den Punkt (x_{n+1}, y_{n+1}) abgebildet; dadurch erhält man zweidimensionale Iterationen (von einem Durchgang der Trajektorie durch die Ebene zum nächsten Durchgang) als Integrale der Differentialgleichungen, die das System beschreiben. Die Integration dieser Differentialgleichungen kann, im Allgemeinen, numerisch durchgeführt werden. Mit anderen Worten: Ein Poincaré-Schnitt und numerische Integration erlauben im Prinzip, Bilder wie in diesem Buch zu generieren; dies gilt für irgendwelche physikalischen, chemischen, biologischen, wirtschaftlichen oder rein mathematischen Systeme, vorausgesetzt man kann die dazugehörigen Differentialgleichungen aufstellen.

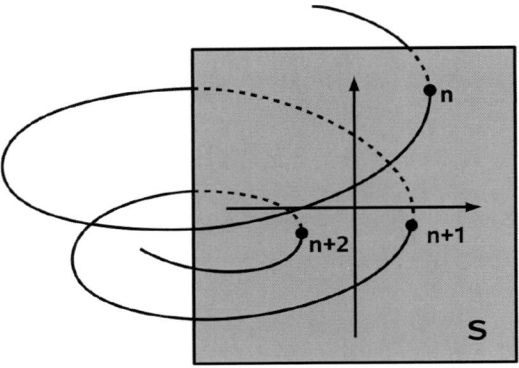

Abb. 170:
Schema für die Erstellung eines Poincaré-Schnittes
$(x_{n+1}, y_{n+1}) = P(x_n, x_n) = (f(x_n, y_n), g(x_n, y_n))$
auf einer Ebene S, die eine kontinuierliche Bahn schneidet.

Trotz dieser Anwendungsmöglichkeit in kontinuierlichen Systemen werden in diesem Buch nur Iterationen betrachtet, bei denen man explizit eine Formel für (x_{n+1}, y_{n+1}) in Abhängigkeit von (x_n, y_n) aufstellen kann. Mit anderen Worten: Dieses Buch betrachtet keine Fälle, bei denen man eine numerische Integration zwischen aufeinander folgenden Poincaré-Schnitten durchführen muss. Der Grund für diese Einschränkung ist die lange Rechenzeit, die sich aus solchen Integrationen ergibt, wenn man sie bei sehr vielen Parametern (alle Parameter auf einer Bildebene und noch mehr Parameter, wenn man Bilder verändert) wiederholen muss. In Zukunft jedoch, wenn die Leistung der Rechner weiter wächst, mag man (mit grundsätzlich gleicher Methode) Bilder wie solche in diesem Buch für eine größere Zahl von Anwendungen erstellen.

In einigen Fällen kann bei der Bestimmung einer zweidimensionalen Iteration die oben erwähnte Integration vermieden werden. Dies geschieht durch Anpassung von Iterationsgleichungen an gerechnete oder beobachtete Poincaré-Schnitte. Die Aufgabe wird besonders einfach, wenn der kleinste Lyapunov-Exponent derart negativ ist, dass er den chaotischen Attraktor signifikant abflacht, so dass man ihn (fast) als eine Fläche, die sich im Raum windet, betrachten kann. In solchen Fällen ist ein Poincaré-Schnitt (fast) eine Kurve, denn er hat eine vernachlässigbare Breite. Eine solche Kurve kann durch eine einzige Variable beschrieben und demzufolge mit einer eindimensionalen Iterationsgleichung approximiert werden. Ein Beispiel ist der quasi-2D-Attraktor, den man aus den folgenden sogenannten »Lorenz-Gleichungen« erhalten kann:

$$\frac{dx}{dt} = -\sigma x + \sigma y,$$

$$\frac{dy}{dt} = rx - y - xz,$$

$$\frac{dz}{dt} = -bz + xy.$$

Typischerweise setzt man r = 28, σ = 10 und b = 8/3. Diese Gleichungen wurden in den frühen 60er Jahren von Edward Lorenz[29] numerisch gelöst. Sie stellen ein Wettermodell dar, beruhen jedoch auf derart starken Vereinfachungen, dass sie praktisch keinen Nutzen für die Meteorologie haben. Aber da die Rechner zu jener Zeit schon effizient genug waren, diese Gleichungen überhaupt zu lösen, und da gezeigt werden konnte, dass Chaos (der sog. Lorenz-Attraktor) auftritt, folgte auf sie eine Chaosforschungswelle. Ein Schnitt durch die Trajektorie liefert Mengen, die fast Kurven sind, wie man in Abbildung 171 sehen kann; das heißt, man könnte das System durch eine eindimensionale Iteration beschreiben.

LORENZ-ATTRAKTOR
Die erste je berechnete chaotische Bahn stammt aus einem stark vereinfachten Erdatmosphären-Modell von Edward Lorenz (1963), das sich zur Wettervorhersage als unbrauchbar erwies. Dafür aber löste es einen weltweiten Chaosforschungsrausch aus. (Die scheinbare Ordnung entsteht nach sehr vielen Umläufen, von denen jede einzelne nur begrenzt vorhersagbar ist.)[120]

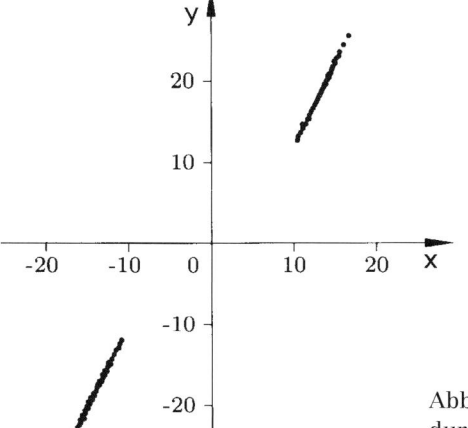

Abb. 171: Poincaré-Schnitt (definiert durch die Ebene $z = r - 1$) des Lorenz-Attraktors (r = 28, σ = 10, b = 8/3).

Ein weiteres Beispiel ist der getriebene Brusselator[90]

$$dx/dt = x^2 y - bx - x + a + c\cos(\varphi)$$

$$dy/dt = bx - x^2 y,$$

$$d\varphi/dt = \omega,$$

ein Gleichungssystem, das chemische Oszillationen beschreibt. Dieses System ist einer der Prototypen, die Ilya Prigogine in Brüssel (deshalb der Name Brusselator) in der Arbeit untersuchte, für die er den Nobelpreis für Chemie bekam. Ein Poincaré-Schnitt, der durch eine feste Phase φ definiert ist, ergibt die vier Inseln in Abbildung 172. Die x-Werte auf Insel 2 ergeben die eindimensionale Iteration auf Abbildung 173, die sich sehr gut mit einer parabelähnlichen Kurve angleichen lässt.[91,92]

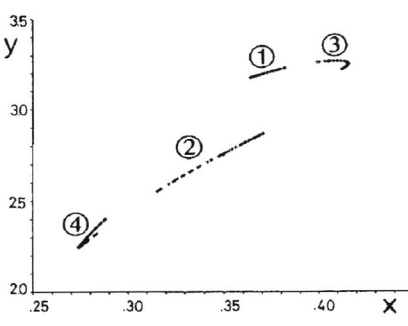

Abb. 172: Poincaré-Schnitt (durch ein festes definiert) für den getriebenen Brusselator ($a = 0,4$, $b = 1,2$, $c = 0,05$, $\omega = 0,8$).[92]

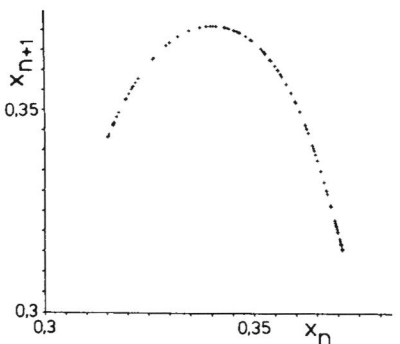

Abb. 173: Darstellung von x gegen seinen vorhergehenden Wert auf Insel 2 des Poincaré-Schnittes in Abbildung 172.[92]

Bislang lag die Aufmerksamkeit auf theoretischen Gleichungen. Allerdings ist das Ableiten von Iterationsgleichungen aus Poincaré-Schnitten kontinuierlicher Systeme auch mit experimentellen Daten möglich. Um dies zu zeigen, ist es sinnvoll, sich erst mit der Methode zur Phasenraum-Rekonstruktion von Floris Takens zu befassen[93]. Diese Methode besteht darin, für eine gemessene Zeitreihe $x(t)$ und einer gewählten Zeitverzögerung τ einen Attraktor in einem $(j+1)$-dimensionalen Raum mit den Koordinaten $x(t)$, $x(t+\tau)$, $x(t+2\tau), \ldots$ $x(t+j\tau)$ aufzubauen.

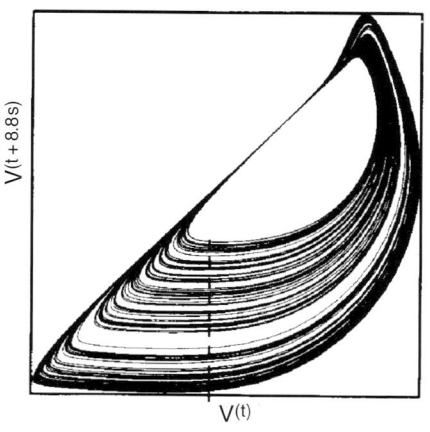

Abb. 174: Auf einer Ebene projizierter Attraktor aus Experimenten mit der Belousov-Zhabotinsky-Reaktion.[94]

Das Überraschende dabei ist, dass der so »rekonstruierte« Attraktor (für günstig gewählte Werte von τ und hinreichend große j) die gleichen globalen Eigenschaften wie ein Attraktor aus voneinander unabhängigen, gemessenen Koordinaten hat. Dies ist äußerst wichtig, da oft nur eine Variable $x(t)$ zugänglich ist. Außerdem kann es vorkommen, dass nur eine Variable $x(t)$ vor langer Zeit gemessen wurde, wie es oft in der Astronomie oder Ökologie der Fall ist. Als ein Beispiel zeigt Abbildung 174 (für $\tau = 8{,}8$ Sekunden) die Projektion eines rekonstruierten 3D-Attraktors auf die $V(t) - V(t + \tau)$-Ebene, wobei $V(t)$ das Potenzial an einer Bromid-empfindlichen Elektrode in einem oszillierenden Belousov-Zhabotinsky-Medium ist.[94] (Weiteres über die Belousov-Zhabotinsky-Reaktion findet man in 8.4.)

Der Attraktor in Abbildung 174 wird einem Poincaré-Schnitt unterworfen, wie es dort mit einer gestrichelten Linie (für einen festen Wert von $V(t)$) gezeigt wird. Die quasi-1D-Menge, die aus diesem Schnitt entsteht, zeigt Abbildung 175. Aufeinander folgende Punkte x_n und x_{n+1} auf dieser quasi-1D-Menge sind in Abbildung 176 aufgetragen. Die daraus resultierenden Punkte lassen sich mit der unter Bild 157 angegebenen Gleichung beschreiben.

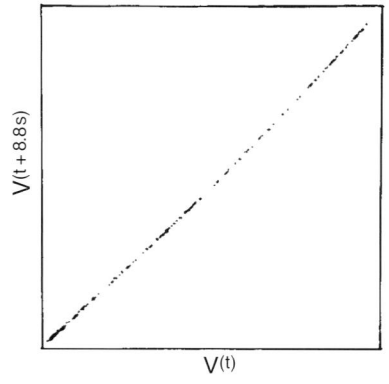

Abb. 175: Poincaré-Schnitt entsprechend der gestrichelten Linie in Abbildung 174.[94]

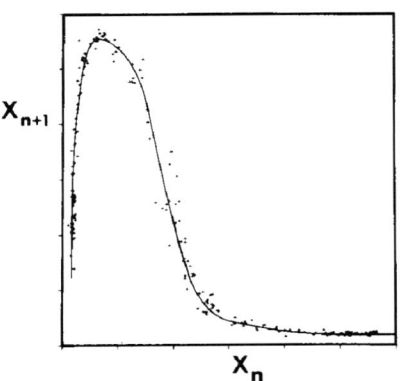

Abb. 176: Auftragung aufeinander folgender Kurvenlängen für den Poincaré-Schnitt in Abbildung 175 (Punkte). Kurve: Anpassung mit den Gleichungen unter Bild 157.[94]

A.4 Analytische Integration

Es gibt Systeme, für die sich die beschreibenden Differentialgleichungen analytisch integrieren lassen, so dass man daraus Iterationsgleichungen erhält. Ein Beispiel ist der »periodisch gestoßene Rotator«, der hier näher untersucht wird (vgl. 8.12).

Man betrachte ein auf einer Ebene rotierendes Teilchen. Der Rotationswinkel sei φ. Die Kraft auf das Teilchen besteht aus periodischen Pulsen (Periode T), die durch Deltafunktionen beschrieben werden. Die Bewegungsgleichung lautet

$$\frac{d^2\varphi}{dt^2} + \gamma \frac{d\varphi}{dt} = Kf(\varphi) \sum_{n-1}^{\infty} \delta(t-nT).$$

Diese Gleichung wird durch das Trägheitsmoment geteilt, um dieses als Parameter zu eliminieren. Der zweite Term beschreibt die Reibung. Diese nichtautonome Gleichung zweiter Ordnung lässt sich in drei autonome Gleichungen erster Ordnung umschreiben:

$$\frac{dx}{dt} = y,$$

$$\frac{dy}{dt} = -\gamma y + Kf(x) \sum_{n-1}^{\infty} \delta(z-nT).$$

$$\frac{dz}{dt} = 1,$$

wobei $x = \varphi$, $y = \frac{d\varphi}{dt}$ und $z = t$ gilt. Nun werden die folgenden diskreten Variablen eingeführt: $x_n = x(nT)$, $y_n = y(nT)$. Multiplikation der Gleichung für $\frac{dy}{dt}$ mit $e^{\gamma t}$ ergibt

$$\frac{d[e^{\gamma t}y]}{dt} = e^{\gamma t} Kf(x) \sum_{n=1}^{\infty} \delta(t-nT).$$

Integration dieser Gleichung von $nT - \varepsilon$ bis zu einer Zeit, die durch $nT < t < (n+1)T - \varepsilon$ beschränkt ist, Ausführung des Limes $\varepsilon \to 0$ und Auflösung nach $y(t)$ ergibt

$$y(t) = e^{-\gamma(t-nT)}[y_n + Kf(x_n)].$$

Einsetzen dieser Gleichung auf der rechten Seite der Gleichung für $\frac{dx}{dt}$ und analoges Vorgehen wie vorher ergibt

$$x(t) = x_n + [1 - e^{-\gamma(t-nT)}]\frac{y_n + Kf(x_n)}{\gamma}.$$

Speziell für $t = (n+1)T - \varepsilon$ und im Limes $\varepsilon \to 0$ erhält man die zwei-dimensionale Iteration

$$y_{n+1} = e^{-\gamma T}[y_n + Kf(x_n)],$$

$$x_{n+1} = x_n + (1 - e^{-\gamma T})\frac{y_n + Kf(x_n)}{\gamma}.$$

Setzt man $y_n + Kf(x_n)$, erhalten aus der Gleichung für y_{n+1}, in die Gleichung für x_{n+1} ein, setzt $T=1$, löst nach y_{n+1} und verschiebt den Index n zu $n-1$, so erhält man

$$y_n = \frac{\gamma(x_n - x_{n-1})}{e^\gamma - 1}.$$

Einsetzen von y_{n+1} und y_n aus dieser Gleichung in die Gleichung für y_{n+1} ergibt

$$x_{n+1} + e^{-\gamma}x_{n+1} = (1 + e^{-\gamma})x_n + (1 - e^{-\gamma})K\frac{f(x_n)}{\gamma}.$$

Falls man die folgende spezielle Wahl für $f(x_n)$ trifft:

$$(1 + e^{-\gamma})x_n + (1 - e^{-\gamma})K\frac{f(x_n)}{\gamma} = 1 - ax^2,$$

so erhält man

$$x_{n+1} = 1 - ax^2 - e^{-\gamma}x_{n-1}.$$

Definiert man $b = -e^{-\gamma}$ und die neue Variable $y_n = bx_{n-1}$, dann erhält man die bekannte Hénon-Abbildung (vgl. 7.5):[55]

$$x_{n+1} = -ax_n^2 + y_n + 1,$$

$$y_{n+1} = bx_n.$$

Zum Beispiel für $a = 1,4$ und $b = 0,3$ folgen die Punkte (x_n, y_n) auf der Ebene chaotisch aufeinander und ergeben eine blätterteigartige, selbstähnliche fraktale Struktur.

Anhang B. Berechnung der Bilder

Im vorherigen Abschnitt wurde anhand von Beispielen gezeigt, dass es sinnvoll und fruchtbar ist, wenn man sich auf einfache 1D- oder 2D-Abbildungen beschränkt. In beiden Fällen sind die Koordinaten der Bilder durch Parameter gegeben, die das System kontrollieren und die in den Funktionen *f* und *g* (definiert am Anfang von Anhang A) enthalten sind. Demnach entspricht jedem Punkt auf der Bildebene ein Paar von Parameterwerten. Die Farbe oder der Grauwert an einem solchen Punkt entspricht dem maximalen Lyapunov-Exponenten λ, der im folgenden Abschnitt behandelt wird.

B.1 Der Lyapunov-Exponent

Eine allgemeine Analyse dynamischer Systeme zeigt, dass nach einer Zeit *t* eine kleine Störung in einem kontinuierlichen System mit dem Faktor $e^{\bar{\lambda}t}$ multipliziert wird. Für eine Iteration (diskrete Abbildung) wird solch eine Störung mit dem Faktor $e^{\lambda n}$ multipliziert. Falls $\lambda > 0$, wächst die Störung an; dies ist die Definition von Chaos; das Wachstum der Störung ist der berühmte »Schmetterlingseffekt«. Je kleiner λ ist, desto besser können kurzfristige Prognosen gemacht werden; deshalb kann begrenzte Voraussagbarkeit durch λ quantifiziert werden.

Für $\lambda < 0$ werden Störungen gedämpft; nach Abklingen der Transienten haben wir es dann mit Fixpunkten oder periodischen (also mit voraussagbaren) Phänomenen zu tun. Der Wert von $|\lambda|$ für $\lambda > 0$ sagt uns, wie rasch sich das System von einer Störung erholt, das heißt wie stabil es ist. Im Falle eines Biorhythmus bzw. beim Bau einer Maschine sind selbstverständlich negative λ mit großen $|\lambda|$ erwünscht.

Für 1D-Abbildungen wächst eine »Störung« dx_i auf dx_{i+1} im nächsten Zeitschritt. Schreibt man $|dx_{i+1}| = |dx_i| e^{\lambda_i}$, wobei λ_i der Beitrag zu λ im Zeitschritt *i* ist, dann erhält man $\lambda_i = \ln\left|\frac{dx_{i+1}}{dx_i}\right|$. Deshalb ist λ durch den Mittelwert

$$\lambda = \lim_{N \to \infty} \frac{1}{N} \sum_{i=1}^{N} \ln\left|\frac{dx_{i+1}}{dx_i}\right|$$

gegeben. Hieraus folgt, dass für eine 1D-Abbildung

$$x_{n+1} = f(x_n)$$

nichts anderes zu tun ist, als die Ableitung $f'(x_n) = \frac{dx_{n+1}}{dx_n}$ zu bestimmen, den Logarithmus davon zu berechnen und diesen über eine große Anzahl von Zeitschritten zu mitteln.

Man betrachte nun 2D-Abbildungen:

$$x_{n+1} = f(x_n, y_n),$$
$$y_{n+1} = g(x_n, y_n).$$

Die x- und y-Komponenten einer Störung bestimmen den Vektor

$$\delta\vec{x}_n = \begin{pmatrix} \delta x_n \\ \delta y_n \end{pmatrix}.$$

Falls $|\delta\vec{x}_n|$ hinreichend klein ist, kann man die Entwicklung dieser Störung wie folgt approximieren:

$$\delta\vec{x}_{n+1} = J(\vec{x}_n)\,\delta\vec{x}_n,$$

wobei

$$J(\vec{x}_n) = \begin{pmatrix} \dfrac{\delta x_{n+1}}{\delta x_n} & \dfrac{\delta x_{n+1}}{\delta y_n} \\[2ex] \dfrac{\delta y_{n+1}}{\delta x_n} & \dfrac{\delta y_{n+1}}{\delta y_n} \end{pmatrix}$$

die Jacobi-Matrix (ausgewertet am Punkt $\vec{x}_n$) ist. Im vorliegenden Buch wurde die Anfangsstörung wie folgt gesetzt:

$$\delta\vec{x}_0 = \frac{1}{\sqrt{2}} \begin{pmatrix} 1 \\ 1 \end{pmatrix}.$$

CARL GUSTAV JACOB JACOBI (1804–1851)
Einer der vier Großen (zusammen mit Newton, William Hamilton und Lagrange) bei der Entwicklung der Grundgleichungen für Bewegungen auf der Erde und im All.

Dieser Anfangswert wurde mit $J(\vec{x}_0)$ multipliziert, was die Störung $\delta\vec{x}_1$ ergab. Dann wurde $\delta\vec{x}_1$ auf 1 normiert (Division durch $d_1 = |\delta\vec{x}_1|$), dann mit $J(\vec{x}_1)$ multipliziert, was $\delta\vec{x}_2$ ergab. Wie im Schritt davor wurde dann $\delta\vec{x}_2$ auf 1 normiert (Division durch $d_2 = |\delta\vec{x}_2|$) und so weiter. Am Ende wurde λ bestimmt mit

$$\lambda = \frac{1}{N} \sum_{i=1}^{N} \ln d_i.$$

Die Normierung auf die Länge 1 in jedem Schritt erfolgte zur Verhinderung von numerischen Überläufen (»overflows«) oder Unterläufen (»underflows«), da sich die Störung ja exponentiell ändert. Auf einer Ebene gibt es nun jeweils zwei unabhängige Richtungen,

$\vec{\varepsilon}_1$ und $\vec{\varepsilon}_2$ (Eigenvektoren), und zwei Lyapunov-Exponenten, λ_1, λ_2 (Eigenwerte), so dass sich eine Störung $\delta\vec{x}_0$ (zerlegt in Komponenten δx_0 und δy_0 entlang den Eigenwertrichtungen) folgendermaßen verändert:

$$\delta\vec{x}_n = \delta x_0\, e^{\lambda_1 n}\, \vec{\varepsilon}_1 + \delta y_0\, e^{\lambda_2 n}\, \vec{\varepsilon}_2.$$

Falls $\lambda_1 > \lambda_2$, kann man

$$\delta\vec{x}_n = \delta x_0\, e^{\lambda_1 n} \left(\vec{\varepsilon}_1 + \frac{\delta y_0}{\delta x_0}\, e^{(\lambda_2 - \lambda_1)n}\, \vec{\varepsilon}_2 \right)$$

schreiben. Der zweite Term in der Klammer wird natürlich gegen Null gehen, wenn $n \to \infty$, so dass sich nur der größte Lyapunov-Exponent λ_1 langfristig bemerkbar macht. Mit anderen Worten: Der Wert von λ, der aus der gerade beschriebenen iterativen Prozedur erhalten wird, ist eigentlich der maximale Lyapunov-Exponent. Es ist dieser Exponent, der durch Farben oder Grauwerte auf den Bildern dieses Buches sichtbar gemacht wird.

Bevor λ (wie oben beschrieben) berechnet wird, wird bei 1D- und bei 2D-Abbildungen eine Anzahl von Voriterationen (genannt n_{vor}) durchgeführt, damit Transienten abklingen können. Das Zeichen dafür, dass die Transienten keine Rolle mehr spielen, ist die Unveränderlichkeit der Bilder bei zunehmender Iterationszahl. Als Daumenregel werden einige hundert Voriterationen durchgeführt. Jedoch gibt es Fälle, in denen 20 ausreichen, und andere, in denen 2000 notwendig sind. Die Voriterationen werden nicht in der Berechnung von λ berücksichtigt, weil die Anfangswerte x_0 oder (x_0, y_0) vom Benutzer arbiträr gesetzt werden und diese deshalb nicht notwendigerweise zur Menge gehören, die später erreicht wird. n_{max} ist die Bezeichnung für die Zahl der Iterationen zur Berechnung von λ, die nach den Voriterationen durchgeführt werden.

Wichtig ist noch, dass jeder Schritt, in dem die Matrix $J(\vec{x}_i)$ gleich Null ist, in der Summation der Logarithmen ignoriert wird, denn solch eine Matrix führt zu einer Störung, die gleich Null ist, sodass die Normierung versagt. In einem solchen Fall wird $\delta\vec{x}_{i+1}$ auf den Anfangswert $\delta\vec{x}_0$ zurückgesetzt. Dieses Zurücksetzen beeinträchtigt die Iterationen (mit den Funktionen f und g) nicht: sie werden weiter durchgeführt. Ein Beispiel eines Falles, bei dem die Jacobi-Matrix Null wird, ist in 7.9 (Mandelbrot-Menge) gegeben, und zwar zu Beginn der Iterationen, denn dann ist $(x_0, y_0) = (0,0)$.

B.2 Der Einsatz von Farben oder Grauwerten

In diesem Buch werden verschiedene Kriterien für die Zuordnung von Farben zu den Werten von λ benutzt. Allerdings wird in den meisten Bildern ein Farbsprung bei $\lambda = 0$ eingeführt, um den Übergang von Vorhersagbarkeit zu Chaos kenntlich zu machen. Innerhalb der Regionen mit $\lambda < 0$ werden die Farben entweder in mehreren diskreten Schritten (z. B. in den Bildern 119 und 148) oder kontinuierlich verändert.

Bei Schwarz-Weiß-Bildern markiert ein Sprung auf den Grauwert 0 (schwarz) den Übergang von $\lambda < 0$ zu $\lambda > 0$; chaotische Regionen ($\lambda > 0$) sind immer schwarz. Für $\lambda < 0$ wird der Grauwert kontinuierlich von Schwarz (bei kleinsten negativen Werten von λ) bis Weiß (bei größten negativen Werten von λ) verändert. (Man erinnere sich, dass die Grauwerte 0 bis 255 zunehmend heller, von Schwarz zu Weiß, werden.) Falls λ divergiert und dabei kleiner als 10^{-20} oder größer als 10^{20} wird, wird der Grauwert gleich 0 (schwarz) gesetzt; die verbleibenden Grauwerte (1 bis 255) werden dann für nicht divergierende λ-Werte eingesetzt.

In einigen Fällen, die wir mit »L-Schattierung« (lineare Schattierung) bezeichnen, wird das Intervall V (auf der reellen Achse) zwischen dem Minimum und dem Maximum von negativem λ in 255 Intervalle aufgeteilt; jedem dieser kleineren Intervalle wird ein Grauwert zwischen 1 (am dunkelsten; Intervall mit dem kleinsten λ) und 255 (weiß, Intervall mit dem größten negativen λ) zugeordnet. Ein gegebenes Pixel wird dann mit jenem Grauwert gefärbt, der dem Intervall entspricht, der das λ des betrachteten Pixels enthält. In manchen Fällen aber wird die untere Grenze des Intervalls V nicht dem Minimum von λ, sondern einem anderen, grafisch günstigeren (in der Bildbeschreibung in Anhang E gekennzeichneten) Wert λ_m zugeordnet.

In den meisten Fällen ist die Visualisierung jedoch einfacher, wenn die Farben in einer Form zugeordnet werden, die hier mit »demokratisch« bezeichnet wird. Diese Form der Zuordnung wird als »D-Schattierung« gekennzeichnet. In diesen Fällen ist der Algorithmus wie folgt: S sei die Zahl der Pixel mit negativem λ im Bild. »Demokratisch« bedeutet hier, dass jedem der 255 Grauwerte die gleiche Anzahl $S/255$ von Pixeln zugeordnet wird. Das Intervall auf der reellen Achse zwischen dem kleinsten und dem größten negativen λ wird in 10^4 gleiche »bins« unterteilt, um die Verteilung $p(\lambda)$ näherungsweise zu bestimmen; hier ist p die Wahrscheinlichkeit, einen Pixel mit Lyapunov-Exponent λ zu finden, wenn man alle S Pixel mit $\lambda < 0$ betrachtet. Als nächster Schritt wird das Intervall zwischen dem kleinsten und dem größten negativen λ in 255 Intervalle $V_i = [\lambda_i, \lambda_{i+1}]$ ($i = 1, 2, \ldots, 255$) so aufgeteilt, dass Folgendes gilt:

$$\int_{\lambda_i}^{\lambda_{i+1}} p(\lambda)\, d\lambda = S/255.$$

Jedem der 255 Intervalle V_i wird ein Grauwert i zugeordnet: $i = 1$ (schwarz) für V_1, und so weiter bis $i = 255$ (weiß) für V_{255}. Für ein betrachtetes Pixel wird das Intervall V_1 bestimmt, zu dem dieser Pixel gehört; dann wird es mit dem Grauwert i gefärbt. Diese »demokratische« Schattierung erzeugt, als Nebeneffekt, eine scheinbare Dreidimensionalität der grafischen Strukturen innerhalb jener Regionen der Bilder, in denen $\lambda < 0$ gilt.

Man beachte, dass die hier angenommene Farb- oder Grauwertunstetigkeit bei $\lambda = 0$ den Eindruck hervorruft, dass die Regionen mit $\lambda < 0$ Objekte im Vordergrund des Bildes sind; dagegen erscheinen die Regionen mit $\lambda > 0$, im Allgemeinen, als Bildhintergrund.

In Ausnahmefällen wird sowohl bei der linearen wie auch bei der »demokratischen« Schattierung ein Farb- oder Schwarz-Weiß-Sprung für einen nahe bei Null liegenden (meist positiven) λ-Wert eingeführt (z. B. bei Bild 136). Damit wird der oben beschriebene Formalismus (Zuordnung von λ-Werten zu Grauwerten oder Farben) im Intervall zwischen dem kleinsten negativen λ und dem gewählten, nahe bei Null liegenden λ-Wert durchgeführt. Dies kann für die Ästhetik und auch die Visualisierung von Strukturen im schwach-chaotischen Bereich interessant sein. Bei Benutzung der CD kann diese Maßnahme (bei linearer Schattierung) durch die mittleren Schieber des Färbungsfensters (Abb. 164) gesteuert werden; bei »demokratischer Schattierung« ist diese Variante nur bei selbstständiger Programmierung möglich.

Anhang C.
Sind die am PC generierten Bilder Fraktale?

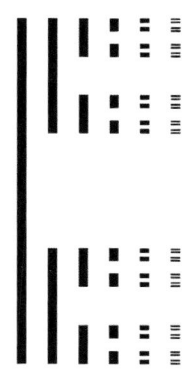

Einige Leser mögen auf diese Frage mit »ja« antworten. Dies liegt daran, dass es zur Gewohnheit geworden ist, irgendwelche Bilder, die im Kontext der Chaosforschung entstehen, als Fraktale zu bezeichnen. Die richtige Antwort jedoch ist, dass die meisten Bilder in diesem Buch keine Fraktale sind, obwohl ein Teil der Bilder den sogenannten »fetten Fraktalen« zuzuordnen ist.

Um die Antwort zu verstehen, ist es zunächst notwendig, ein Fraktal formal mathematisch zu definieren. Handelt es sich um ein 2D-Objekt, so bedeckt man es mit Quadraten der Seitenlänge ε. Dabei sei $N(\varepsilon)$ die Anzahl solcher Quadrate, die mindestens einen Punkt des Objektes enthalten. Falls das Objekt ein Fraktal ist, gilt $N(\varepsilon) \sim \varepsilon^{-F}$ für $\varepsilon \to 0$, wobei F die Fraktaldimension ist.

Das Maß eines 2D-Objektes wird definiert als $\mu(\varepsilon) = N(\varepsilon)\varepsilon^2$ für $\varepsilon \to 0$. Setzt man hier $N(\varepsilon)$ (siehe oben) ein, so erhält man $\mu(\varepsilon) \sim \varepsilon^{2-F}$. Für Fraktale im gewöhnlichen Sprachgebrauch hat die Dimension F einen nichtganzzahligen Wert zwischen 1 und 2, da es sich um etwas zwischen einer Kurve und einer Fläche handelt. Man beachte aber, dass in einem differenzierteren Sprachgebrauch solch eine nichtganzzahlige Dimension nur sogenannte »dünne Fraktale« definiert. (Als Beispiel betrachte man eine Küstenlinie, die aus Buchten besteht, welche wiederum kleinere Buchten haben usw., also irgendetwas zwischen einer Kurve und einer Fläche ist. Ein Baum oder unsere Blutgefäße sind auch dünne Fraktale, da ihre Fraktaldimension zwischen 2 und 3 liegt; das heißt, sie sind spärlicher als etwas Dreidimensionales, aber fülliger als eine Fläche. Für unser Maß $\mu(\varepsilon)$ in 2D bedeutet $F < 2$, dass $\mu(\varepsilon) \sim \varepsilon^{2-F} \to 0$ für $\varepsilon \to 0$.

Die Tatsache, dass $N(\varepsilon) \sim \varepsilon^{-F}$ unabhängig von ε ist (im Grenzwert gegen Null gehendes ε), sagt aus, das man es mit einem selbstähnlichen Objekt zu tun hat, das heißt einem Objekt, das auf jeder Größenskala ähnlich aussieht. Man sieht dies in Küstenlinien, Blutgefäßen, Blumenkohl und anderen bekannten Fraktalen. Wenn man beachtet, dass einige Bilder hier auch selbstähnlich sind (z.B. ist Bild 118 die Vergrößerung eines kleinen Ausschnittes von Bild 117; vgl. auch die Bilder 123 und 141), dann könnte der Eindruck entstehen, man habe es hier mit Fraktalen zu tun. Andererseits sieht man deutlich, dass diese Objekte wohldefinierte Flächen im Innern haben, so dass ihre Maße sicher nicht gleich Null (wie im oben berechneten Fall) sind.

FRAKTAL IN 1D
Wischt man (von links nach rechts gehend) bei jedem Iterationsschritt jeweils ein Drittel in der Mitte der Balken heraus, so verbleibt nach unendlich vielen Schritten (im Bild geht es nur bis zur 6. Stufe) der sogenannte CANTOR-STAUB: nämlich unendlich viele Punkte, die ein Fraktal bilden: ein Gebilde, das irgendwo zwischen Punkte und Linie liegt.

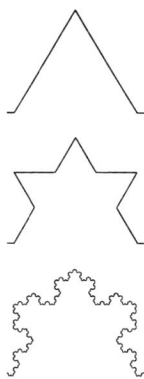

FRAKTAL IN 2D
Wenn man das mittlere Drittel einer Strecke – statt es wie bei der Cantor-Menge wegzuwischen – durch ein gleichseitiges Dreieck ersetzt und diese Ersetzungsprozedur in unendlichen Schritten wiederholt (hier sind 3 Stufen gezeigt), erhält man die unendlich lange, aber nirgends differenzierbare KOCHSCHE KURVE. Dies ist ein Fraktal – ein Gebilde irgendwo zwischen einer Kurve und einer (dünnen) Fläche.

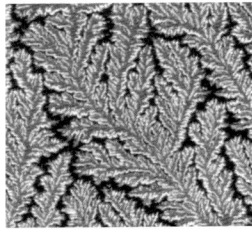

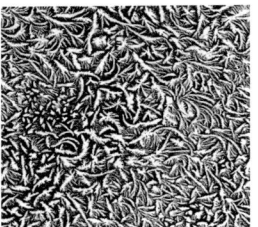

FRAKTALE KRISTALLE
Man mische ein Salz mit Agar-Agar, einem Geliermittel, streiche eine dünne Schicht der Mischung auf Glas und warte, bis sich Kristalle bilden … Gezeigt werden hier (oben) Kristalle mit Ammoniumchlorid und (unten) Kupfersulfat. (Fotos: Jan Fasel, Dortmund)

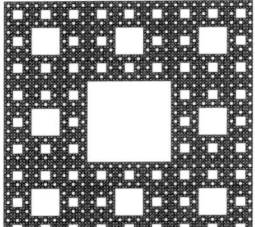

Ein FETTES FRAKTAL ist selbstähnlich und mit wohl definierter Fläche. Man entferne aus einem Quadrat in der Mitte 1/9 der Fläche; in den verbleibenden 8/9 entferne man wiederum Quadrate mit 1/9 der Fläche des ersten Quadrates, wie im Bild oben gezeigt. Man wiederhole dies noch zweimal, dann hat man einen nach Wacław Sierpiński (1882–1969) benannten SIERPINSKI-TEPPICH der 4. Stufe vor sich (vgl. Bild). Treibt man diese Prozedur unendlich oft, geht der Flächeninhalt aller selbstähnlichen, also fraktalen Quadrate nicht gegen Null: sie bilden ein fettes Fraktal.

Wie löst man dieses Rätsel? Die Antwort ist recht einfach: $N(\varepsilon) \sim \varepsilon^{-F}$ mit $F = 2$; deshalb ist $\mu(\varepsilon) \sim \varepsilon^{2-F} = \varepsilon^0$, was nicht gegen Null für $\varepsilon \to 0$ geht. Objekte mit einer solchen Eigenschaft werden »fette Fraktale«[95] genannt. Ein Beispiel von fetten Fraktalen ist die Mandelbrot-Menge (Bild 10); andere Beispiele sind fraktale Kristalle, diverse geometrische Konstruktionen und der menschliche Körper abzüglich seiner Blutgefäße.

Das Problem, das bei fetten Fraktalen auftaucht, besteht darin, dass man den Wert der Fraktaldimension nicht mehr zur ihrer Charakterisierung benutzen kann, denn für alle fetten Fraktale auf der Ebene ist die Fraktaldimension $F = 2$ und für alle im 3D-Raum ist sie $F = 3$. Ein Ausweg bietet der Befund, dass fette Fraktale folgendem Skalierungsgesetz für das Maß $\mu(\varepsilon) = N(\varepsilon)\varepsilon^D$ (D ist die Dimension, in der das Fraktal eingebettet ist, also $D = 1, 2, \ldots$) folgen:

$$\mu(\varepsilon) = \mu_0 + C\varepsilon^\gamma.$$

Hiermit ist das Problem gelöst, denn man kann den sogenannten Dickheits-Exponenten γ zur Charakterisierung eines fetten Fraktals benutzen. Wie im Folgenden erläutert wird, habe ich einige Werte für γ bestimmt, und zwar für jene Regionen, in denen der Lyapunov-Exponent negativ ist, wo also kein Chaos herrscht. Diese sind, im Allgemeinen, die helleren Regionen auf dem Vordergrund der Bilder.

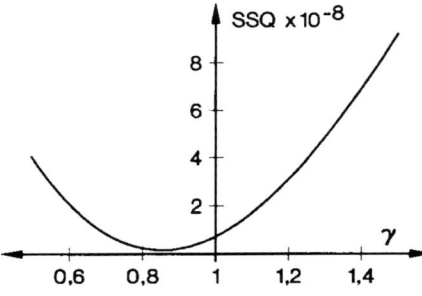

Abb. 177: Minimum der Summe der Quadrate (SSQ) gegen γ gemäß einer linearen Anpassung von μ gegen ε^γ (berechnet für Bild 179). Das Minimum der SSQ bestimmt das gesuchte γ.

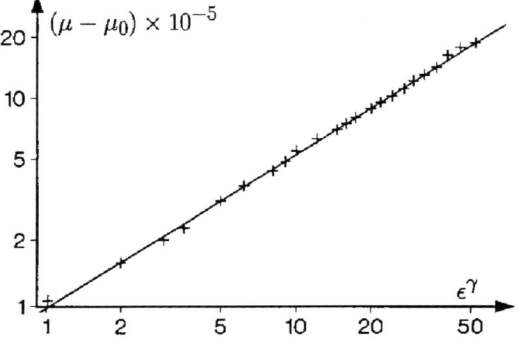

Abb. 178: Log-log-Darstellung von $\mu - \mu_0$ gegen ε^γ, berechnet mit jenem Wert von γ, bei dem die SSQ ihr Minimum auf Darstellungen wie in Bild 177 haben.

In früheren Untersuchungen von fetten Fraktalen wurden die Parameter μ_0, C und γ mit zwei unterschiedlichen Methoden bestimmt: (a) Bestimmung von μ_0 durch Extrapolation von μ für $\varepsilon \rightarrow 0$ und darauffolgendes Auftragen von $\log(\mu - \mu_0)$ gegen $\log(\varepsilon)$; und (b) nichtlineare Optimierung. Im Allgemeinen liefert Methode (a) sehr ungenaue Abschätzungen für μ_0, was nur durch sehr kleine Werte von ε zu beheben wäre, mit denen man sich aber an den Rand der heutigen Rechengenauigkeit begeben würde. Methode (b) hat leider auch einen Nachteil: Oft gibt es mehr als ein lokales Minimum der SSQ (Summe der Quadrate der Differenzen zwischen den Daten und den Werten aus der Gleichung). Das Problem, ein globales Minimum zu finden, ist in der Tat ein allgemeines Problem nichtlinearer Systeme. Dieses Problem haben mein Mitarbeiter Javier Tamames und ich mit der folgenden Methode gelöst.[96]

Für ein festes γ wird eine Gerade an μ gegen ε^γ angepasst (lineare Optimierung, die eindeutige Ergebnisse liefert). Dann wird γ in kleinen Schritten verändert und das SSQ wird aus jeder dabei durchgeführten linearen Optimierung gegen γ aufgetragen. Danach wird jenes γ bestimmt, bei dem das SSQ sein Minimum hat; dieses minimale SSQ wird in Abb. 177 in Abhängigkeit des entsprechenden γ gezeigt. Als Beispiel wird hier die (schwarz gezeichnete) nichtchaotische Region auf Bild 179, das Bild 118 entspricht, ausgewertet.

Abb. 179:
Fettes Fraktal aus Bild 118;
Schwarz: Periodizität;
Weiß: Chaos.

Die Werte für γ, die weiter unten angegeben werden, wurden mit einer Auflösung von 2160×2160 Punkten bestimmt. Die Zahl 2160 hat den Vorteil, dass sie durch eine große Anzahl ganzer Zahlen teilbar ist: 1, 2, 3, 4, 5, 6, 8, 9, 10, 12, 15, 16, 20, 24, 27, 30, 36, 40, 45, 48, 54 und 60. Alle diese Zahlen wurden als ε verwendet. Durch die Teilbarkeit konnte die Ebene vollständig bedeckt werden.

Der Fehler von γ wird aus zwei Anteilen bestimmt: ein Fehler aus der linearen Ausgleichsrechnung und ein Fehler, der sich aus der Krümmung um das Minimum von SSQ gegen γ ergibt (siehe Abb. 177). Der erste Fehleranteil ist ein gängiges Nebenergebnis linearer Regressionen. Für den zweiten Fehleranteil wurde der F-Test benutzt; dieser liefert (bei gegebener Konfidenz, die hier 95 % gesetzt wurde) einen Fehler der SSQs (Ordinate), entsprechend einem Fehlerintervall für γ (Abszisse).

Hier folgen nun einige Beispiele für berechnete Werte von γ:
BILD 117: $0{,}837 \pm 0{,}13$. BILD 118: $0{,}853 \pm 0{,}128$. BILD 123: $0{,}671 \pm 0{,}071$. BILD 125: $0{,}544 \pm 0{,}055$. BILD 127: $0{,}451 \pm 0{,}063$. BILD 128: $0{,}859 \pm 0{,}161$. BILD 129: $0{,}401 \pm 0{,}068$. BILD 130: $0{,}345 \pm 0{,}085$. BILD 131: $0{,}885 \pm 0{,}148$. BILD 132: $0{,}612 \pm 0{,}061$. BILD 133: $0{,}572 \pm 0{,}051$. BILD 135: $0{,}823 \pm 0{,}064$. BILD 140: $0{,}738 \pm 0{,}059$.

Man mag sich nun fragen, was mit diesen Zahlenwerten gewonnen wurde. Ein Ergebnis ist, dass die geringen Fehler dieser Werte eine ausgezeichnete Linearität von $\mu(\varepsilon) - \mu_0$ gegen ε^γ bezeugen, wie auf Abbildung 178 exemplarisch (für Bild 118) gezeigt wird. Diese Linearität wiederum zeigt, dass in den untersuchten Regionen Skalenunabhängigkeit herrscht, das heißt dass diese Regionen quantitativ selbstähnlich sind. Obwohl diese Selbstähnlichkeit nicht durch eine fraktale Dimension bestimmt wird, kann man sie durch eine wohldefinierte Größe, nämlich durch den Dickheits-Exponent γ, charakterisieren.

Für viele Bilder in diesem Buch gibt es allerdings keine Selbstähnlichkeit, wie aus einfachem Anschauen hervorgeht: Es wiederholen sich nicht größere Strukturen auf kleineren Skalen. Solche Bilder sind keine Fraktale.

Anhang D.
Was kann man mit diesen Bildern erforschen?

Es gibt eine Reihe von Eigenschaften, die man auf einen Blick aus den Bildern erkennen kann:

- Übergänge zwischen Voraussagbarkeit ($\lambda < 0$) und Chaos ($\lambda > 0$): Solche Übergänge sind auf den Bildern meistens durch einen Sprung in der Farbe oder dem Grauwert (meistens von Weiß zu Schwarz) zu erkennen.
- Änderungen der Stabilität bei voraussagbarem Verhalten ($\lambda < 0$), was durch Änderung der Farbe oder der Grauwerte dargestellt ist: Im letzteren Fall ändert sich der Grauwert (in diesem Buch) von Schwarz zu Weiß, wenn das (negative) λ sich von seinem Minimum bis zu Null ändert. Da Störungen sich proportional zu $e^{|\lambda|t}$ ändern, gibt $|\lambda|$ für $\lambda < 0$ an, wie schnell sich ein voraussagbares System von einer Störung erholt.
- Unterschiedliches Ausmaß von Chaos: Dies ist durch Änderungen der Farbe oder der Grauwerte in Regionen, in denen $\lambda > 0$ ist, angegeben. Falls Grauwerte benutzt werden, sind solche Regionen in diesem Buch meistens schwarz; aber man hat die Möglichkeit, Schattierungen hierfür einzusetzen, wie es in vielen Farbbildern dieses Buches getan wurde. Störungen wachsen proportional zu $e^{|\lambda|t}$ an. Deshalb sind bei kleineren (positiven) Werten von $|\lambda|$ Voraussagen über einen längeren Zeitraum möglich als für größere Werte von $|\lambda|$. Ist der anfängliche Fehler einer Messung oder einer Berechnung bekannt, so kann man das Produkt dieses Fehlers mit $e^{|\lambda|t}$ gleich der Größe des Systems setzen. Löst man die so erhaltene Gleichung nach t, so erhalten wir die Zeit, die der Fehler braucht, um das ganze System zu dominieren, so dass keine Voraussagen mehr möglich sind.
- Punkte oder Kurven, in denen periodisches Verhalten maximal stabil ist, das heißt (negatives) λ minimal ist, einschließlich dem Fall $\lambda \to -\infty$, der als Superstabilität bezeichnet wird: In den Schwarz-Weiß-Bildern dieses Buches erscheint diese extreme Stabilität meistens als dunklere Kurven innerhalb (hellerer, eher im Bildvordergrund liegender) Regionen, in denen $\lambda < 0$ ist. Im Kontext von Lebewesen zum Beispiel ist es interessant zu erfahren, wie nahe die Evolution die Biorhythmen zu maximaler Stabilität gebracht hat. In der Technik ist diese Fragestellung bei der Erstellung widerstandsfähiger Produkte wichtig.

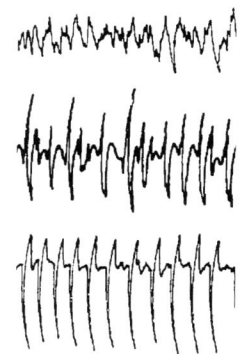

UNTERSCHIEDLICHES CHAOS
Elektroenzephalogramme zeigen im Normalfall einen größeren Lyapunov-Exponenten, das heißt stärkeres Chaos (Bild ganz oben) als bei einem epileptischen Anfall, wo größere Ordnung herrscht, da die Gehirnzellen weitgehend im Gleichtakt schwingen (wie die Bilder in der Mitte und unten zeigen).[121]

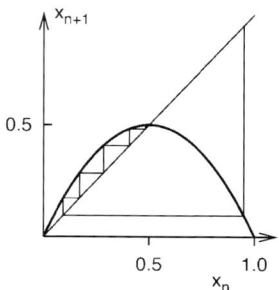

SUPERSTABILITÄT
Die Abbildung zeigt die logistische Formel (vgl. 7.2) $x_{n+1} = r\, x_n\, (1 - x_n)$ mit r = 2. Das System kommt am Maximum zur Ruhe. Die Folge lautet $x_1, x_2, \ldots, x_n, x_{n+1}, \ldots$ Eine Störung in x_n verursacht im Maximum keine Störung in x_{n+1}; mit anderen Worten: eine Störung im Schritt n hat ein völliges Verschwinden der Störung im nächsten Schritt zur Folge.

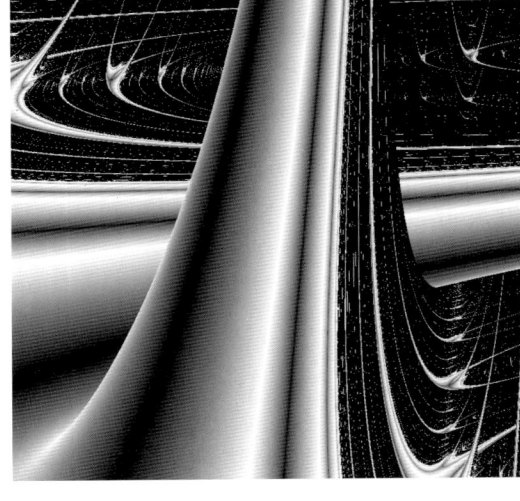

Bild 180: Beispiel von überlappenden Ästen, welche
die Koexistenz von
Attraktoren anzeigen.
$x_{n+1} = r\, x_n\, (1 - x_n)$ mit
B gegen A, r: *ABABAB...*

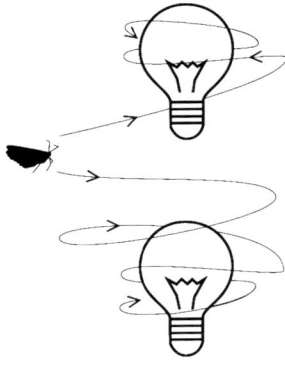

KOEXISTENZ VON ATTRAKTOREN
Die Motte kann um die eine oder
die andere Glühlampe kreisen,
je nachdem welchen Einflüssen
sie anfänglich ausgesetzt ist.
Ähnliches gilt für einen Himmelskörper und zwei benachbarte Sonnen. (Idee: Mario Markus; Zeichnung: Noelia Landro)

KOEXISTENZ VON ATTRAKTOREN
Auf einem von Leonid Bunimovich
konstruierten sehr speziellen
Billardtisch würde eine Kugel
(schwarzer Kreis in den Bildern),
die oben gestartet wird (linkes
Bild), im oberen Bereich bleiben.
Eine Kugel die unten gestartet
wird (rechtes Bild), würde sich
über den ganzen Tisch bewegen.[122]

• Koexistenz von Attraktoren: Mit »Attraktoren« bezeichnet man
endgültige Schwingungsmoden, zum Beispiel verschiedene periodische oder chaotische Schwingungsarten. Mit »Koexistenz« bezeichnet man das Auftreten unterschiedlicher Moden bei gleichen
Werten der Parameter. Das Auftreten der einen oder der anderen
Mode hängt von den Anfangsbedingungen ab.

Dieses Phänomen lässt sich in den Bildern durch Überlappung von
Ästen, wie auf Bild 180 exemplarisch gezeigt wird, feststellen. Wenn
man dieses Buch durchblättert, dann findet man eine große Anzahl
solcher Überlappungen. Der Attraktor, der für die Bedingungen
eines bestimmten Bildes auftritt, entspricht dem Ast, der sichtbar
ist, der also über einem anderen Ast liegt. Für Anfangsbedingungen, die nicht für das Erstellen des Bildes benutzt wurden, könnte
der verdeckte Ast sichtbar werden, was bedeuten würde, dass der
andere Attraktor erreicht wird.

Im Falle überlappender Äste tritt Hysterese auf. Dies bedeutet:
Falls Parameter (langsam) verändert werden, ist die Entscheidung
des Systems, welchen Attraktor es erreicht, abhängig von der Richtung der Variation (wachsend oder fallend), also von der Vorge-
schichte des Systems. Manchmal sieht man auf den Bildern mehr als
zwei überlappende Äste; dies bedeutet, dass drei oder mehr Attraktoren koexistieren und dass mehrfache Hysterese[17] vorliegt.

Eine der auffälligsten Eigenschaften der Bilder (bei Koordinaten
A und B) ist, dass es keine vollständige Symmetrie bezüglich der
Linie A = B gibt (die Linie A = B ist die Diagonale von der unteren
linken zur oberen rechten Ecke, falls die Koordinaten nicht rotiert
wurden; häufig entspricht aber A = B einer vertikalen Linie in der

Mitte, und zwar dann, wenn die Koordinaten um 45° gegen den Uhrzeigersinn bzw. 135° im Uhrzeigersinn rotiert wurden). Der Mangel an Perfektion in der Symmetrie bezüglich der Linie A=B ist auf die Koexistenz von Attraktoren zurückzuführen, denn die A-B-Sequenz beginnt entweder mit A oder mit B, so dass A und B nicht austauschbar sind. Deshalb werden in den Punkten (A,B) und (B,A) unterschiedliche Attraktoren erreicht. Dieser »Bruch der Symmetrie« wird übrigens von vielen Betrachtern als ästhetisch ansprechend empfunden.

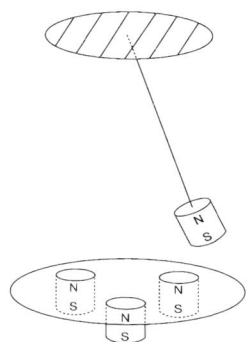

Bild 181: Beispiel von »durchsichtig« aussehenden, überlappenden Ästen (man vergleiche mit Bild 180). Hiermit werden stark ineinander verschachtelte Einzugsgebiete signalisiert. Die Gleichung ist dieselbe wie in Bild 180, jedoch ist hier r: BBABABA BBABABA… (B gegen A).

FRAKTALE EINZUGSGEBIETE
Lässt man das Pendel in einem weißen Bereich los, so erreicht es den linken Magneten. Lässt man das Pendel in einem grauen Bereich los, so erreicht es den rechten Magneten. Lässt man das Pendel in einem schwarzen Bereich los, dann wird der mittlere (vordere) Magnet erreicht. Die drei Bereiche sind in fraktaler Weise miteinander verschachtelt.[124]

- Koexistenz von Attraktoren mit fraktalen oder »durchlöcherten« Einzugsgebieten: Unter dem Einzugsgebiet eines Attraktors versteht man die Menge aller Punkte im Phasenraum, die (als Anfangswerte genommen) zum Attraktor führen. Sehen überlappende Äste »durchsichtig« aus (wie auf Bild 181), dann sind die Einzugsgebiete der koexistierenden Attraktoren im Phasenraum stark ineinander verschachtelt.[7] Bei selbstähnlichen Verschachtelungen sind die Einzugsgebiete fraktal. Bei Verschachtelung mit der Eigenschaft, dass man in jeder Umgebung eines Punktes (im Phasenraum), der zu einem Attraktor führt, Punkte findet, die zu einem anderen Attraktor führen, spricht man von »durchlöcherten« (im Englischen »riddled«) Einzugsgebieten.[97] Die »Transparenz« der Äste wird wie folgt erklärt. Für ein gegebenes Bild liegen die Anfangswerte x_0 oder (x_0, y_0) fest. Wenn man sich über einer »transparenten« Region eines Bildes bewegt, werden die Parameter, und auch die Einzugsgebiete, verschoben. Dadurch gehören die (festen) Anfangswerte abwechselnd zum Einzugsgebiet des einen und zu jenem des anderen Attraktors. Dies wie-

DURCHLÖCHERTE EINZUGSGEBIETE
Zwei gekoppelte elastische Bögen können je nach Startbedingungen unterschiedlich schwingen: chaotisch bei Start an einem weißen Punkt und periodisch bei Start an einem schwarzen Punkt. Hier ist die Anfangslage eines Bogens gegen jene des anderen Bogens aufgetragen.[123]

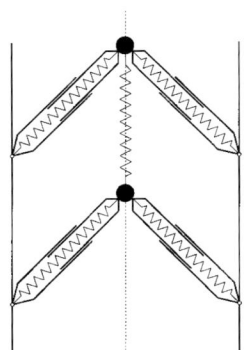

Diese »Maschine« für Durchlöcherte Einzugsgebiete
besteht aus zwei, mit Federn ver-
bundenen Kugeln. Die ganze
Anordnung wird periodisch ge-
schüttelt. Die Federn schwingen
chaotisch oder periodisch, wenn
man sie an beliebig nah benach-
barten Orten loslässt. Man kann
nicht vorhersagen, ob Chaos oder
Vorhersagbarkeit eintreten wird.[123]

derum hat zur Folge, dass für benachbarte Punkte im einen Fall
der eine Ast und im anderen Fall der andere Ast sichtbar wird,
was den Eindruck von »Transparenz« erzeugt.

Fraktale Einzugsgebiete wurden für das Beispiel in Bild 181 untersucht. In diesem Fall ergibt die Fraktaldimension der Grenze zwischen den Einzugsgebieten (im eindimensionalen Intervall der Iteration) den Wert $d \approx 0{,}8$. Falls man von einem gegebenen Anfangswert (mit Fehler ε) einen gegebenen Attraktor erreichen möchte,
wäre der Anteil an Trajektorien, die zu einem unerwünschten Ergebnis führten, gleich[98]

$$f \sim \varepsilon^{D-d}.$$

D ist die Dimension des Phasenraumes, also $D = 1$ in diesem Fall.
Berechnungen ergeben, dass im Falle von $\varepsilon = 1/8$, 66% der Anfangswerte das falsche Ergebnis liefern. Bei einem wesentlich kleinren
Fehler von $\varepsilon = 3 \cdot 10^{-5}$ würde, unter Beachtung der oben angegebenen Proportionalität, sich die Prozentzahl von Misserfolgen auf nur
12% verringern. Mit anderen Worten: Hier führt eine kleine Unge-
nauigkeit in den Anfangswerten zu einer großen Zahl von Ergebnissen,
bei denen der erreichte Attraktor nicht vorausgesagt werden
kann. Dies ist sicherlich eine andere Art von Unvorhersagbarkeit als
jene, die als »Schmetterlingseffekt« bezeichnet wird. Bei Letzterem
wachsen kleine Fehler in einem chaotischen System mit der Zeit
an, so dass immer noch kurzfristige Voraussagen möglich sind. Im
vorliegenden Fall hingegen spielt die Zeit zwischen Voraussage und
Beobachtung keine Rolle: Die Situation ist wie beim Werfen einer
Münze. Dies ist besonders dramatisch, wenn die Einzugsgebiete
»durchlöchert« (»riddled«) sind, denn dann ist $D-d$ nahezu Null, so
dass eine Verringerung des Fehlers ε keinen signifikanten Einfluss
auf den Anteil falscher Voraussagen hat.

• Ineinander verwobene Regionen mit unterschiedlichen Vorzeichen von λ signalisieren »strukturelle Instabilität«: Dies bedeutet, dass eine starke Empfindlichkeit der Systemdynamik (vorhersagbar oder chaotisch) auf die Parameter vorliegt. Beispiele findet
  man in den Farbbildern 121 und 138 (und anderen Bildern) dieses Buches. Man behalte im Auge, dass eine definitive Aussage
  darüber, ob strukturelle Instabilität herrscht, erst gemacht werden sollte, wenn man gezeigt hat, dass sich ein Bild bei größeren
  Rechenzeiten (Iterationszahlen) nicht ändert. Denn es ist in der
  Tat so, dass transiente Vorgänge oft (ebenfalls transiente) Bilder
  dieser Art ergeben.

- Trajektorien auf einem Torus oder nahe eines Torus im Phasenraum, das heißt dass die Vorgänge quasiperiodisch oder nahezu
  quasiperiodisch sind: Trajektorien auf einem Torus erhält man
  zum Beispiel bei den sogenannten »seltsamen nichtchaotischen
  Attraktoren«.[99] Die Bilder zeigen dann große Flächen (z. B. in
  Bild 7), die ständig ihre Form und Farbe bzw. ihre Grauwerte
  ändern, das heißt die keine Konvergenz (auf einem Torus) oder
  nur sehr langsame Konvergenz (nahe an einen Torus) zeigen. Diesen großen Flächen entsprechen Fluktuationen um $\lambda = 0$ (vgl. 7.7)

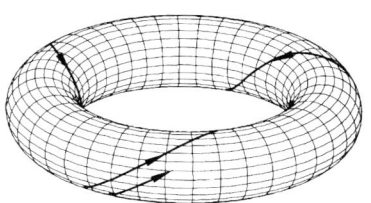

QUASIPERIODIZITÄT
Eine Bahn auf einem Torus im
Phasenraum schließt sich nie.[125]

Anhang E. Liste der Bilddaten

Hier angegeben sind: Parameter, Zahl der Voriterationen n_{vor}, Zahl der Iterationen nach den Voriterationen n_{max}, Anfangswerte x_0, y_0, Schattierungsart (L: linear oder D: »demokratisch«) bzw. Färbung. Koordinaten der Eckpunkte: unten links (UL), oben links (OL) und unten rechts (UR).

Bild 1 $K = 0{,}05$, $n_{vor} = 50$, $n_{max} = 300$, $x_0 = y_0 = -0{,}5$. L-Schattierung, UL: (−3,15, −1,6), OL: (−3,15, 0,5), UR: (2,3, −1,6)

Bild 2 $\alpha = 0{,}25$, $n_{vor} = 200$, $n_{max} = 1000$, $x_0 = 0{,}5$. D-Schattierung, UL: (0,912, 0), OL: (0,912, 1,1735), UR: (2,496, 0)

Bild 3 $b = 50$, $n_{vor} = 100$, $n_{max} = 200$, $x_0 = 0{,}4$. D-Schattierung, UL: (2, 0,5), OL: (2,1,4), UR: (10,2, 0,5)

Bild 4 $b = 0{,}994$, $n_{vor} = 100$, $n_{max} = 200$, $x_0 = y_0 = 0{,}4$. L-Schattierung, UL: (1,483, 2,35), OL: (2,15, 1,794), UR: (−0,35, 0,15)

Bild 5 $c = b$, $R = 0{,}1$, $n_{vor} = 100$, $n_{max} = 300$, $x_0 = y_0 = 0{,}4$. D-Schattierung, UL: (0,2, −1,15), OL: (0,2, 1,15), UR: (2,9, −1,15)

Bild 6 $b = 0{,}3$, $c = -0{,}8$, $R = 0{,}3$, $n_{vor} = 100$, $n_{max} = 300$, $x_0 = y_0 = 0{,}4$. D-Schattierung, UL: (0,38, 0,485), OL: (0,775, 0,88), UR: (0,485, 0,38)

Bild 7 $\Omega = 0{,}58681$, $n_{vor} = 100$, $n_{max} = 300$, $x_0 = y_0 = 0{,}5$. L-Schattierung, UL: (0,59, −1,16), OL: (0,59, −0,34), UR: (0,79, −1,16)

Bild 8 $n_{vor} = 100$, $n_{max} = 200$, $x_0 = 0{,}45$. D-Schattierung, UL: (−0,03, −0,04), OL: (−0,03, 1,08), UR: (1,06, −0,04)

Bild 9 $n_{vor} = 100$, $n_{max} = 200$, $x_0 = 0{,}45$. D-Schattierung, UL: (−0,25, 0,51), OL: (0,45, 1,21), UR: (0,51, −0,25)

Bild 10 $n_{vor} = 100$, $n_{max} = 1000$, $x_0 = y_0 = 0$. L-Schattierung, UL: (−1,85, 1,05), OL: (−1,85, 1,05), UR: (0,55, −1,05)

Bild 11 $n_{vor} = 200$, $n_{max} = 500$, $x_0 = 0{,}5$. D-Schattierung, UL: (1,7, 0), OL: (1,7, 1,5), UR: (10, 0)

Bild 12 $n_{vor} = 100$, $n_{max} = 200$, $x_0 = 0{,}5$. D-Schattierung, UL: (5,13, 5,375), OL: (5,433, 5,678), UR: (5,375, 5,13)

Bild 13 $n_{vor} = 100$, $n_{max} = 200$, $x_0 = 0{,}6$. D-Schattierung, UL: (4,382, 4,733), OL: (4,771, 5,122), UR: (4,732, 4,383)

Bild 14 $n_{vor} = 2000$, $n_{max} = 2000$, $x_0 = 0{,}5$. D-Schattierung, UL: (4,569, 4,67), OL: (4,661, 4, 762), UR: (4,67, 4,569)

Bild 15 $n_{vor} = 1000$, $n_{max} = 1000$, $x_0 = 0{,}5$. D-Schattierung, UL: (2,091, 2,3), OL: (2,349, 2, 558), UR: (2,3, 2,091)

Bild 16 $n_{vor} = 200$, $n_{max} = 200$, $x_0 = 1{,}5$. D-Schattierung, UL: (5,827, 5,879), OL: (5,864, 5, 916), UR: (5,879, 5,827)

Bild 17 $n_{vor} = 500$, $n_{max} = 500$, $x_0 = 1{,}5$. D-Schattierung, UL: (3,002, 3,27), OL: (3,179, 3,449), UR: (3,272, 3,003)

Bild 18 $n_{vor} = 200$, $n_{max} = 200$, $x_0 = 0{,}3$. D-Schattierung,
UL: (2,7, 3,8925), OL: (3,1475, 4,34), UR: (3,8925, 2,7)

Bild 19 $n_{vor} = 500$, $n_{max} = 500$, $x_0 = 1{,}5$. D-Schattierung,
UL: (3,203, 3,257), OL: (3,28, 3,334), UR: (3,257, 3,203)

Bild 20 $n_{vor} = 100$, $n_{max} = 200$, $x_0 = 0{,}39$. D-Schattierung,
UL: (–1,37, –0,22), OL: (–0,75, 0,4), UR: (–0,22, –1,37)

Bild 21 $n_{vor} = 200$, $n_{max} = 200$, $x_0 = 0{,}3$. D-Schattierung,
UL: (3,394, 3,278), OL: (3,6105, 3,4185),
UR: (3,4825, 3,1416)

Bild 22 $n_{vor} = 200$, $n_{max} = 1000$, $x_0 = 0{,}5$. D-Schattierung,
UL: (0,95, 1,1425), OL: (1,0325, 1,225), UR: (1,1425, 0,95)

Bild 23 $n_{vor} = 600$, $n_{max} = 600$, $x_0 = 0{,}5$. D-Schattierung,
UL: (5,15, 5,405), OL: (5,414, 5,669), UR: (5,405, 5,15)

Bild 24 $n_{vor} = 400$, $n_{max} = 1000$, $x_0 = 0{,}3$. D-Schattierung,
UL: (–0,2, 1,2), OL: (0,8, 2,2), UR: (1,2, –0,2)

Bild 25 $n_{vor} = 100$, $n_{max} = 200$, $x_0 = 1{,}5$. D-Schattierung,
UL: (–1,26, –0,08), OL: (–0,339, 0,861), UR: (–0,08, –1,2349)

Bild 26 $n_{vor} = 100$, $n_{max} = 200$, $x_0 = 0{,}5$. D-Schattierung,
UL: (3,95, 6,1), OL: (3,95, 7,8), UR: (4,87, 6,1)

Bild 27 $n_{vor} = 100$, $n_{max} = 200$, $x_0 = 0{,}3$. D-Schattierung,
UL: (–1,68, –0,64), OL: (–0,64, 0,4), UR: (–0,64, –1,68)

Bild 28 $n_{vor} = 200$, $n_{max} = 400$, $x_0 = 0{,}5$. D-Schattierung,
UL: (0,37, 1,67), OL: (0,97, 2,27), UR: (1,67, 0,37)

Bild 29 $n_{vor} = 100$, $n_{max} = 200$, $x_0 = 0{,}5$. D-Schattierung,
UL: (4,06, 4,151), OL: (4,143, 4,234), UR: (4,151, 4,06)

Bild 30 $n_{vor} = 1000$, $n_{max} = 1000$, $x_0 = 1{,}5$. D-Schattierung,
UL: (1,6, 2,76), OL: (2,83, 3,99), UR: (2,76, 1,6)

Bild 31 $n_{vor} = 100$, $n_{max} = 200$, $x_0 = 0{,}7$. D-Schattierung,
UL: (1,63, 2,655), OL: (2,655, 3,68), UR: (2,705, 1,58)

Bild 32 $n_{vor} = 200$, $n_{max} = 400$, $x_0 = 0{,}5$. D-Schattierung,
UL: (1,19, 1,87), OL: (2,19, 2,96), UR: (1,95, 1,1728)

Bild 33 $n_{vor} = 200$, $n_{max} = 200$, $x_0 = 0{,}4$. D-Schattierung,
UL: (2,51, 4,51), OL: (4,5, 6,5), UR: s(4,51, 2,51)

Bild 34 $n_{vor} = 200$, $n_{max} = 200$, $x_0 = 0{,}4$. D-Schattierung,
UL: (0, 0,05), OL: (0, 9,95), UR: (10, 0,05)

Bild 35 $n_{vor} = 100$, $n_{max} = 200$, $x_0 = 0{,}5$. D-Schattierung,
UL: (1,2, 4,3), OL: (4,9, 8), UR: (4,3, 1,2)

Bild 36 $n_{vor} = 200$, $n_{max} = 400$, $x_0 = 0{,}6$. D-Schattierung,
UL: (0,702, 1,282), OL: (1,73, 2,51), UR: (1,451, 0,65499)

Bild 37 $n_{vor} = 100$, $n_{max} = 400$, $x_0 = 0{,}5$. D-Schattierung,
UL: (0,195, 1,205), OL: (1,945, 2,955), UR: (1,205, 0,195)

Bild 38 $n_{vor} = 100$, $n_{max} = 200$, $x_0 = 0{,}39$. D-Schattierung,
UL: (3,729, 4,444), OL: (4,367, 5,082), UR: (4,444, 3,792)

Bild 39 $n_{vor} = 100$, $n_{max} = 200$, $x_0 = 0,3$. D-Schattierung,
UL: (0,87, 2,58), OL: (2,7, 4,41), UR: (2,58, 0,87)

Bild 40 $n_{vor} = 2000$, $n_{max} = 2000$, $x_0 = 0,3$. D-Schattierung,
UL: (3,606, 3,954), OL: (3,981, 4,329), UR: (3,954, 3,606)

Bild 41 $n_{vor} = 500$, $n_{max} = 1500$, $x_0 = 0,5$. D-Schattierung,
UL: (4,34, 4,67), OL: (4,651, 4,981), UR: (4,67, 4,34)

Bild 42 $n_{vor} = 100$, $n_{max} = 200$, $x_0 = 0,5$. D-Schattierung,
UL: (3,665, 3,955), OL: (4,045, 4,335), UR: (3,955, 3,665)

Bild 43 $n_{vor} = 1500$, $n_{max} = 1500$, $x_0 = 0,5$. D-Schattierung,
UL: (0,265, 0,535), OL: (0,51, 0,78), UR: (0,535, 0,265)

Bild 44 $n_{vor} = 100$, $n_{max} = 200$, $x_0 = 0,6$. D-Schattierung,
UL: (0,24, 4,92), OL: (0,24, 6,07), UR: (1,22, 4,92)

Bild 45 $n_{vor} = 200$, $n_{max} = 400$, $x_0 = 0,3$. D-Schattierung,
UL: (5,46, 6,26), OL: (5,76, 6,56), UR: (6,26, 5,46)

Bild 46 $n_{vor} = 400$, $n_{max} = 1000$, $x_0 = 0,5$. D-Schattierung,
UL: (3,525, 3,885), OL: (3,824, 4,184), UR: (3,885, 3,525)

Bild 47 $n_{vor} = 100$, $n_{max} = 200$, $x_0 = 0,5$. D-Schattierung,
UL: (0,778, 1,528), OL: (1,271, 2,021), UR: (1,528, 0,778)

Bild 48 $n_{vor} = 100$, $n_{max} = 200$, $x_0 = 0,5$. D-Schattierung,
UL: (0,955, 1,415), OL: (1,249, 1,709), UR: (1,415, 0,955)

Bild 49 $n_{vor} = 100$, $n_{max} = 200$, $x_0 = 0,3$. D-Schattierung,
UL: (1,6, 2), OL: (1,99, 2,39), UR: (2, 1,6)

Bild 50 $n_{vor} = 100$, $n_{max} = 200$, $x_0 = 0,3$. D-Schattierung,
UL: (2, 3,15), OL: (3,15, 4,3), UR: (3,15, 2)

Bild 51 $n_{vor} = 400$, $n_{max} = 1000$, $x_0 = 0,5$. D-Schattierung,
UL: (1,695, 3,125), OL: (2,455, 3,885), UR: (3,125, 1,695)

Bild 52 $n_{vor} = 3000$, $n_{max} = 3000$, $x_0 = 1,5$. D-Schattierung,
UL: (−0,778, −0,5766), OL: (−0,557, −0,3296),
UR: (−0,5544, −0,77666)

Bild 53 $n_{vor} = 500$, $n_{max} = 500$, $x_0 = 1,5$. D-Schattierung,
UL: (5,84, 5,44), OL: (5,35, 4,95), UR: (5,44, 5,84)

Bild 54 $n_{vor} = 100$, $n_{max} = 200$, $x_0 = 0,5$. D-Schattierung,
UL: (3,2199, 3,3405), OL: (3,338, 3,4105),
UR: (3,297, 3,2104)

Bild 55 $n_{vor} = 1000$, $n_{max} = 1000$, $x_0 = 0,6$. D-Schattierung,
UL: (0,784, 1,216), OL: (1,3, 1,732), UR: (1,216, 0,784)

Bild 56 $n_{vor} = 2000$, $n_{max} = 2000$, $x_0 = 0,5$. D-Schattierung,
UL: (5,6905, 5,73), OL: (5,7505, 5,79), UR: (5,73, 5,6905)

Bild 57 $n_{vor} = 100$, $n_{max} = 200$, $x_0 = 0,5$. D-Schattierung,
UL: (1,171, 1,499), OL: (1,659, 1,977), UR: (1,489, 1,1743)

Bild 58 $n_{vor} = 2000$, $n_{max} = 2000$, $x_0 = 0,5$. D-Schattierung,
UL: (4,8036, 4,8856), OL: (4,8952, 4,9772),
UR: (4,8856, 4,8036)

Bild 59 $n_{vor} = 100$, $n_{max} = 200$, $x_0 = 0,3$. D-Schattierung,
UL: (5,268, 5,456), OL: (5,198, 5,901), UR: (5,43, 5,48148)

Bild 60 $n_{vor} = 100$, $n_{max} = 200$, $x_0 = 0,5$. D-Schattierung,
UL: (2,257, 2,467), OL: (2,495, 2,705), UR: (2,467, 2,257)

Bild 61 $n_{vor} = 200$, $n_{max} = 200$, $x_0 = 0,5$. D-Schattierung,
UL: (0,304, 0,458), OL: (0,552, 0,706), UR: (0,59, 0,172)

Bild 62 $n_{vor} = 100$, $n_{max} = 200$, $x_0 = 0,3$. D-Schattierung,
UL: (2,164, 2,335), OL: (2,425, 2,596), UR: (2,335, 2,164)

Bild 63 $n_{vor} = 100$, $n_{max} = 200$, $x_0 = 0,3$. D-Schattierung,
UL: (4,7475, 4,774), OL: (4,7888, 4,8198), UR: (4,7785, 4,7460)

Bild 64 $n_{vor} = 100$, $n_{max} = 200$, $x_0 = 1,5$. D-Schattierung,
UL: (1,988, 2,796), OL: (3,258, 4,066), UR: (2,796, 1,988)

Bild 65 $n_{vor} = 100$, $n_{max} = 200$, $x_0 = 0,39$. D-Schattierung,
UL: (6,78, 7,12), OL: (7,41, 7,75), UR: (7,123, 6,777)

Bild 66 $n_{vor} = 100$, $n_{max} = 200$, $x_0 = 1,5$. L-Schattierung,
UL: (–1,86, 0), OL: (–1,86, 5), UR: (1,86, 0)

Bild 67 $n_{vor} = 100$, $n_{max} = 200$, $x_0 = 1,5$. D-Schattierung,
UL: (–3,8, 0), OL: (–3,8, 6), UR: (3,8, 0)

Bild 68 $n_{vor} = 100$, $n_{max} = 100$, $x_0 = 0,5$. D-Schattierung,
UL: (–0,9538, 1,8213), OL: (–0,1675, 2,7),
UR: (0,9425, 0,1246)

Bild 69 $n_{vor} = 25$, $n_{max} = 50$, $x_0 = 0,5$. L-Schattierung,
UL: (–1,52, 1,33), OL: (1,33, 4,18), UR: (1,33, –1,52)

Bild 70 $n_{vor} = 400$, $n_{max} = 400$, $x_0 = 0,5$. D-Schattierung,
UL: (1,0913, 1,2253), OL: (1,2444, 1,3784),
UR: (1,2253, 1,0913)

Bild 71 $n_{vor} = 500$, $n_{max} = 1000$, $x_0 = 0,5$. D-Schattierung,
UL: (10,36, –6), OL: (10,36, 6), UR: (–5, –6)

Bild 72 $n_{vor} = 50$, $n_{max} = 100$, $x_0 = 0,5$. D-Schattierung,
UL: (3,447, 6,2879), OL: (3,447, 9,4334),
UR: (–4,697, 6,2879)

Bild 73 $n_{vor} = 100$, $n_{max} = 200$, $x_0 = 0,5$. L-Schattierung,
UL: (–10, –1,6666), OL: (–10, 0,04), UR: (–6,6666, –1,6666)

Bild 74 $n_{vor} = 300$, $n_{max} = 600$, $x_0 = 0,5$. L-Schattierung,
UL: (0,5, 0,2), OL: (0,5, 20), UR: (20, 0,2)

Bild 75 $n_{vor} = 50$, $n_{max} = 100$, $x_0 = 0,9$. D-Schattierung,
UL: (–0,64, 1,76), OL: (–0,64, 2,1), UR: (–0,3, 1,76)

Bild 76 $n_{vor} = 100$, $n_{max} = 200$, $x_0 = 0,5$. D-Schattierung,
UL: (–5,7, –2,5), OL: (–5,7, 7,2), UR: (4,3, –2,5)

Bild 77 $n_{vor} = 150$, $n_{max} = 150$, $x_0 = -0,5$. D-Schattierung,
UL: (0,2, 0,2), OL: (0,2, 2), UR: (2, 0,2)

Bild 78 $n_{vor} = 25$, $n_{max} = 50$, $x_0 = 0,5$. D-Schattierung,
UL: (1,02, 2,2), OL: (1,02, 3,1), UR: (2,06, 2,2)

Bild 79 $n_{vor} = 25$, $n_{max} = 50$, $x_0 = 0{,}5$. L-Schattierung,
UL: (1,3341, 4,7792), OL: (3,2843, 6,7294),
UR: (4,7795, 1,3338)

Bild 80 $n_{vor} = 300$, $n_{max} = 500$, $x_0 = 0{,}5$. D-Schattierung,
UL: (7,4242, –10), OL: (7,4242, 10), UR: (–8.6742, –10)

Bild 81 $n_{vor} = 500$, $n_{max} = 2000$, $x_0 = 0{,}7$. L-Schattierung ($\lambda_m = -2$),
UL: (0, 0), OL: (0, 10,3), UR: (10,3, 0)

Bild 82 $n_{vor} = 200$, $n_{max} = 200$, $x_0 = 0{,}5$. D-Schattierung,
UL: (–2,8, –2,8), OL: (–2,8, 2,8), UR: (2,8, –2,8)

Bild 83 $n_{vor} = 400$, $n_{max} = 1000$, $x_0 = 0{,}5$. D-Schattierung,
UL: (3,23, 4,07), OL: (3,78, 4,62), UR: (4,07, 3,23)

Bild 84 $n_{vor} = 200$, $n_{max} = 200$, $x_0 = 0{,}5$. D-Schattierung,
UL: (4,4348, 4,5432), OL: (4,5546, 4, 663),
UR: (4,5522, 4,4258)

Bild 85 $n_{vor} = 100$, $n_{max} = 200$, $x_0 = 0{,}5$. D-Schattierung,
UL: (–2,62, 0,36), OL: (–2,62, 26,04), UR: (2,6, 0,36)

Bild 86 $n_{vor} = 100$, $n_{max} = 200$, $x_0 = 0{,}5$. L-Schattierung,
UL: (0,9, 0), OL: (0,9, 2,7), UR: (2,2, 0)

Bild 87 $n_{vor} = 500$, $n_{max} = 1000$, $x_0 = 0{,}5$. D-Schattierung,
UL: (0, 0), OL: (0, 2), UR: (2, 0)

Bild 88 $n_{vor} = 100$, $n_{max} = 200$, $x_0 = 1{,}5$. D-Schattierung,
UL: (2,7741, 3,1152), OL: (2,7785, 2,6996),
UR: (2,5144, 3,1125)

Bild 89 $n_{vor} = 100$, $n_{max} = 200$, $x_0 = 0{,}5$. D-Schattierung,
UL: (0, 0), OL: (0, 7,66), UR: (4,3, 0)

Bild 90 $n_{vor} = 50$, $n_{max} = 100$, $x_0 = 1{,}4$. D-Schattierung,
UL: (–5,5388, 2,20), OL: (–5,5388, 3,6217),
UR: (–4,94297, 2,20)

Bild 91 $n_{vor} = 200$, $n_{max} = 200$, $x_0 = 0{,}5$. D-Schattierung,
UL: (–4, –12), OL: (–12, 4), UR: (12, –4)

Bild 92 $n_{vor} = 100$, $n_{max} = 200$, $x_0 = 0{,}5$. L-Schattierung,
UL: (–9,7, 0), OL: (–9,7, 9,9), UR: (7,95, 0)

Bild 93 $n_{vor} = 100$, $n_{max} = 200$, $x_0 = 0{,}5$. D-Schattierung,
UL: (–4, –4), OL: (–4, 3), UR: (3, –4)

Bild 94 $n_{vor} = 100$, $n_{max} = 200$, $x_0 = 0{,}5$. L-Schattierung,
UL: (–0,4615, –0,8326), OL: (–0,8073, –0,5013),
UR: (0,4008, 0,0676)

Bild 95 $n_{vor} = 100$, $n_{max} = 200$, $x_0 = 0{,}5$. L-Schattierung ($\lambda_m = -1$),
UL: (2,0292, 2,3214), OL: (2,5354, 2,832), UR: (2,3177, 2,0354)

Bild 96 $n_{vor} = 100$, $n_{max} = 200$, $x_0 = 0{,}5$. D-Schattierung,
UL: (–8,3, –1,15), OL: (–8,3, 1,15), UR: (2, –1,15)

Bild 97 $\alpha = 0{,}7$, $n_{vor} = 100$, $n_{max} = 200$, $x_0 = 0{,}5$. D-Schattierung,
UL: (0, 0), OL: (0, 11,6), UR: (12,2, 0)

Bild 98 $A = 270$, $B_1 = 2441$, $B_2 = 90{,}02$, $\tau_1 = 19{,}6$, $\tau_2 = 200{,}5$, $n_{vor} = 100$, $n_{max} = 200$, $x_0 = 5$. L-Schattierung, UL: (0, 20), OL: (0, 140), UR: (150, 20)

Bild 99 $\varepsilon_1 = \varepsilon_2 = 0{,}3$, $m = 3{,}1$, $n_{vor} = 100$, $n_{max} = 200$, $x_0 = 0{,}5$. L-Schattierung; links: UL: (0,845, 0,868), OL: (0,845, 1,1), UR: (1,135, 0,868); rechts: UL: (0,8451, 0,56), OL: (0,8451, 1,195), UR: (1,18, 0,56)

Bild 100 $b = 3{,}865$, $n_{vor} = 100$, $n_{max} = 200$, $x_0 = y_0 = 0{,}4$. D-Schattierung, UL: (0, 0), OL: (0, 4), UR: (2,95, 0)

Bild 101 $\gamma_1 = \gamma_2 = 0{,}43$, $n_{vor} = 100$, $n_{max} = 300$, $x_0 = 0{,}4001$, $y_0 = 0{,}3999$. D-Schattierung, UL: (2, 2,40625), OL: (2,24375, 2,65), UR: (2,40625, 2)

Bild 102 $\alpha = 0{,}46$, $\beta = 0{,}7$, $c = 105$, $b = 4$, $n_{vor} = 500$, $n_{max} = 1000$, $x_0 = y_0 = 0{,}6$. D-Schattierung, UL: (0, 0), OL: (0, 3,6), UR: (3,6, 0)

Bild 103 $b_D = -0{,}005$, $c_D = -0{,}05$, $b_P = -0{,}04$, $c_P = 0{,}007$, $n_{vor} = 500$, $n_{max} = 1000$, $x_0 = y_0 = 0{,}5$. D-Schattierung, UL: (0, 0), OL: (0, 3,3), UR: (4,4, 0)

Bild 105 $p = 1$, $K = 0{,}4$, $n_{vor} = 200$, $n_{max} = 300$, $x_0 = -0{,}5$, $y_0 = 0$. L-Schattierung, UL: (−0,8, 4,7), OL: (−0,8, 31), UR: (0,9, 4,7)

Bild 106 $b = 1$, $n_{vor} = 100$, $n_{max} = 200$, $x_0 = 1$. D-Schattierung, UL: (−15, −4,3), OL: (−15, 11), UR: (35, −4,3)

Bild 107 $K = 2{,}1$, $n_{vor} = 200$, $n_{max} = 800$, $x_0 = y_0 = 0{,}5$. L-Schattierung, UL: (−0,1, −2,4), OL: (−0,1, 8,1), UR: (3,57, −2,4)

Bild 108 $n_{vor} = 100$, $n_{max} = 200$, $x_0 = 0{,}5$, $y_0 = 0{,}3$. D-Schattierung, UL: (1,6, 1), OL: (1,6, 5,8), UR: (15, 1)

Bild 109 $T = 1$, $\gamma = 1{,}5$, $n_{vor} = 100$, $n_{max} = 300$, $x_0 = y_0 = 0{,}4$. L-Schattierung, UL: (−14, −2,45), OL: (7,45, 19), UR: (−2,45, −14)

Bild 110 $\varepsilon = 0{,}3$, $\gamma = 3$, $n_{vor} = 100$, $n_{max} = 200$, $x_0 = y_0 = 0{,}4$. L-Schattierung, UL: (−3,215, −2,45), OL: (−6,35, 0,9325), UR: (1,4325, 1,85744)

Bild 111 $b = 1{,}5$, $n_{vor} = 1000$, $n_{max} = 2000$, $x_0 = y_0 = 0{,}05$. L-Schattierung, UL: (−1,92, 0,23), OL: (0,15, 2,3), UR: (0 23, -1,92)

Bild 112 $K = 0{,}05$, $b = 0{,}005$ und $r = -0{,}495$. Die Punkte werden dunkler (mit der Zeit), nachdem der (vogelförmige) Attraktor von seiner Nachbarschaft her erreicht wird.

Bild 113 $K = 0{,}05$, $b = 0{,}006$ und $r = -0{,}899$. Die Farbe ändert sich (mit der Zeit) von weiß zu blau, nachdem der (vogelförmige) Attraktor von seiner Nachbarschaft her erreicht wird.

Bild 114 $K = 0{,}05$, $b = 0{,}001$ und $r = 0{,}1$. Anfangsbedingungen: Punkte innerhalb eines gleichseitigen Dreiecks (Höhe: 20% der Bildbreite) in der Mitte des Bildes. Die oberen »Berge« sind (transiente) Verformungen dieses Dreiecks;

ihre Höhe wird mit der Zeit kleiner, bis sie Teil des unten liegenden chaotischen Attraktors (See-ähnliche Struktur) werden. Während der Iterationen alterniert die Farbe zwischen Weiß und verschiedenen Blau-Schattierungen.

Bild 115 $K = 0,05$, $b = 0,001$ und $r = 0,1$. Anfangsbedingungen: 5000 Punkte auf der Hauptdiagonalen. Die ersten Punkte sind rot; mit der Zeit werden sie orange und dann gelb, bis sie den Punkt in der Bildmitte erreichen.

Bild 116 $K = 0,05$, $b = 0,005$ und $r = 0,1$. Anfangsbedingungen: 800×600 äquidistante Punkte auf der Ebene. Die ersten Punkte sind rot und erscheinen tiefer. Mit der Zeit werden sie orange und dann gelb und scheinen an Höhe zu gewinnen, bis sie vier Punkte auf der Ebene erreichen.

Bild 117 $x_0 = 0,5$, Schwarz bis gelb: für λ von seinem Minimum bis 0. Schwarz zu rot: λ von 0 bis zu seinem Maximum, UL: (2,2), OL: (2,4), UR: (4,2)

Bild 118 Färbung wie auf Bild 117, $x_0 = 0,5$. UL: (3,817, 3,817), OL: (3,817, 3,868), UR: (3,868, 3,817)

Bild 119 $x_0 = 0,5$. Bildvordergrund: $\lambda < 0$. Hintergrund: $\lambda > 0$. UL: (3,8358, 3,59), OL: (3,8358, 3,6), UR: (3,8405, 3,59)

Bild 120 $x_0 = 0,5$. Schwarz bis hellblau: λ von seinem Minimum bis 0. Weiß bis dunkelblau: λ von 0 bis zu seinem Maximum. UL: (3,18, 3,73), OL: (3,18, 3,96), UR: (3,52, 3,73)

Bild 121 $x_0 = 0,5$. Schwarz bis weiß: λ von seinem Minimum bis 0. Hellblau bis dunkelblau: λ von 0 bis zu seinem Maximum. UL: (3,44, 3,141), OL: (3,6435, 3,27), UR: (3,625, 3,849)

Bild 122 $x_0 = 0,8315$. Schwarz bis grün: λ von seinem Minimum bis 0. Gelb bis grün: λ von 0 bis zu seinem Maximum. UL: (1,569, 3,793), OL: (1,569, 3,9385), UR: (1,602, 3,793)

Bild 123 $x_0 = 0,5$. Schwarz bis gelb: λ von seinem Minimum bis 0. Schwarz bis blau: λ von 0 bis zu seinem Maximum. UL: (2,759, 3,21), OL: (2,759, 4), UR: (3,744, 3,21)

Bild 124 $x_0 = 0,5$. Blau bis weiß: λ von seinem Minimum bis 0. Schwarz bis blau: λ von 0 bis zu seinem Maximum. UL: (3,45, 3,54), OL: (3,45, 3,67), UR: (3,61, 3,54)

Bild 125 $x_0 = 0,5$. Färbung wie Bild 120. UL: (3,51, 3,24), OL: (3,51, 3,59), UR: (4, 3,24)

Bild 126 $x_0 = 0,5$. Blau bis weiß: λ von seinem Minimum bis 0. Dunkelblau: $\lambda > 0$. UL: (2,516, 3,394), OL: (2,516, 4), UR: (3,647, 3,394)

Bild 127 $x_0 = 0,8315$. Rot bis schwarz: $\lambda > 0$. Rest (Bildvordergrund): $\lambda < 0$. UL: (3,769, 1,155), OL: (3,769, 1,197), UR: (3,8175, 1,155)

Bild 128 $\alpha = 0{,}9935$, $x_0 = 0{,}7$. Weiß bis blau: λ von seinem Minimum bis 0. Weiß bis blau: λ von 0 bis zu seinem Maximum. UL: (3,815, 3,838), OL: (3,848, 3,871), UR: (3,839, 3,814)

Bild 129 $\alpha = 0{,}907$, $x_0 = 0{,}499$. Weiß über braun bis schwarz: λ von seinem Minimum bis 0. Braun bis schwarz: λ von 0 bis zu seinem Maximum. UL: (3,8175, 3,8138), OL: (3,8175, 3,8181), UR: (3,8097, 3,8138)

Bild 130 Ausschnitt von Bild 129. Gelb über rot bis schwarz: λ von seinem Minimum bis 0. Schwarz über rot bis schwarz: λ von 0 bis zu seinem Maximum. UL: (3,8155, 3,8144), OL: (3,8155, 3,8177), UR: (3,8121, 3,8144)

Bild 131 $\alpha = 0{,}908$, $x_0 = 0{,}499$. Gelb über rot bis schwarz: λ von seinem Minimum bis 0. Gelb über rot bis schwarz: λ von 0 bis zu seinem Maximum. UL:(3,799, 3,8143), OL: (3,8115, 3,828), UR:(3.8169, 3.7980)

Bild 132 $\alpha = 0{,}907$, $x_0 = 0{,}499$. Änderungen zwischen gelb, rot und schwarz: $\lambda < 0$. Rot bis schwarz: λ von 0 bis zu seinem Maximum. UL: (3,8109, 3,8109), OL: (3,8109, 3,8207), UR: (3,8207, 3,8109)

Bild 133 $b = 1{,}95$, $x_0 = 0$. Schwarz bis rot: λ von seinem Minimum bis 0. Gelb: $\lambda > 0$. UL: (3,11, 2,02), OL: (2,21, 1,13), UR: (2,033, 3,109)

Bild 134 $b = 1{,}7$, $x_0 = 0$. Weiß bis grau: λ von seinem Minimum bis 0. Schwarz bis blau: λ von 0 bis zu seinem Maximum. UL: (0,203, 2,748), OL: (0,167, 2,784), UR: (0,264, 2,809)

Bild 135 $b = 2{,}5$, $x_0 = 0$. Schwarz bis dunkelblau: λ von seinem Minimum bis 0. Hellblau bis weiß: λ von 0 bis zu seinem Maximum. UL: (0,0), OL: (0,10), UR: (8,8, 0)

Bild 136 $b = 1{,}95$, $x_0 = 0$. Dunkelgrün bis weiß: λ von seinem Minimum bis 0. Dunkelgrün: $\lambda > 0$. UL: (0,705, −0,453), OL: (1,15, −0,847), UR: (0,075, −1,165)

Bild 137 $b = 2$, $x_0 = 1$. Weiß bis braun: λ von seinem Minimum bis 0. Schwarz über grün bis hellblau: λ von 0 bis zu seinem Maximum. UL: (0,634, 0,127), OL: (1,06, 0,361), UR: (0,408, 0,538)

Bild 138 $b = 2{,}6$, $x_0 = 0$. Orange: $\lambda < 0$. Schwarz bis blau: λ von 0 bis zu seinem Maximum. UL: (3,145, 1,715), OL: (2,966, 1,843), UR: (3,283, 1,909)

Bild 139 $b = 2{,}7$, $x_0 = 0$. Weiß über ocker zu schwarz: λ von seinem Minimum bis 0. Blau bis schwarz: λ von 0 bis zu seinem Maximum. UL: (1,225, 1,015), OL: (0,985, 0,775), UR: (1,015, 1,225)

Bild 140 $b = 2{,}8$, $x_0 = 0$. Schwarz bis gelb: λ von seinem Minimum bis 0. Schwarz: $\lambda > 0$. UL: (0,0), OL: (0,10), UR: (8,8, 0)

Bild 141 Gelb bis orange: λ von seinem Minimum bis 0. Schwarz: $\lambda > 0$. (Siehe Bemerkung nach Daten für Bild 142).

Bild 142 $b = 2{,}05$, $x_0 = 0$. Magenta bis schwarz: λ von seinem Minimum bis 0. Dunkelblau bis hellblau: λ von 0 bis zu seinem Maximum. UL: (2,157, 3,11), OL: (1,282, 2,235), UR: (3,11, 2,158)

Bemerkung: Die Daten von Bildern 141 und 143–155 sind, zusammen mit PCs, in einem üblen Einbruch in das Max-Planck-Institut im Sommer 1996, verloren gegangen. Der Leser mag diese Bilder beim Erkunden des Parameterraumes wiederfinden, so dass aus dem Missgeschick eine Herausforderung wird. Einige Parameter sind bekannt und unter den Bildern angegeben.

Bild 156 Herzrhythmusstörungen. Bildvordergrund: Chaos. Bildhintergrund: Periodizität. UL: (11, 11), OL: (11,190), UR: (190, 11)

Bild 157 Belousov-Zhabotinsky-Reaktion. Dunkler Bildhintergrund: Chaos. Hellerer Bildvordergrund: Periodizität. UL: (0,505, 0,505), OL: (0,505, 0,5065), UR: (0,5065, 0,505)

Bild 158 Simulation einer 3D-Welle in einem anregbaren Medium.[25]

Bild 159 Simulation einer Halluzination durch Turing-Strukturen im Sehzentrum.[22]

Bild 180 $n_{vor} = 5000$, $n_{max} = 5000$, $x_0 = 0{,}51$. D-Schattierung. UL: (2,9, 2,9), OL: (2,9, 4), UR: (3,94, 2,9)

Bild 181 $n_{vor} = 5000$, $n_{max} = 5000$, $x_0 = 0{,}5$. D-Schattierung. UL: (3,8358, 3,5952), OL: (3,8358, 3,6057), UR: (3,8481, 3,5952)

Quellen und Literatur

1 *Dynamic Pattern Formation in Chemistry and Mathematics.* A collection of scientific pictures from Mario Markus et al., Convex Computer Corporation, Texas and Boehringer-Ingelheim Fonds, Stuttgart 1988 / *Formbildende Dynamik in Chemie und Mathematik.* Wissenschaftliche Bilder von Mario Markus, Stefan C. Müller, Theo Plesser und Benno Hess. Ausstellungskatalog, Commerzbank, Dortmund 1988

2 David Brewster: *Treatise on the Kaleidoscope*, Hurst, London 1819 / Noel Gray: »Critique and a science for the sake of art – Fractals and the visual-art«, *Leonardo 24* (1991), 317–320

3 Heinz-Otto Peitgen und Peter H. Richter: *The Beauty of Fractals*, Springer, Berlin 1986

4 Ernst Haeckel: *Kunstformen der Natur*, Marix Verlag, Wiesbaden 2004

5 Juliette Kennedy: »On reading mathematical constructions as works of art«. Lecture at the Univ. of Lancaster (2003) and the Univ. of Helsinki (2004). www.math.helsinki.fi/logic/people/juliette.kennedy/aest2.pdf

6 Richard Wright: »Some issues in the development of computer art as a mathematical art form«, *Leonardo, Electronic Art Suppl.*, Issue 1 (1988), 111–116

7 Mario Markus: »Chaos in maps with continuous and discontinuous maxima«, *Computers in Physics*, Sept./Okt. 1990, 481–493 / Mario Markus und Benno Hess: »Lyapunov exponents of the logistic map with periodic forcing«, *Computers and Graphics* 13, 1989, 553–558 / Mario Markus und Benno Hess: »Properties of modulated one-dimensional maps«, in: *A Chaotic Hierarchy*, hg. v. G. Baier und M. Klein, World Scientific, Singapur 1991, 267–283

8 Horst-Joachim Hoffmann: *Verknüpfungen*, Birkhäuser-Verlag, Basel 1992

9 A. Michael Noll: »Human or machine – A subjective comparison of Piet Mondrian's composition with lines and computer generated pictures«, *Psychological Record* 16 (1966), 1–10

10 A. Michael Noll: »The beginnings of computer-art in the United States – A memoir«, *Leonardo 27* (1994), 39–44

11 Marc A. Poriau: »L'experimentation de Michael Noll avec des étudiants d'art«, *Bulletin de Psychologie 30* (14-1) (1977), 767ff.

12 I. Christopher McManus, B. Cheema und J. Stoker: »The aesthetics of composition: A study of Mondrian«, *Empirical Studies of the Arts 11* (1993), 83–94

13 Adrian Furnham und Sreenivasa Rao: »Personality and the aesthetics of composition: A study of Mondrian and Hirst«, *American Journal of Psychology 4* (2002), 233–242

14 Allen H. Wolach: »Line spacings in Mondrian paintings and computer-generated modifications«, *Journal of General Psychology 132* (2005), 281–291

15 Ludger Rensing: *Biologische Rhythmen und Regulation*, G. Fischer, Stuttgart 1973 / Ludger Rensing, Ulf Meyer-Grahle und Peter Ruoff: »Timing-Mechanismen in der Natur: Biologische Uhren«, *Biologie in unserer Zeit 31* (2001), 305–311

16 Mario Markus, Dietrich Kuschmitz und Benno Hess: »Properties of strange attractors in yeast glycolysis«, *Biophysical Chemistry 22* (1985), 95–105

17 Mario Markus und Benno Hess: »Transitions between oscillatory modes in a glycolytic model system«, *Proceedings of the National Academy of Sciences of the USA 81* (1984), 4394–4398

18 Richard B. Levien und Sze M. Tan: »Double pendulum – An experiment in chaos«, *American Journal of Physics 61* (1993), 1038–1044 / siehe auch Wikipedia unter »Doppelpendel«

19 Leslie A Fiedler: »Cross the border, close the gap«, *Playboy* (US-amerikanische Ausgabe, Dez. 1969) 151, 230, 252 ff., 256 ff.

20 *GEO-Wissen, Chaos und Kreativität Nr. 2* (Mai, 1990), S. 176; besagte Schülerarbeit erschien in: Arthur Winfree, Erik Winfree und Herbert Seifert: »Organizing centers in a cellular excitable medium«, *Physica D 17* (1985) 109–115

21 siehe z. B. Mario Markus, Stefan C. Müller und Gregoire Nicolis (Hg.): *From Chemical to Biological Organization*, Springer, Heidelberg 1988 / Arun Holden, Mario Markus und Hans Othmer (Hg.): *Nonlinear Wave Processes in Excitable Media*, Plenum, New York 1991 / Vicente Pérez-Muñuzuri, Vicente Pérez-Villar, Leon O. Chua und Mario Markus (Hg.): *Discretely-Coupled Dynamical Systems*, World Scientific, Singapur 1997

22 Mario Markus: »Hallucinations: their formation in the cortex can be simulated by a computer«, in: *Worlds of Consciousness*, hg. v. M. Schlichting und H. Leuner, VWB-Verlag, Berlin 1995, 131–140

23 James D. Murray: *Mathematical Biology*, Springer, Berlin 1989

24 Jonathan Swift: *On Poetry: A Rhapsody*, I. Hoggonson, London 1733 / Jonathan Swift: *Complete Poems*, Penguin Classics, 1989

25 Mario Markus und Benno Hess: »Isotropic cellular automaton for modelling excitable media«, *Nature 347* (1990) 56 ff. (siehe auch das Zeitschriften-Cover mit Beschreibung)

26 Mario Markus, G. Kloss und I. Kusch: »Disordered waves in a homogeneous, motionless excitable medium«, *Nature 371* (1994), 402 ff.

27 Pierre-Simon de Laplace: *Essai philosophique sur les probalités*, Courcier, Paris, 1814, S. 4 / Pierre-Simon de Laplace: *A philosophical essay on probabilities*, Springer-Verlag, 1998

28 Henri Poincaré: *Science et Méthode*, E. Flammarion, Paris 1908 / Henri Poincaré, *Wissenschaft und Methode*, Xenomos Verlag, Berlin 2003

29 Edward Norton Lorenz: »Deterministic nonperiodic flow«, *Journal of the Atmospheric Sciences* 20 (1963), 130–141

30 Helmut Kreuzer (Hg.): *Die zwei Kulturen. Literarische und naturwissenschaftliche Intelligenz. C. P. Snows These in der Diskussion*, Klett-Cotta, 1987

31 T. Binkley: »The wizard of ethereal pictures and virtual places + computer artists. SIGGRAPH '89 Art Show Catalogue«, *Suppl. Issue of Leonardo* (1989), 13–20

32 Robert K. Merton: *Social Theory and Social Structure*, Free Press, New York 1968

33 Ernst Florens Friedrich Chladni, *Entdeckungen über die Theorie des Klanges*, Weidmanns Erben und Reich, Leipzig 1787

34 Philip Martien, Stephen C. Pope, Philip L. Scott und Robert S. Shaw »The chaotic behaviour of the leaky faucet«, *Physics Letters A110* (1985), 399–404

35 William S. C. Gurney, Stephen P. Blythe und Roger M. Nisbet: »Nicholson's blowflies revisited«, *Nature 287* (1980), 17–21

36 Mario Markus: »Are one-dimensional maps of any use in ecology?«, *Ecological Modelling 63* (1992), 243–259

37 R.-D. Hesch: »Gesundsein und Kranksein«, *Futura 1/88* (1998), 23–27

38 Die Idee mit dem 101-Jahre-Zyklus stammt, abgesehen von meiner ironischen Selbstdarstellung, von meinem Freund, Prof. Peter Richter von der Universität Bremen.

39 Friedrich Nietzsche: *Also sprach Zarathustra*, Vorrede; vgl. unter http://www.zeno.org/Philosophie/M/Nietzsche,+Friedrich/Also+sprach+Zarathustra/Zarathustras+Vorrede

40 Epikur: »Brief an Menoikeus«, in: *Briefe, Sprüche, Werkfragmente*, übersetzt von Hans-Wolfgang Krautz, Reclam, Stuttgart 1980, S. 51

41 Albert Einstein, in: *Helle Zeit – dunkle Zeit. In memoriam Albert Einstein*, C. Seelig (Hg.), Karl von Meyenn, Zürich 1956, S. 72

42 Ian Stewart: *Spielt Gott Roulette?*, Birkhäuser Verlag, Basel 1990

43 Anatole France: *Der Garten des Epikur*, J. C. C. Brunn, Minden in Westfalen 1906 / Anatole France: *Le jardin d'Epicure*, Dodo Press, 2008

44 Anthony Hill: »About the immediate future of modern art«, *Leonardo 20* (1987), 349–352

45 Terry Eagleton: *Illusionen der Postmoderne*, Metzler, Stuttgart 1997

46 Stephen Wolfram: *Theory and Applications of Cellular Automata*, World Scientific, Singapur 1986

47 Roger Lewin: *Complexity: Life at the Edge of Chaos*, McMillan, New York 1992 / Morris Mitchel Waldrop: *Complexity: The Emerging Science at the Edge of Order and Chaos*, Simon & Schuster, New York 1992 / Mario Markus, Ingo Kusch, Antonio Ribeiro und Pedro Almeida: »Class IV behaviour in cellular automata models of physical systems«, *International Journal of Bifurcation and Chaos 6* (1996), 1817–1827

48 »Mythos aus dem Computer«, *Der Spiegel 39* (1993), 156–164; »Der Kult um das Chaos«, *Der Spiegel 40* (1993), 232–241; »Der Kult um das Chaos«, *Der Spiegel 41* (1993), 240–252

49 siehe P. H. Richter, H. Dullin und H.-O. Peitgen: »Der Spiegel, das Chaos – und die Wahrheit«, *Physikalische Blätter 50* (1994), 355–359

50 William S. Franklin: »Discussing the sensitivity of the atmosphere to small perturbations«, *Physical Review 6* (1898), 170–175

51 Igor Gumowski und Christian Mira: »Point sequences generated by two-dimensional recurrences«, *Proceedings of the IFIP Congress 74*, Stockholm 1974, 85-855 / Animationen findet man unter http://www.copysense.co.uk/mira.php und http://demonstrations.wolfram.com/StrangeAttractorOfGumowskiMira/

52 Predrag Cvitanovći: *Universality in Chaos*, Adam Hilger, Bristol, 1984; siehe auch: Jaime Rössler, Miguel Kiwi, Benno Hess und Mario Markus: »Modulated nonlinear processes and a novel mechanism to induce chaos«, *Physical Review A 39* (1989), 5954–5960; Jaime Rössler, Miguel Kiwi und Mario Markus: »Ecosystems under varying ambient conditions«, in: *From Chemical to Biological Organisation*, hg. v. Mario Markus, Stefan C. Müller und Gregoire Nicolis, Springer-Verlag, Heidelberg 1988, 319–330; Mario Markus, Benno Hess, Jaime Rössler und Miguel Kiwi: »Populations under periodically and randomly varying growth conditions«, in: *Chaos in Biological Systems*, hg. v. Hans Degn, Arun Holden und Lars Olsen, Plenum, New York 1987, 267–277

53 Maria C. de Sousa Vieira, Edmundo Lazo und Constantino Tsallis: »New road to chaos«, *Physical Review A 35* (1987), 945–948; Bernard L. Tan und Tse-Tong Chia: »Properties of a logistic map with a sectional discontinuity«, *Physical Review E 47* (1993), 3087–3098

54 Robert M. May: »Simple mathematical models with very complicated dynamics«, *Nature 261* (1976), 459 ff.

55 Michel Hénon: »2-dimensional mapping with a strange attractor«, *Communications in Mathematical Physics 50* (1976), 69–77

56 Moulay A. Aziz-Alaoui, Carl Robert und Celso Grebogi: »Dynamics of a Hénon-Lozi-type map«. *Chaos, Solitons and Fractals 12* (2001), 2323 bis 2341

57 René Lozi: »Un attraction étrange du type attracteur de Hénon«, *Journal de Physique* (Paris) 39: Coll. C5 (1978), S. 9 f.

58 Hans Degn: »Strange attractors in linear period transfer functions with periodic perturbations«, in: *Chemical Applications of Topology and Graph Theory*, hg. v. R. B. King, Elsevier, Amsterdam 1983, 364–370

/ Lars Olsen und Hans Degn: »Chaos in biological systems«, *Quarterly Review of Biophysics 18* (1985), 165–225

59 Itamar Procaccia: »Universal properties of dynamically complex systems – The organization of chaos«, *Nature 333* (1988), 618–623

60 Matthieu Dubois, Pierre Bergé und V. Croquette: »Study of nonsteady convective regimes using Poincaré sections«, *Journal de Physique* (Paris) Lettres 43 (1982), L295–L298

61 Carson Jeffries: »Chaotic dynamics of instabilities in solids«, *Physica Scripta T9* (1985), 11–26

62 Alexandre S. Lima, Ildeu de Castro Moreira und Alexander M. Serra: »Transitions between the tent map and the Bernoulli shift«, *Phyics Letters A 190* (1994), 403–406

63 Benoît B. Mandelbrot: »Fractal aspects of the iteration $\lambda \to \lambda z (1-z)$ for complex λ and z«, in: *Nonlinear Dynamics: Annals of the New York Academy of Sciences* (hg. v. H.G. Helleman) 357 (1980), 249–259 / siehe auch unter »Mandelbrot« in Wikipedia

64 Hong-yun Zhang, Jian-hua Dai, Peng-ye Wang, Chao-ding Jin und Bai-lin Hao: »Analytical study of a bimodal map related to optical bistability«, Institute of Theoretical Physics, Academia Sinica, AS-ITP-85-042 / Hong-yun Zhang, Peng-ye Wang, Jin-hua Dai, Chao-ding Jin und Bai-lin Hao: »Analytical study of a bimodal mapping related to a hybrid optical bistable device using liquid crystal«, *Chinese Physics Letters 2* (1985), 5–8 / Hong-yun Zhang, Jian-hua Dai, Peng-ye Wang, Chao-ding Jin und Bai-lin Hao: »Analytical study of a bimodal map related to optical bistability«, *Communications in Theoretical Physics 8* (1987), 281–294 / Fa-geng Xie und Bai-lin Hao: »Chaos: Symbolic dynamics of the sine-square map«, *Chaos, Solitons and Fractals 3* (1993), 47–60

65 Alexander N. Sharkovsky und Leon O. Chua: »Chaos in some 1-D discontinuous maps that appear in the analysis of electrical circuits«, *IEEE Transactions on Circuits and Systems 40* (1993), 722–731

66 Michael R. Guevara: *Chaotic cardiac dynamics* (Diss.), McGill University, Montreal 1984 / Timothy J. Lewis und Michael Guevara: »Chaotic dynamics in an ionic model of the propagated action potential«, *Journal of Theoretical Biology 146* (1990), 407–432

67 Ashok Erramilli, Rajiv R. P. Singh und Parag Pruthi: »An application of deterministic chaotic maps to model packet traffic«, *Queueing Systems 20* (1995), 171–206

68 J. S. Turner, Justus-Christian Roux, W. J. McCormick und Harry L. Swinney: »Alternating periodic and chaotic regimes in a chemical reaction – Experiment and theory«, *Physics Letters A 85* (1981), 9–12

69 Justus-Christian Roux, Reuben H. Simoyi und Harry L. Swinney: »Observation of a strange attractor«, *Physica D 8* (1983) 257–266 / Kazuhisa Tomita und Ichiro Tsuda: »Towards the interpretation of Hudson's experiment on the Belousov-Zhabotinsky reaction – Chaos due to delocalization«, *Progress of Theoretical Physics 64* (1980), 1138–1160 /

Kenji Matsumoto und Ichiro Tsuda: »Noise-induced order«, *Journal of Statistical Physics 31* (1983) 87–106

70 Alvin M. Saperstein: »Chaos – A model for the outbreak of war«, *Nature 309* (1984), 303 ff.

71 Shahriar Yousefi, Yuri Maistrenko und Svitlana Popovych: »Complex dynamics in a simple model of interdependent open economies«, *Discrete Dynamics in Nature and Society 5* (2000), 161–177

72 Gustav Feichtinger: »Nonlinear threshold dynamics: further examples for chaos in social sciences«, in: *Economic Evolution and Demographic Change*, hg. v. G. Haag, U. Mueller und K. G. Troitzsch, Springer-Verlag, Berlin 1992, 141–154 / Janusz A. Hołyst, M. Zebrowska und K. Urbanowicz: »Observation of deterministic chaos in financial time series by recurrence plots. Can one control chaotic economy?«, *European Physics Journal B 20* (2001), 531–535

73 Alan Andrew Berryman: »Can economic forces cause ecological chaos? – The case of the northern California dungeness crab fishery«, *Oikos 62* (1991), 106–109

74 Kensuke Ikeda: »Multiple-valued stationary state and its instability of the transmitted light by a ring cavity system«, *Optics Communications 30* (1979), 257–261

75 Leonardo Angelini: »Antiferromagnetic effects in chaotic map lattices with a conservation law«, *Physics Letters A 307* (2003), 41–49

76 John R. Beddington, Charles A. Free und John Hartley Lawton: »Dynamic complexity in predator-prey models framed in difference equations«, *Nature 255* (1975), 58 ff.

77 Ricard V. Solé, Joaquim Valls und Jordi Bascompte: »Spiral waves, chaos and multiple attractors in lattice models of interacting populations«, *Physics Letters A 166* (1992), 123–128

78 Michael P. Hassell und Robert M. May: »Stability of insect host-parasite models«, *Journal of Animal Ecology 42* (1973), 693–726

79 George M. Zaslavsky: »Simplest case of a strange attractor«, *Physics Letters A 69* (1978), 145 ff.; siehe auch Peter Grassberger und Itamar Procaccia: »Measuring the strangeness of strange attractors«, *Physica D 9* (1983), 189–208

80 Philip John Holmes: »A nonlinear oscillator with a strange attractor«, *Philosophical Transactions of the Royal Society of London A 292* (1979), 419–448

81 The source for Java developers: http://java.sun.com

82 Java components for mathematics: http://math.hws.edu/javamath

83 Class Math: http://java.sun.com/j2se/1.4.2/docs/api/java/lang/Math.html

84 Hans-Joachim Scholz: »Phyllotactic iterations«, *Berichte der Bunsen-Gesellschaft – Physical Chemistry, Chemical Physics 89* (1985), 699 bis 703

85 Stanislaw Swierczkowski: »On succesive settings of an arc on the circumference of a circle«, *Fundamenta Mathematica 46* (1958), 187 ff. /

Christopher J. Marzec und Jay Kappraff: »Properties of maximal spacing on a circle related to phyllotaxis and to the golden mean«, *Journal of theoretical Biology 103* (1983), 201–226

86 Peter H. Richter und Rudi Schranner: »Leaf arrangement – geometry, morphogenesis and classification«, *Naturwissenschaften 65* (1978), 319–327

87 William E. Ricker: »Stock and Recruitment«, *Journal of the Fishery Research Board of Canada 11* (1957), 559–623 / Raymond N. Greenwell und Ho Kuem Ng: »The Ricker salmon model«, *The UMAP Journal 5* (1984), 173–196

88 Hatsuo Hayashi, Satoru Ishizuka, Masahiro Ohta und Kazuyoshi Hirakawa: »Chaotic behaviour in the Onchidium giant-neuron under sinusoidal stimulation«, *Physics Letters A 88* (1982), 435–438

89 Leon Glass, Michael R. Guevara, Jacques Bélair und Alvin Shrier: »Global bifurcations of a periodically forced biological oscillator«, *Physical Review A 29* (1984), 1348–1357

90 siehe: http://jkrieger.de/download/reakt_diff_vortrag.pdf

91 Kazuhisa Tomita und Tohru Kai: »Chaotic response of a limit-cycle«, *Journal of Statistical Physics 21* (1979), 65–86

92 Kazuhisa Tomita: »Chaotic response of non-linear oscillators«, *Physics Reports – Review Section of Physics Letters 86* (1982), 113–167

93 Floris Takens: »Detecting strange attractors in turbulence«, *Lecture Notes in Mathematics 898* (1981), 366–381

94 Justus Christian Roux, Reuben H. Simoyi und Harry L. Swinney: »Observation of a strange attractor«, *Physica D 8* (1983), 257–266

95 Richard Eykholt und David K. Umberger: »Characterization of fat fractals in nonlinear dynamic-systems«, *Physical Review Letters 57* (1986), 2333–2336

96 Mario Markus und Javier Tamames: »Fat fractals in Lyapunov space«, in: *Fractal Horizons*, hg. v. Clifford Pickover, St. Martin's Press, New York 1996, 333–348

97 James C. Alexander, James A. Yorke, Zhiping You und Ittai Kan: »Riddled basins«, *International Journal of Bifurcation and Chaos 2* (1992), S. 795 / John C. Sommerer und Edward Ott: »A physical system with qualitatively uncertain dynamics«, *Nature 365* (1993), S. 138 / Matthias Woltering und Mario Markus: »Riddled basins of coupled elastic arches«, *Physics Letters A 260* (1999), S. 453 / Matthias Woltering und Mario Markus: »Riddled basins in a model for the Belousov-Zhabotinsky reaction«, *Chemical Physics Letters S 321* (2000), S. 473 / Matthias Woltering und Mario Markus: »Riddled-like basins of transient chaos«, *Physical Review Letters 84* (2000), S. 630 / Yuri Maistrenko, Tomasz Kapitaniak und Przemyslaw Szuminski: »Locally and globally riddled basins in two coupled piecewise-linear maps«, *Physical Review E 56* (1997), 6393–6399

98 Celso Grebogi, Steven W. McDonald, Edward Ott und James A. Yorke: »Final-state sensitivity – an obstruction to predictability«, *Physics Letters A 99* (1983), S. 415

99 Ying-Cheng Lai: »Transition from strange nonchaotic to strange chaotic attractors«, *Physical Review E 53* (1996), S. 57 / Awadhesh Prasad, Vishal Mehra und Ramakrishna Ramaswamy: »Intermittency route to strange nonchaotic attractors«, *Physical Review Letters 79* (1997), S. 4127 / Tolga Yalçinkaya und Ying-Cheng Lai: »Bifurcation to strange nonchaotic attractors«, *Physical Review E 56* (1997), S. 1623

100 Yakov G. Sinai: »Dynamical systems with elastic reflections«, *Russian Mathematical Survey 25* (1970), 137–189 / *Dynamical Systems, Ergodic Theory and Applications*, hg. v. Yakov G. Sinai, Encyclopedia of Mathematical Sciences Bd. 100, Springer-Verlag, Berlin 2000

101 Mario Markus: »Ljapunow-Diagramme«, *Spektrum der Wissenschaft*, April (1995), 66–73 / http://www.spektrumverlag.de/artikel/822213/ Wikipedia unter »Ljapunow-Diagramm«

102 Henry D. I. Abarbanel, Reggie Brown, John J. Sidorowich und Lev Sh. Tsimring: »The analysis of observed chaotic data in physical systems«, *Reviews of Modern Physics 65* (1993), 1331–1392

103 William M. Schaffer und Mark Kot: »Nearly one-dimensional dynamics in an epidemic«, *Journal of Theoretical Biology 112* (1985), 403–427 / Lars Folke Olsen, George L. Truty und William M. Schaffer: »Oscillations and chaos in epidemics in Copenhagen, Denmark«, *Theoretical Population Biology 33* (1988), 344–370

104 Ernst Adams, William F. Ames, Wolfgang Kühn, Waltraut Rufeger und Herbert Spreuer: »Computational chaos may be due to a single local error«, *Journal of Computational Physics 104* (1993), 241–250

105 Irving R. Epstein: »Obituary: Anatol Zhabotinsky«, *Nature 455* (2008), S. 1053

106 Andrew Hodges: *Alan Turing: The Enigma*, Simon & Schuster, New York 1983

107 Alan Turing: »The chemical basis of morphogenesis«, *Philosophical Transactions oft the Royal Society of London, Series B 237* (1952), 37–72

108 Gerhard Ertl: »Oscillatory kinetics and spatiotemporal self-organization in reactions at solid surfaces«, *Science 254* (1991), 1750–1755

109 William Stukeley: *Memoirs of Sir Issac Newton's Life*, The Royal Society Library, London 1752

110 Walter W. Rouse Ball: *A short account of the history of mathematics*, Dover Publ., 1967

111 Mario Markus, Ingo Kusch, Antonio Ribeiro und Pedro Almeida: »Class IV behaviour in cellular automata models of physical systems«, *International Journal of Bifurcation and Chaos 6* (1996), 1817–1827 / Ingo Kusch und Mario Markus: »Mollusc shell pigmentation: cellular automata simulations and evidence for undecidability«, *Journal of*

Theoretical Biology 178 (1996), 333–340 / Mario Markus und Ingo Kusch: »Cellular automata for modelling the shell pigmentation of molluscs«, *Journal of Biological Systems 3* (1995), 999–1011

112 Georgios P. Pavlos, Dimitris Dialetis, G. A. Kyriakou und Emmanuel T. Sarris: »A preliminary low-dimensional chaotic analysis of the solar cycle«, *Annales Geophysicae – Atmospheres, Hydrospheres and Space Scienes 10* (1992), 759–762

113 Gaston Julia: »Mémoire sur literation des fonctions rationelles«, *Journal des Mathématiques Pures et Appliquées 8* (1918), 47–245

114 Michel Mitov und Pierre Sixou: »Spiral in cholesteric liquid crystals: A possible nucleation Initiator«, *Physica B 216* (1994), 132–140

115 Arun Holden, M. J. Poole und John V. Tucker: »An algorithmic model of the mammalian heart: propagation, vulnerability, re-entry and fibrillation«, *International Journal of Bifurcation and Chaos 9* (1996), 1623–1635

116 Daniel T. Kaplan, Joseph M. Smith, Bo E.H. Saxberg und Richard J. Cohen: »Nonlinear dynamics in heart conduction«, *Mathematical Biosciences 90* (1988), 19–48

117 Takashi Nagatani: »Self-organized criticality in 1D traffic flow model with inflow or outflow«, *Journal of Physics A, Math. Gen. 28* (1995), L119–L124

118 Charles Elton und Mary Nicholson, »The ten-year cycle in numbers of the lynx in Canada«, *Journal of Animal Ecology 11* (1942), 215–244

119 Georgyi F. Gause: »Experimental demonstration of Volterra's periodic oscillations of the numbers of animals«, *Journal of Experimental Biology 12* (1934), 44–48

120 Eine schöne, diesen chaotischen Attraktor simulierende Animation bietet die TU Cottbus unter http://www.math.tu-cottbus.de/INSTITUT/lsam/CompPhysik/LorenzAtt/

121 Leonard K.Kaczmarek und William Ross Adey: »The efflux of calcium-45,2 + and [H-3]gamma-aminobutyric acid from the rat cerebral cortex«, *Brain Research 63* (1973), 331–342 / Leonard K.Kaczmarek und Agnessa Babloyantz: »Spatiotemporal patterns in epileptic seizure«, *Biological Cybernetics 26* (1977), 199–208

122 Leonid A. Bunimovich: »Mushrooms and other billiards with divided phase space«, *Chaos 11* (2001), 802–808

123 Matthias Woltering und Mario Markus: »Riddled basins of coupled elastic arches«, *Physics Letters A 260* (1999), 453–461

124 Heinz-Otto Peitgen, Hartmut Jürgens und Dietmar Saupe: *Chaos and Fractals. New Frontiers in Science*, Springer-Verlag, 1992

125 John Argyris, Gunter Faust und Maria Haase: *Die Erforschung des Chaos*, Vieweg & Sohn, Braunschweig/Wiesbaden 1995

126 H. M. Enzensberger hat sein Gedicht aus *Zukunftsmusik*, Suhrkamp Verlag, Frankfurt/M. 1991, für *Verknüpfungen*[8] zur Verfügung gestellt.

Register

Drip-painting 25
D-Schattierung (»demokratische
    Schattierung«, bezeichnet hier
    eine Belegung mit Grauwerten,
    so dass jedem zur Verfügung
    stehenden Grauwert die gleiche
    Anzahl von Pixeln mit negativem
    Lyapunov-Exponenten zugeordnet
    wird) 189
Duchamp, Marcel 13
Dungeness-Krabbe 122
Dylan, Bob 19

Eagleton, Terry 31
Einschwingvorgang 39
Einstein, Albert 30
Einzugsgebiet (Menge aller Anfangs-
    werte, die zu einem gegebenen
    Attraktor, d.h. einer endgültigen
    Bahn, führen) 197f.
Enzensberger, Hans Magnus 14, 135
Epikur 30
Erramilli, Ashok 117
Escher, M. C. (niederl. Künstler und
    Grafiker; bekannt wurde er mit
    seinen auf optischer Täuschung
    beruhenden »unmöglichen Figu-
    ren«) 12

Feichtinger, Gustav 121
Fibonacci, Leonardo 179
Fibonacci-Zahlen 178
Fiedler, Leslie (1917–2003, US-amer.
    Literaturwissenschaftler, löste
    1968 an der Freiburger Uni die
    sog. Fiedler-Debatte aus mit seiner
    berühmten Arbeit »Cross the
    Border – Close the Gap«, worin er
    die Moderne für tot erklärt und die
    Postmoderne ausruft) 19
flächentreu 43
Flüssigkristall 52
Fraktal (geometrisches Objekt, das in
    allen Längenskalen ähnlich ist) 12,
    22, 191–194
Fraktal, dünnes (geometr. Objekt,
    das in allen Längenskalen ähnlich
    und mit einer nicht-ganzzahligen
    Dimension beschreibbar ist; es hat
    Maße – Länge, Fläche, Volumen –
    gleich Null) 191

Fraktal, fettes (geometr. Objekt, das
    in allen Längenskalen selbstähn-
    lich ist, jedoch durch eine ganzzah-
    lige Dimension beschrieben wird.
    Es hat Maße – Länge, Fläche, Volu-
    men – ungleich Null; man kann es
    durch den sog. Dickheitsexponen-
    ten charakterisieren) 191ff.
France, Anatole (1844–1924, frz.
    Schriftsteller, der 1921 den Litera-
    turnobelpreis erhielt und dessen
    Gesamtwerk 1922 auf den päpst-
    lichen Index der verbotenen
    Bücher gesetzt wurde) 30
Franklin, William S. 39

Gaußverteilung (oder Normalvertei-
    lung von C. F. Gauß, 1777–1855;
    mit dieser Wahrscheinlichkeitsver-
    teilung werden viele wissenschaft-
    liche Vorgänge beschrieben) 176
Gleichung, iterative 175
Gleichung, logistische 44ff., 52f.,
    120, 195
Grashüpfereffekt (von W. S. Franklin
    vorweggenommene Beschreibung
    von Chaos) 39
    → Schmetterlingseffekt
Grauwerte 12
Guevara, Michael 116
Gumowski, Igor 43
Gumowski-Mira-Gleichung 43

Haeckel, Ernst (1834–1919,
    dt. Zoologe und Philosoph, machte
    Darwins Evolutionstheorie in
    Deutschland bekannt; mit seinen
    meeresbiologischen Darstellungen
    in »Kunstformen der Natur« beein-
    flusste er nachhaltig auch die
    Kunst Anfang des 20. Jh.) 12
Hegel, Georg Friedrich Wilhelm 19
Heidegger, Martin 19
Hemmstoff 176f.
Hénon, Michel (*1931, frz. Mathe-
    matiker und Astronom, arbeitete
    am Observatorium in Nizza) 47
Hénon-Abbildung (simples diskretes
    dynamisches System mit chaoti-
    schem Verhalten) 185
Hénon-Lozi-Gleichung 47

Herzrhythmus 116
Hesch, Rolf-Dieter 27
Hill, Anthony 30
Himmelsmechanik 22
Holismus (ganzheitl. Betrachtung,
    Einzelheiten vernachlässigend) 21f.
Holmes, Philip 128
Hornberger, Günther 133
Hysterese (Phänomen, bei dem die
    Dynamik eines Systems von der
    Vorgeschichte – bei Veränderung
    eines Parameters – oder vom An-
    fangswert abhängt; es tritt bei
    Koexistenz von Attraktoren auf)
    196

Ikeda, Kensuke 123
Inhibition, laterale 176
Instabilität, numerische 51
Instabilität, strukturelle 33f., 125,
    198
Integration, analytische (Lösung
    von Differentialgleichungen ohne
    Computer, also »mit Bleistift und
    Papier«) 184
Integration, numerische 180
Iteration (wiederholte Anwendung
    der gleichen Rechenvorschrift;
    meistens wird sie durch eine Glei-
    chung dargestellt, die angibt, wie
    sich aus dem Zustand des Systems
    zu einem früheren Zeitpunkt der
    Zustand zu einem späteren Zeit-
    punkt errechnet) 35ff., 39

Jacobi, Carl Gustav Jacob 187
Jacobi-Matrix 187f.
Jensen, Hans (1907–1973, dt. Physi-
    ker, arbeitete am Schalenmodell
    des Atomkerns, wofür er mit
    anderen 1963 den Physik-Nobel-
    preis erhielt) 30
Julia, Gaston 51

Kaleidoskop 25
Kandinsky, Wassily (1866–1944, russ.
    abstrakter Maler und Kunsttheore-
    tiker) 10
Katalysator 22
Kekulé, Friedrich (beschrieb 1865 die
    bis dahin rätselhafte Struktur des

Dank

Ich möchte einigen lieben Menschen für ihre Hilfe beim Zustandekommen dieses Buches danken, insbesondere Dr. Malte Schmick für die Erstellung der CD-ROM; Alexander Hasselhuhn und Jan Fasel für die Formatierung der Texte und Bilder; Andreas Ehrhard und Susanne Meier für die Aufbereitung der Farbbilder.

Auch möchte ich einer Reihe ehemaliger Studenten und Schüler danken, die mit mir zusammen Bilder »malten«, so lustvoll etwa wie beim gemeinsamen Kochen. Nichts ist so wertvoll bei der oft langwierigen Suche nach Formeln, Bildausschnitten, Achsenskalierungen, optimalen räumlichen Orientierungen und Einfärbungen wie gute Kooperation, die Spaß macht. Für beides danke ich:

Karsten Kötter: Bilder 74, 81 und 87; Mathias Woltering: 70 und 82; Katrin Sulzbacher: 66 und 79; Andreas Gasper: 134, 137, 138, 139, 141, 142, 145, 147, 150 und 152; Hans Schepers: 159; Martin Allin: 133, 135, 136 und 140; Tobias Kauch: 95; Jan-Martin Wischermann: 85; Christian Krüger: 149, 151 und 155; Kirill Novozhilov: 93 und 94:

Besonders zu danken habe ich Bárbara Sölter, die mich jahrzehntelang stets aufs Neue motivierte. Alles begann eigentlich damit, dass sie in Chile jene Ausstellung meiner Bilder organisierte, die von der Kunstkritik als »Ausstellung des Jahres« ausgezeichnet wurde.

Auch möchte ich an dieser Stelle unserem früheren Institutsdirektor Benno Hess (in memoriam) danken. Er erkannte, dass die am Computer erzeugten Bilder etwas Besonderes sind; er kaufte mir damals einen Farbmonitor (1000 × 1000 Pixel), zu einer Zeit, als so etwas 80 Tausend Dollar kostete, und er stellte die Weichen für Ausstellungen in aller Welt.

Nicht zuletzt habe ich Dr. Till Tolkemitt vom Verlag Zweitausendeins zu danken, der mir mit dieser Publikation im wahrsten Sinne des Wortes ein Geburtstagsgeschenk zum 65sten macht, sowie Ekkehard Kunze und Klaus Gabbert für das fruchtbare Lektorat und die Betreuung des vorliegenden Buchs.